Steffen Beuthan

# Abi-Countdown Physik Grundkurs

Mit neuer Rechtschreibung

MANZ VERLAG MÜNCHEN

Lektorat: Konrad Böheim, Ergolding
Umschlaggestaltung: Zembsch'Werkstatt, München
Titelbild: G + J Fotoservice/Photonica
Layout, Herstellung: Konturwerk Helga Schörnig, München
Satz: Mitterweger Werksatz GmbH, Plankstadt
Druck und Bindung: Verlag und Druckerei G. J. Manz AG, München/Dillingen
Printed in Germany

ISBN 3-7863-5400-6

Dieses Buch soll Ihnen helfen, sich erfolgreich auf das Physik-Abitur bzw. Physik-Klausuren vorzubereiten. Dabei handelt es sich nicht um ein Lehrbuch, sondern vielmehr um ein Lernbuch. Die grundlegenden Inhalte der Oberstufen-Physik aller Bundesländer sind in einzelnen Kapiteln kurz dargestellt. Dabei werden neben den *physikalischen Gesetzen* selbst auch *elementare Herleitungen*, zahlreiche *Musteraufgaben mit Lösungen* sowie *wichtige physikalische Versuche und Geräte* betrachtet. Die einzelnen Themenkapitel schließen jeweils mit einer Reihe von *Übungsaufgaben* ab, so dass auch eine gezielte Vorbereitung auf Klausuren möglich wird.

Zu allen Übungsaufgaben werden *Lösungen* angegeben. Damit Sie beim Lösen der Übungsaufgaben ein hohes Maß an Selbstständigkeit erlangen können, werden jedoch zunächst *Tipps und Hinweise* angeboten.

Ein umfangreiches Inhaltsverzeichnis sowie eine Übersichtskarte über häufig benötigte physikalische Konstanten ergänzen die Hilfestellungen.

Im zweiten Teil des Buches finden Sie ein Kapitel mit umfangreicheren Übungsaufgaben, wie sie im Abitur oder in Klausuren zu erwarten sind. Viele dieser Aufgaben sind Original-Abituraufgaben bzw. bewährte Klausuraufgaben. Hierbei sind zu jeder gestellten Aufgabe die Schwerpunkte, der veranschlagte Zeitbedarf sowie ein Bewertungsschlüssel gegeben. Dies ermöglicht Ihnen, eine Prüfungssituation zu trainieren. Natürlich werden auch wieder Tipps und Hinweise sowie ausführliche Lösungen angeboten.

Beim Lösen der Aufgaben empfiehlt sich stets ein systematisches Vorgehen:

- Notieren der gegebenen und gesuchten Größen,
- gegebenenfalls Anfertigen einer Skizze,
- Auswählen der benötigten physikalischen Gesetze,
- gegebenenfalls Umstellen der ausgewählten Formeln bzw. Ersetzen von unbekannten Größen mittels weiterer Zusammenhänge,
- Einsetzen der gegebenen Größen in die erhaltene Endformel,
- Durchführen einer Einheitenprobe,
- Angabe des Ergebnisses in einer geeigneten Einheit und mit sinnvoller Genauigkeit unter Beachtung von Rundungsregeln.

Viel Erfolg wünscht Ihnen der Verfasser. *Steffen Beuthan*

# Inhaltsverzeichnis

# 1 Mathematische Grundlagen

## 1.1 Größen und Einheiten

Eine **physikalische Größe** beschreibt eine messbare Eigenschaft. Ihren Größenwert schreibt man als Produkt aus Zahlenwert und Einheit.
Um physikalische Größen von Einheiten besser zu unterscheiden, werden die Abkürzungen physikalischer Größen in diesem Buch *kursiv* geschrieben: also Masse $m$ im Vergleich zur Einheit Meter m.

Eine **Basisgröße** (Grundgröße) ist eine Größe, die nicht auf andere Größen zurückführbar ist; ihre Einheit nennt man **Basiseinheit**. Alle anderen Größen heißen **abgeleitete Größen**, ihre Einheiten **abgeleitete Einheiten**.
Beim Rechnen mit physikalischen Größen ist es oft hilfreich, Basiseinheiten (Meter m, Sekunde s, Kilogramm kg, KELVIN K, AMPERE A, Mol mol, Candela cd) zu verwenden, da man dann die Einheiten einfacher kürzen, erweitern und zusammenfassen kann. Oftmals können dadurch auch Fehler beim Umformen physikalischer Gleichungen vermieden werden.

Bei der Angabe sehr großer oder sehr kleiner Zahlenwerte empfiehlt sich die **wissenschaftliche Notation**, also $1{,}2 \cdot 10^5$ statt 120 000.

Endergebnisse von Rechnungen sollten stets sinnvoll gerundet und in einer geeigneten Einheit angegeben werden. Als Faustregel für das Runden gilt: Das Endergebnis kann höchstens die Genauigkeit der in die Rechnung eingehenden Größen haben, wobei der Eingangswert mit der geringsten Genauigkeit maßgebend ist.

## 1.2 Winkel und Winkelfunktionen

Winkelgrößen kann man im Gradmaß oder aber im Bogenmaß angeben.

Es gilt der Zusammenhang: $\dfrac{\widehat{\alpha}\text{ (Bogenmaß)}}{2\pi} = \dfrac{\alpha\text{ (Gradmaß)}}{360°}$ ► 1.1

Ein Punkt $\mathrm{P}(x|y)$ bewege sich mit konstanter Winkelgeschwindigkeit $\omega$ auf einem Kreis mit Radius $r$. Wir legen ein $x$-$y$-Koordinatensystem so fest, dass sein Ursprung O im Kreismittelpunkt liegt und sich der Punkt P zur Zeit $t = 0$ auf der $x$-Achse befindet. Dann gilt für den in der Zeit $t$ vom Leitstrahl OP überstrichenen Winkel:
$\widehat{\alpha}(t) = \omega \cdot t$

Für die $x$- bzw. die $y$-Koordinate des Punktes P gelten fernen:

$x(t) = r \cdot \cos \widehat{\alpha}(t) = r \cdot \cos \omega t$ und $y(t) = r \cdot \sin \widehat{\alpha}(t) = r \cdot \sin \omega t$ ► 1.2

► 1.3 Weiterhin gilt: $\tan \widehat{\alpha} = \dfrac{\sin \widehat{\alpha}}{\cos \widehat{\alpha}}$; $(\cos \widehat{\alpha} \neq 0)$

Die Sinus- und die Kosinusfunktion sind gegeneinander phasenverschoben:

► 1.4 $\cos \widehat{\alpha} = \sin\left(\widehat{\alpha} + \dfrac{\pi}{2}\right)$ bzw. $\cos\alpha = \sin(\alpha + 90°)$

Oftmals werden zudem folgende Zusammenhänge benötigt:

► 1.5 $\sin^2\alpha + \cos^2\alpha = 1;$

► 1.6 $\sin(\alpha \pm \beta) = \sin\alpha \cdot \cos\beta \pm \cos\alpha \cdot \sin\beta;$

► 1.7 $\cos(\alpha \pm \beta) = \cos\alpha \cdot \cos\beta \mp \sin\alpha \cdot \sin\beta;$

► 1.8 $\sin\alpha + \sin\beta = 2 \cdot \sin\dfrac{\alpha + \beta}{2} \cdot \cos\dfrac{\alpha - \beta}{2};$

► 1.9 $\sin 2\alpha = 2 \cdot \sin\alpha \cdot \cos\alpha$

► 1.10 Für kleine Winkel $(\alpha < 8°)$ gilt die Näherung: $\widehat{\alpha} \approx \sin\alpha \approx \tan\alpha$

## 1.3 Durchschnitts- und Momentanwerte, Diagramme

Wird das Zeichen Δ (Delta) vor das Symbol einer physikalischen Größe gesetzt, so ist damit eine Differenz gemeint, z. B.: $\Delta z = z_2 - z_1$.

Häufig beschreibt eine physikalische Größe $z$ die zeitliche Änderung einer anderen physikalischen Größe $y$.
Der während der Zeitspanne $\Delta t$ angenommene **Durchschnittswert $\bar{z}$** (Mittelwert) kann dann wie folgt berechnet werden:

$$\bar{z} = \frac{\Delta y}{\Delta t} = \frac{y_2 - y_1}{t_2 - t_1}.$$

Der **Momentanwert** (Augenblickswert) zum Zeitpunkt $t_1$ ist über einen Grenzprozess zu ermitteln:

$$z(t_1) = \lim_{t_2 \to t_1} \frac{y_2 - y_1}{t_2 - t_1} = \lim_{\Delta t \to 0} \left.\frac{\Delta y}{\Delta t}\right|_{t = t_1}$$

Mit Hilfe der Differenzialrechnung kann man den Momentanwert $z$ als erste Ableitung von $y$ nach der Zeit angeben:

$$z = \frac{\mathrm{d}y}{\mathrm{d}t} = \dot{y}$$

In einem $y$-$t$-Diagramm können der Durchschnittswert $\bar{z}$ als Sekantensteigung und der Momentanwert $z$ als Tangentensteigung interpretiert werden.

Oftmals ergibt das Produkt zweier physikalischer Größen $x$ und $y$ eine neue physikalische Größe $z$. Legt man dazu ein $y$-$x$-Diagramm an, so ist der Flächeninhalt unter der Kurve $y(x)$ ein Maß für den Wert der Größe $z$.
Beispiel: Trägt man die beim Spannen einer Feder aufzubringende Federspannkraft $F_F$ in Abhängigkeit von der Auslenkung $s$ ab, so ist der Flächeninhalt unter der Kurve ein Maß für die Federspannarbeit $W_F$.

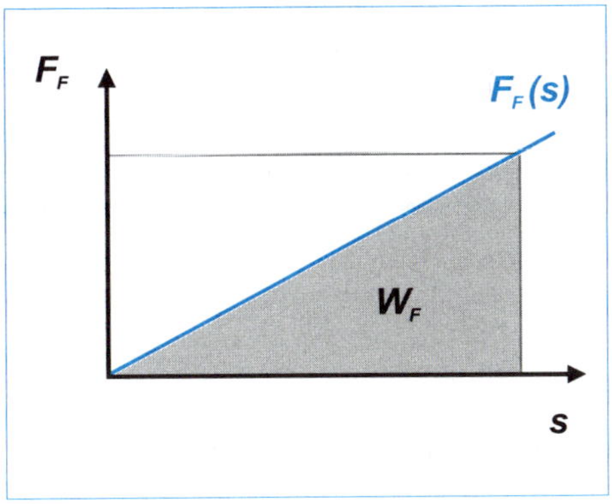


Abb. 1.1: Ermittlung einer Federspannarbeit über eine Flächenberechnung

## 1.4 Ableitung und Integration wichtiger Grundfunktionen

| $f(x)$ | $f'(x)$ | $f''(x)$ | $\int f(x) \cdot dx$ |
|---|---|---|---|
| c (konstant) | 0 | 0 | $c \cdot x$ |
| $x^n$ $(n \in Z\setminus\{-1\};\ x \neq 0)$ | $n \cdot x^{n-1}$ | $n \cdot (n-1) \cdot x^{n-2}$ | $\frac{1}{n+1} \cdot x^{n+1}$ |
| $\sin x$ | $\cos x$ | $-\sin x$ | $-\cos x$ |
| $\cos x$ | $-\sin x$ | $-\cos x$ | $\sin x$ |
| $\frac{1}{x}$ $(x \neq 0)$ | $-\frac{1}{x^2}$ | $\frac{1}{x^3}$ | $\ln \|x\|$ |
| $e^x$ | $e^x$ | $e^x$ | $e^x$ |

► 1.11

## 1.5 Vektoren und Vektoroperationen

Physikalische Größen, die durch Zahlenwert und Einheit eindeutig bestimmt sind, nennt man **Skalare**. Sie lassen sich grafisch durch Strecken, Winkel oder Flächen darstellen.

Eine **vektorielle Größe** (Vektor) hingegen ist erst durch die Angabe von Zahlenwert, Einheit *und* Richtung eindeutig bestimmt. Man stellt vektorielle Größen grafisch durch Pfeile dar: Die Pfeillänge kennzeichnet den Betrag, die Pfeilrichtung die Richtung der Größe.

Bei der (grafischen) **Addition zweier vektorieller Größen** $\vec{a}$ und $\vec{b}$ kann man (in der Ebene) drei Fälle unterscheiden:

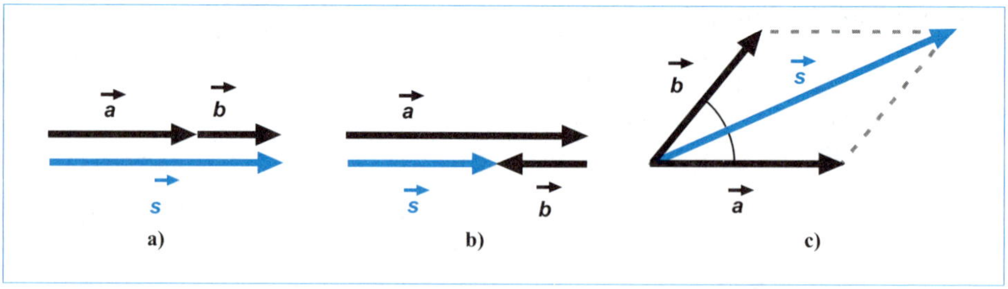


Abb. 1.2: Addition vektorieller Größen

a) **$\vec{a}$ und $\vec{b}$ sind gleich gerichtet.**
$\vec{s} = \vec{a} + \vec{b}$ hat die gleiche Richtung wie $\vec{a}$ und $\vec{b}$ und den Betrag $s = a + b$.

b) **$\vec{a}$ und $\vec{b}$ sind entgegengesetzt gerichtet.**
Gilt $a > b$, so hat $\vec{s} = \vec{a} + \vec{b}$ die Richtung von $\vec{a}$ und den Betrag $s = a - b$; gilt $a < b$, so hat $\vec{s}$ die Richtung von $\vec{b}$ und den Betrag $s = b - a$; gilt hingegen $a = b$, so ist $\vec{s} = \vec{0}$ (Nullvektor).

c) **$\vec{a}$ und $\vec{b}$ schließen einen Winkel $0 < \alpha < 180°$ ein.**
**Parallelogrammregel**: Die Richtung von $\vec{s} = \vec{a} + \vec{b}$ ist durch die Diagonale des von $\vec{a}$ und $\vec{b}$ aufgespannten Parallelogramms gegeben. Für den Betrag von $\vec{s}$ gilt: $s = \sqrt{a^2 + b^2 + 2 \cdot a \cdot b \cdot \cos\alpha}$

Das Δ-Zeichen ist auch für Vektoren gebräuchlich: $\Delta\vec{a} = \vec{a}_2 - \vec{a}_1 = \vec{a}_2 + (-\vec{a}_1)$
Analog ist die Ableitung einer vektoriellen Größe möglich.

Bei der Multiplikation vektorieller Größen gibt es verschiedene Typen:

▸ 1.12 A) **Multiplikation eines Vektors $\vec{a}$ mit einem Skalar $c$**

Das Produkt $c \cdot \vec{a}$ ist wiederum ein Vektor mit dem Betrag $c \cdot a$; für $c > 0$ stimmt seine Richtung mit der von $\vec{a}$ überein, für $c < 0$ zeigt er in die entgegengesetzte Richtung.

Beispiel: $\vec{F} = m \cdot \vec{a}$ (NEWTONsches Grundgesetz)

▸ 1.13 B) **Skalarprodukt zweier Vektoren $\vec{a}$ und $\vec{b}$**

Das Skalarprodukt $\vec{a} \cdot \vec{b}$ zweier Vektoren $\vec{a}$ und $\vec{b}$ ergibt eine skalare Größe $c$. Schließen $\vec{a}$ und $\vec{b}$ einen Winkel $\alpha$ ein, so gilt:

$$c = \vec{a} \cdot \vec{b} = a \cdot b \cdot \cos(\vec{a};\ \vec{b}) = a \cdot b \cdot \cos\alpha$$

Beispiel: $W = \vec{F} \cdot \vec{s} = F \cdot s \cdot \cos\alpha$ (Arbeit bei konstanter Kraft)

# 2 Grundlagen aus Kinematik und Dynamik

## 2.1 Geradlinige Bewegungen

Die Bewegung eines Körpers kann beschrieben werden, indem man den Ort des Körpers als Funktion der Zeit $t$ angibt. Wichtige Grundgrößen sind dabei der zurückgelegte Weg $s$, die Geschwindigkeit $\vec{v}$ und die Beschleunigung $\vec{a}$. Das Resultat hängt vom benutzten Bezugssystem ab.

Zur Beschreibung nutzt man oft das Denkmodell **Massepunkt**: Das Volumen des Körpers wird dabei vernachlässigt, seine gesamte Masse denkt man sich in einem Punkt vereinigt.

Die (Momentan-)Geschwindigkeit $\vec{v}$ ist eine vektorielle Größe. Ihre Richtung entspricht der Bewegungsrichtung bzw. der Richtung der Tangente an die Bahn. Die Durchschnittsgeschwindigkeit $\bar{v}$ bzw. die Momentangeschwindigkeit $v$ betragen:

$$\bar{v} = \frac{\Delta s}{\Delta t} \quad \text{bzw.} \quad v = \lim_{\Delta t \to 0} \frac{\Delta s}{\Delta t} = \frac{\mathrm{d}s}{\mathrm{d}t} = \dot{s}$$ ► 2.1

Wichtige Einheiten der Geschwindigkeit $\vec{v}$ sind $1\,\mathrm{m} \cdot \mathrm{s}^{-1}$ und $1\,\mathrm{km} \cdot \mathrm{h}^{-1}$.

Dabei gilt folgende Umrechnung: $1\,\frac{\mathrm{m}}{\mathrm{s}} = 3{,}6\,\frac{\mathrm{km}}{\mathrm{h}}$ ► 2.2

Die (Momentan-)Beschleunigung $\vec{a}$ ist eine vektorielle Größe. Sie beschreibt die zeitliche Änderung des Betrages und/oder der Richtung der Geschwindigkeit $\vec{v}$.

Es gilt: $\vec{a} = \lim_{\Delta t \to 0} \frac{\Delta \vec{v}}{\Delta t} = \frac{\mathrm{d}\vec{v}}{\mathrm{d}t} = \dot{\vec{v}}$ ► 2.3

Als Einheit der Beschleunigung verwendet man: $1\,\mathrm{m} \cdot \mathrm{s}^{-2}$

Bei der Beschreibung von Bewegungsvorgängen werden die Anfangswerte ($t = 0$) häufig einfach durch den Index 0 gekennzeichnet.

| physikalische Größe | Gleichungen der geradlinigen gleichförmigen Bewegungen |
|---|---|
| Beschleunigung $a$ | $a = 0$ |
| Geschwindigkeit $v$ | $v = v_0$ |
| zurückgelegter Weg $s$ | $s = v \cdot t + s_0$ |

► 2.4

| physikalische Größe | Gleichungen der gleichmäßig beschleunigten Bewegungen |
|---|---|
| Beschleunigung $a$ | $a = a_0 = konstant$ |
| Geschwindigkeit $v$ | $v = a \cdot t + v_0$ |
| zurückgelegter Weg $s$ | $s = \frac{a}{2} \cdot t^2 + v_0 \cdot t + s_0$ |

► 2.5

HINWEIS

**Hinweis:** Eine negative Beschleunigung nennt man auch Verzögerung.

?

***Musteraufgabe 1***

Ein PKW fährt 20 s lang mit einer Geschwindigkeit $v_1 = 50\,\text{km/h}$. Danach beschleunigt er in 7 s auf $v_2 = 80\,\text{km/h}$.
Wie groß war die Beschleunigung? Welcher Weg wurde während des gesamten Vorganges zurückgelegt?

!

***Lösung***

Beim ersten Teilvorgang handelt es sich um eine geradlinig gleichförmige Bewegung, danach liegt eine gleichmäßig beschleunigte Bewegung vor.
Für die Beschleunigung gilt dann:

$$a = \frac{\Delta v}{\Delta t} = \frac{v_2 - v_1}{t_2 - t_1} = \frac{(80 - 50)\,\text{m}}{7\,\text{s} - 3{,}6\,\text{s}} \approx \underline{\underline{1{,}2\,\frac{\text{m}}{\text{s}^2}}}$$

In den ersten Zeitspanne $\Delta t_1$ wird der Weg $s_1 = v_1 \cdot \Delta t_1$ zurückgelegt,

in der Beschleunigungsphase $\Delta t_2$ der Weg $s_2 = \frac{1}{2} \cdot a \cdot (\Delta t_2)^2 + v_1 \cdot \Delta t_2$.

Damit beträgt der insgesamt zurückgelegte Weg $s = s_1 + s_2$:

$$s = \frac{1}{2} \cdot a \cdot (\Delta t_2)^2 + v_1 \cdot (\Delta t_1 + \Delta t_2) = \frac{1{,}2\,\text{m}}{2\,\text{s}^2} \cdot (7\,\text{s})^2 + \left(\frac{50}{3{,}6}\right) \cdot \frac{\text{m}}{\text{s}} \cdot 27\,\text{s} \underline{\underline{\approx 404\,\text{m}}}$$

## 2.2 Kräfte

Die **Kraft $\vec{F}$** ist eine vektorielle Größe. Man erkennt Kräfte anhand ihrer Wirkungen: *Änderung des Bewegungszustandes eines Körpers* oder *Verformung eines Körpers.*

► 2.6 Die Einheit der Kraft ist das NEWTON: $1\,\text{N} = 1\,\frac{\text{kg} \cdot \text{m}}{\text{s}^2}$

NEWTON (1642 bis 1727) formulierte drei grundlegende Gesetze.

**1. NEWTONsches Axiom: Trägheitssatz**
Ein Körper bleibt im Zustand der Ruhe oder der geradlinig gleichförmigen Bewegung, solange er nicht durch äußere Kräfte gezwungen wird, seinen Bewegungszustand zu ändern.

Die Masse $m$ eines Körpers ist ein Maß für seine Trägheit.

**2. NEWTONsches Axiom: Grundgleichung der Mechanik**
Eine an einem frei beweglichen Körper angreifende Kraft $\vec{F}$ erteilt diesem Körper eine Beschleunigung $\vec{a}$ in der Kraftrichtung.
Ist $m =$ *konstant*, so gilt dabei:
$\vec{F} = m \cdot \vec{a}$ ▸ 2.7

**3. NEWTONsches Axiom: Wechselwirkungsgesetz**
Übt ein Körper A auf einen Körper B eine Kraft $\vec{F}_A$ aus, so wirkt B auf A mit einer gleich großen, aber entgegengesetzt gerichteten Kraft $\vec{F}_B$ zurück:
$\vec{F}_A = -\vec{F}_B$ ▸ 2.8

Wechselwirkungskräfte treten immer paarweise auf und greifen stets an verschiedenen Körpern an. Oft spricht man auch von Reaktionskräften.

Jedes unbeschleunigte Bezugssystem ist ein **Inertialsystem**. Die NEWTONschen Axiome sind nur in Inertialsystemen erfüllt; in beschleunigten Bezugssystemen hingegen existieren Trägheitskräfte $\vec{F}_T = -m \cdot \vec{a}$, die innerhalb des Bezugssystems keine Wechselwirkungskraft besitzen.

Kräfte kann man vektoriell addieren, aber auch in Komponenten zerlegen.

Greifen zwei Kräfte $\vec{F}_1$ und $\vec{F}_2$ gleichzeitig an ein und demselben Punkt eines Körpers an, so kann man sie durch die resultierende Kraft $\vec{F}_{res}$ ersetzen, die über die Vektoraddition $\vec{F}_{res} = \vec{F}_1 + \vec{F}_2$ ermittelt werden kann.

Schließen $\vec{F}_1$ und $\vec{F}_2$ den Winkel $\alpha$ ein, so liefert die **Formel vom Kräfteparallelogramm**:

$$F_{res} = \sqrt{F_1^2 + F_2^2 + 2 \cdot F_1 \cdot F_2 \cdot \cos\alpha}$$ ▸ 2.9

Heben sich die an einem Körper angreifenden Kräfte gegenseitig auf, gilt also $\sum \vec{F}_i = 0$, so herrscht an dem Körper ein **Kräftegleichgewicht**.

Ein Kraftvektor $\vec{F}$ kann eindeutig in zwei Komponenten (vorgegebener Richtungen) zerlegt und durch die beiden Komponenten ersetzt werden.

Die Wahl der Richtungen der Komponenten erfolgt je nach Situation anhand der physikalischen Gegebenheiten.

***Musteraufgabe 2***

Zwei Kräfte $\vec{F}_1$ mit $F_1 = 50\,\mathrm{N}$ und $\vec{F}_2$ mit $F_2 = 70\,\mathrm{N}$ greifen am gleichen Punkt eines frei beweglichen Körpers der Masse 5,0 kg an. Beide Kräfte schließen den Winkel $\alpha = 30°$ ein. Wie groß ist die resultierende Kraft $F_{res}$ und welche Beschleunigung erfährt der Körper durch sie?

***Lösung***

Es ist $F_{res} = \sqrt{F_1^2 + F_2^2 + 2 \cdot F_1 \cdot F_2 \cdot \cos\alpha} \approx \underline{\underline{116\,\mathrm{N}}}$

Aus $\vec{F} = m \cdot \vec{a}$ folgt: $a = \frac{F_{res}}{m} = \frac{116\,\mathrm{N}}{5\,\mathrm{kg}} = \frac{116\,\mathrm{kg} \cdot \mathrm{m} \cdot \mathrm{s}^{-2}}{5\,\mathrm{kg}} \approx \underline{\underline{23\,\frac{\mathrm{m}}{\mathrm{s}^2}}}$

## 2.3 Einige spezielle Kräfte

Die **Gewichtskraft $\vec{F}_G$** eines Körpers ruft an einem (in Erdnähe) frei fallenden Körper
► 2.10 eine Beschleunigung $\vec{g}$ hervor: $\vec{F}_G = m \cdot \vec{g}$

Die **Fallbeschleunigung $\vec{g}$** (Erdbeschleunigung) hängt nicht von dem fallenden Körper, jedoch vom Ort ab; sie ist stets zum Erdmittelpunkt gerichtet und nimmt mit zunehmendem Abstand vom Erdmittelpunkt ab. Für ihren Betrag $g$ (auch **Ortsfaktor** genannt) wird in Mitteleuropa folgender Mittelwert benutzt:

► 2.11 $g = 9{,}81\,\frac{\mathrm{m}}{\mathrm{s}^2} = 9{,}81\,\frac{\mathrm{N}}{\mathrm{kg}}$

Die Kraft, mit der ein Körper senkrecht gegen eine Unterlage drückt, heißt **Normalkraft $\vec{F}_N$**. Befindet sich ein Körper auf einer um den Winkel $\alpha$ geneigten Ebene, so lässt sich seine Gewichtskraft physikalisch sinnvoll in zwei Komponenten zerlegen: die parallel zur geneigten Ebene, nach unten gerichtete **Hangabtriebskraft $\vec{F}_H$** und die senkrecht auf die Ebene einwirkende Normalkraft $\vec{F}_N$.

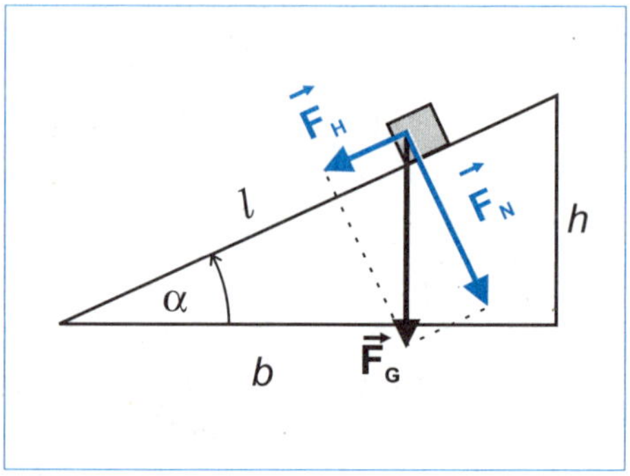


Abb. 2.1: Kräftezerlegung an der geneigten Ebene

Es gelten die Formeln:

$$\vec{F}_H = \vec{F}_G \cdot \frac{h}{l} = \vec{F}_G \cdot \sin\alpha \quad \text{und} \quad \vec{F}_N = \vec{F}_G \cdot \frac{b}{l} = \vec{F}_G \cdot \cos\alpha$$ ► 2.12

Beim Dehnen (Stauchen) einer Schraubenfeder stellt man eine rücktreibende **Federkraft $\vec{F}_F$** (Rückstellkraft) fest. Ist die Auslenkung $\vec{s}$ der Feder nicht zu groß, so gilt das **HOOKEsche Gesetz**:

$$\vec{F}_F = -D \cdot \vec{s}$$ ► 2.13

Die **Federkonstante $D$** (Direktionsgröße, Richtgröße) hängt vom Material und der Geometrie der Feder ab.

Reale Bewegungen werden oftmals durch Reibung be- oder verhindert. Die **Reibungskraft $\vec{F}_R$** ist stets eine Reaktionskraft auf eine äußere Kraft. Wichtige Reibungsarten sind Haft-, Gleit- und Rollreibung sowie Reibung in Gasen und Flüssigkeiten.

Haftet ein beweglicher Körper trotz einer äußeren Zug- oder Schubkraft $\vec{F}$ auf einer Unterlage, so liegt das an einer Haftreibungskraft $\vec{F}_h$, die $\vec{F}$ kompensiert. Ihr Maximum beträgt: $F_{h,\max} = f_h \cdot F_N$ ► 2.14

Beim Gleiten bzw. beim Rollen eines Körpers auf einer Unterlage wirkt eine **Gleitreibungskraft $\vec{F}_{gl}$** bzw. eine **Rollreibungskraft $\vec{F}_{roll}$** der Bewegung entgegen.

Es gelten: $F_{gl} = f_{gl} \cdot F_N$ bzw. $F_{roll} = f_{roll} \cdot F_N$ ► 2.15

Die Konstanten $f_h$, $f_{gl}$ und $f_{roll}$ heißen **Reibungszahlen** (Reibungskoeffizienten). Sie charakterisieren die Oberflächenbeschaffenheiten der aneinander reibenden Materialien.
Für viele Materialkombinationen gilt: $f_h > f_{gl} > f_{roll}$

## 2.4 Zusammengesetzte Bewegungen

Die mathematische Beschreibung zusammengesetzter Bewegungen basiert auf dem **Unabhängigkeitsprinzip**:

> Ist die Bewegung eines Körpers verschiedenen Einflüssen unterworfen, von denen jeder für sich eine bestimmte Bewegung hervorrufen würde, so überlagern sich die Wege, Geschwindigkeiten und Beschleunigungen unabhängig voneinander nach den Gesetzen der Vektoraddition.

Ein **senkrechter Wurf** stellt die Überlagerung einer geradlinig gleichförmigen Bewegung in vertikaler Richtung (Anfangsgeschwindigkeit $\vec{v}_0$) und einer freien Fallbewegung dar. Zur mathematischen Beschreibung legen wir ein senkrechtes $x$-$y$-Koordinatensystem in den Abwurfpunkt.

Bei einem **senkrechten Wurf nach unten** gelten:

► 2.16 $v(t) = -g \cdot t - v_0$ und $s = y(t) = -\frac{1}{2} \cdot g \cdot t^2 - v_0 \cdot t$

Bei einem **senkrechten Wurf nach oben** gelten:

► 2.17 $v(t) = -g \cdot t + v_0$ und $s = y(t) = -\frac{1}{2} \cdot g \cdot t^2 + v_0 \cdot t$

Von besonderer Bedeutung ist der höchste Bahnpunkt; seine $y$-Koordinate nennt man die (maximale) **Wurfhöhe $h$**, die Zeit bis zum Erreichen dieses Punktes die **Steigzeit $t_S$**.

Beim senkrechten Wurf nach oben nimmt die Geschwindigkeit im höchsten Punkt den Wert Null an, also: $v(t_S) = -g \cdot t_S + v_0 = 0$

► 2.18 Damit betragen: $t_S = \frac{v_0}{g}$ und $h = y_{\max} = y(t_S) = \frac{v_0^2}{2 \cdot g}$

Ein **schiefer Wurf** resultiert aus der Überlagerung einer geradlinig gleichförmigen Bewegung in der Abwurfrichtung und einer freien Fallbewegung.

Wir betrachten einen Körper, der mit der Geschwindigkeit $\vec{v}_0$ unter einem Winkel $\alpha$ gegenüber der Horizontalen abgeworfen wird. Dazu legen wir den Ursprung eines rechtwinkliges $x$-$y$-Koordinatensystem in den Abwurfpunkt (Abb. 2.2).

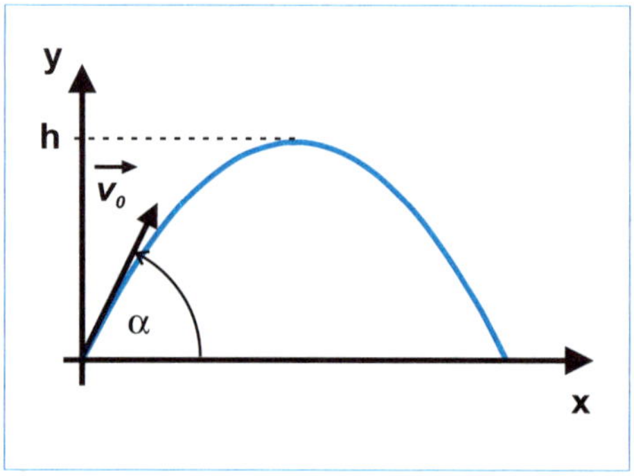


Abb. 2.2: Wurfparabel eines schiefen Wurfs

Man kann $\vec{v}_0$ in eine horizontale und eine vertikale Komponente zerlegen; es gelten:

► 2.19 $v_{0,x} = v_0 \cdot \cos\alpha$ und $v_{0,y} = v_0 \cdot \sin\alpha$

In $x$-Richtung liegt eine geradlinig gleichförmige Bewegung mit der Geschwindigkeit $\vec{v}_{0,x}$ vor, in $y$-Richtung eine gleichmäßig beschleunigte Bewegung mit der Anfangsgeschwindigkeit $\vec{v}_{0,y}$. Nach der Zeit $t$ betragen:

► 2.20 $v_x(t) = v_{0,x}$ und $v_y(t) = v_{0,y} - g \cdot t = v_0 \cdot \sin\alpha - g \cdot t$

► 2.21 $s_x = x(t) = v_{0,x} \cdot t = v_0 \cdot t \cdot \cos\alpha$

► 2.22 $s_y = y(t) = v_{0,y} \cdot t - \frac{1}{2} \cdot g \cdot t^2 = v_0 \cdot t \cdot \sin\alpha - \frac{1}{2} \cdot g \cdot t^2$

Aus (2.21) folgt: $t = \frac{x(t)}{v_0 \cdot \cos\alpha}$

In (2.22) eingesetzt liefert dies die **Bahngleichung eines schiefen Wurfs**:

$$y = x \cdot \tan\alpha - \frac{1}{2} \cdot \frac{g}{v_0^2 \cdot \cos^2\alpha} \cdot x^2$$ ► 2.23

Die Steigzeit $t_S$ ergibt sich aus der Bedingung $v_y(t_S) = 0$.

Man erhält: $t_S = \frac{v_0 \cdot \sin\alpha}{g}$ und $h = y_{\max} = \frac{v_0^2 \cdot \sin^2\alpha}{2 \cdot g}$ ► 2.24

Liegen Abwurf- und Auftreffpunkt in derselben Höhe ($y = 0$), so ist die **Wurfdauer $t_W$** gleich der doppelten Steigzeit; die dabei erreichte **Wurfweite $x_W$** erhält man aus $x_W = x(t_W)$.

Es gelten: $t_W = \frac{2 \cdot v_0 \cdot \sin\alpha}{g}$ und $x_W = x(t_W) = \frac{v_0^2 \cdot \sin 2\alpha}{g}$ ► 2.25

Ein **waagerechter Wurf** ist der Sonderfall ($\vec{v}_0 = \vec{v}_{0,x}$; $\alpha = 0$) eines schiefen Wurfs. Seine Bahngleichung lautet:

$$y = -\frac{g}{2 \cdot v_0^2} \cdot x^2$$ ► 2.26

## 2.5 Die Kreisbewegung

Als Kenngrößen einer Kreisbewegung dienen der Drehwinkel $\varphi$, die Bahngeschwindigkeit $\vec{v}$, der Bahnradius $r$, die Umlaufzeit $T$ sowie ihr Kehrwert – die Frequenz:

$$f = \frac{1}{T} = \frac{\text{Anzahl der Umdrehungen}}{\text{dazu benötigte Zeit}}$$ ► 2.27

Die Einheit der Frequenz nennt man HERTZ: $1\,\text{Hz} = 1\,\text{s}^{-1}$ ► 2.28

Die **Winkelgeschwindigkeit $\omega$** gibt an, wie schnell ein Drehwinkel (im Bogenmaß) überstrichen wird:

$$\overline{\omega} = \frac{\Delta\varphi}{\Delta t} \quad \text{bzw.} \quad \omega = \frac{d\varphi}{dt} = \dot{\varphi}$$ ► 2.29

Die Einheit der Winkelgeschwindigkeit ist: $1\,\text{s}^{-1}$

Die Kreisbewegung eines Massepunktes ist eine beschleunigte Bewegung, denn zu jedem Zeitpunkt muss eine Kraft $\vec{F} = m \cdot \vec{a}$ wirken, die dafür sorgt, dass er sich nicht geradlinig, sondern auf einer Kreisbahn bewegt.

> Bei einer **gleichförmigen Kreisbewegung** sind $v$, $T$, $f$ sowie $\omega$ konstant.

► 2.30 Wichtige Gesetzmäßigkeiten hierbei sind in der Tabelle dargestellt:

| Merkmale | Formeln |
|---|---|
| Der Betrag $v$ der Bahngeschwindigkeit ist konstant. | $v = \frac{2\pi \cdot r}{T} = 2\pi \cdot r \cdot f$ |
| Der Betrag $\omega$ der Winkelgeschwindigkeit ist konstant. | $\omega = \frac{2\pi}{T} = 2\pi \cdot f = \frac{v}{r}$ |
| Die Beschleunigung hat nur eine radiale Komponente, die zum Kreismittelpunkt hin gerichtete **Radialbeschleunigung** $\vec{a}_r$ (Zentral-, Zentripetalbeschleunigung). | $a_r = \frac{v^2}{r} = \omega^2 \cdot r$ |
| Die beschleunigende Kraft hat nur eine radiale Komponente, die zum Kreismittelpunkt hin gerichtete **Radialkraft** $\vec{F}_r$ (Zentral-, Zentripetalkraft). | $F_r = m \cdot \frac{v^2}{r} = m \cdot \omega^2 \cdot r$ |

Der bei einer gleichförmigen Kreisbewegung mitbewegte Beobachter stellt eine Trägheitskraft fest: die **Zentrifugalkraft $\vec{F}_Z$** (Fliehkraft). Sie ist radial vom Drehzentrum weg gerichtet, hat aber denselben Betrag wie die Radialkraft $\vec{F}_r$:

► 2.31 $$F_Z = m \cdot \omega^2 \cdot r = \frac{m \cdot v^2}{r}$$

## 2.6 Himmelsmechanik

Alle Körper ziehen einander aufgrund ihrer Massen gegenseitig an. Diese Massenanziehung nennt man **Gravitation**. Für die dabei als Zentralkräfte wirksamen Gravitationskräfte gilt das **NEWTONsche Gravitationsgesetz**:

> Zwei (kugelsymmetrische) Körper mit den Massen $m_1$ bzw. $m_2$, deren Schwerpunkte den Abstand $r$ voneinander haben, ziehen einander mit einer Gravitationskraft vom Betrag
>
> ► 2.32 $F_{Grav} = \gamma \cdot \frac{m_1 \cdot m_2}{r^2}$ an.

Die in der Formel enthaltene **Gravitationskonstante $\gamma$** ist eine Naturkonstante; sie beträgt:

► 2.33 $$\gamma = 6{,}672 \cdot 10^{-11} \frac{\mathrm{N} \cdot \mathrm{m}^2}{\mathrm{kg}^2}$$

Einen Raum, in dem auf eine Masse $m$ eine Gravitationskraft $\vec{F}_{Grav}$ ausgeübt wird, nennt man ein **Gravitationsfeld**. In der Umgebung eines jeden materiellen Körpers existiert ein solches Gravitationsfeld.

Zur Beschreibung der Planetenbewegung benutzt man neben dem Gravitationsgesetz noch die drei **KEPLERschen Gesetze**:

**1. KEPLERsches Gesetz: Bahnensatz**
Die Planeten bewegen sich auf Ellipsenbahnen, in deren einem Brennpunkt sich die Sonne befindet.

**2. KEPLERsches Gesetz: Flächensatz**
Die Verbindungslinie Sonne-Planet (Fahrstrahl) überstreicht in gleichen Zeiten gleiche Flächen (Abb. 2.3).

**3. KEPLERsches Gesetz: Zeitensatz**
Die Quadrate der Umlaufzeiten $T_1$ und $T_2$ zweier Planeten verhalten sich wie die dritten Potenzen der großen Halbachsen $a_1$ und $a_2$ der zugehörigen Ellipsenbahnen: $\frac{T_1^2}{T_2^2} = \frac{a_1^3}{a_2^3}$.

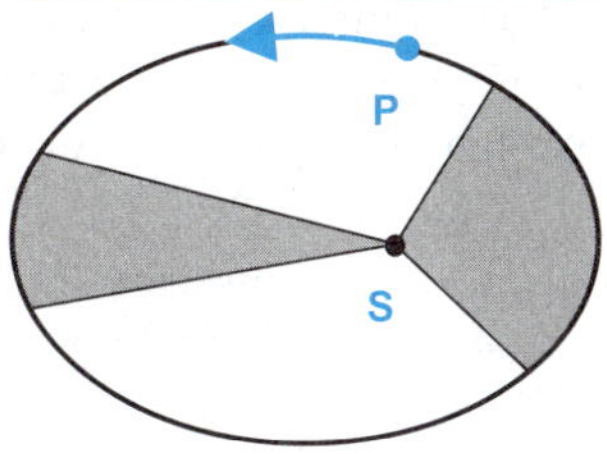


Abb. 2.3: Planetenbahn

### *Musteraufgabe 3*

Die Erde bewegt sich in einer mittleren Entfernung von $r = 1{,}5 \cdot 10^{11}\,\text{m}$ in 365,25 Tagen einmal um die Sonne. Schätzen Sie mithilfe dieser Angaben die Sonnenmasse $M_S$ ab!

### *Lösung*

Wir betrachten den Umlauf der Erde um die Sonne als gleichförmige Kreisbewegung. Dabei fungiert die Gravitationskraft durch die Sonne als Radialkraft für die Erde (Kreisbahnbedingung):

$F_{Grav} = F_r$

Das bedeutet: $\gamma \cdot \frac{M_S \cdot m_E}{r^2} = m_E \cdot \omega^2 \cdot r = m_E \cdot \frac{4\pi^2}{T^2} \cdot r$

Umstellen nach $M_S$ und Einsetzen der gegebenen Größen liefert:

$$M_S = \frac{4\pi^2 \cdot r^3}{\gamma \cdot T^2} = \frac{4\pi^2 \cdot (1{,}5 \cdot 10^{11}\,\text{kg})^3}{6{,}67 \cdot 10^{11}\,\text{m}^3 \cdot \text{kg}^{-1} \cdot \text{s}^{-2} \cdot (365{,}25 \cdot 24 \cdot 3600\,\text{s})^2} \approx \underline{\underline{2 \cdot 10^{30}\,\text{kg}}}$$

## 2.7 Übungsaufgaben

**1.** Ein Radfahrer möchte mit 20 km/h eine Kurve vom Radius 12 m durchfahren. Um welchen Winkel muss er sich dazu gegen die Vertikale neigen? Wie groß muss die Haftreibungszahl $f_h$ mindestens sein, damit das Rad dabei nicht rutscht?

**2.** Drei Massestücke von je 100 g sind mit einer Schnur verbunden, die über eine feste Rolle läuft (Abb. 2.4).

**a)** Mit welcher Beschleunigung a setzen sich die Massestücke in Bewegung?

**b)** Welcher Weg $s_1$ wurde nach der ersten Sekunde zurückgelegt?

**c)** Wie viel Masse muss man rechts zusätzlich anhängen, um eine Beschleunigung von 4,0 m/s² zu erzielen?

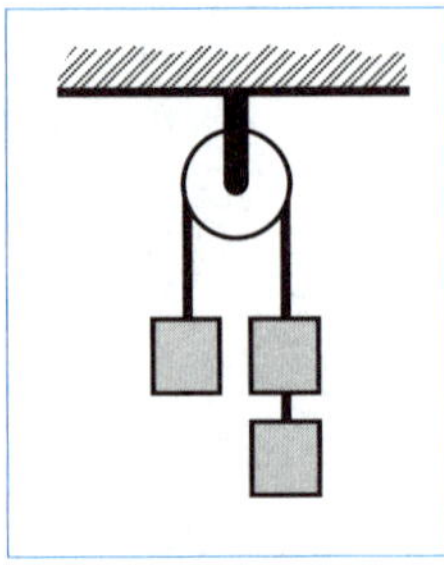

Abb. 2.4: Rolle mit drei Massestücken

**3.** Zwei Schraubenfedern der Federkonstanten $D_1$ bzw. $D_2$ werden aneinander gehängt. Welche Federkonstante $D_{ges}$ besitzt diese Anordnung?

**4.** Ein anfänglich mit 130 km/h fahrender Zug wurde durch Notbremsung zum Stoppen gebracht. Der Bremsweg betrug 600 m. Welche mittlere Verzögerung wurde wirksam und wie lang dauerte der Bremsvorgang?

**5.** Ein Tennisball wird mit 120 km/h senkrecht nach oben geschlagen. Berechnen Sie die Wurfhöhe $h_{max}$! Leiten Sie einen Zusammenhang zwischen der erreichten Höhe $h$ und dem Betrag $v$ der Momentangeschwindigkeit des Balles her und stellen Sie diesen grafisch dar!

## Tipps und Hinweise zum Lösen der Übungsaufgaben

**1.** Reaktionskraft $\vec{F}$ der Straße geeignet zerlegen (Abb. 2.5): Eine Komponente kompensiert $\vec{F}_G$, die andere Komponente liefert $\vec{F}_r$.

**2. a)** Erst beschleunigende Kraft und beschleunigte Masse ermitteln.

**b)** Gleichmäßig beschleunigte Bewegung, $s_0 = 0$; $v_0 = 0$.

**c)** Ansatz von a) verallgemeinern.

**3.** Die Dehnungen der einzelnen Federn ergeben die Gesamtdehnung.

**4.** Bewegungsgleichungen für geradlinig beschleunigte Bewegung verwenden, wobei $s_0 = 0$ und $a < 0$ gilt.

**5.** $t$ aus $v(t)$ gewinnen und in die Gleichung für $h(t) = y(t)$ einsetzen.

## Lösungen der Übungsaufgaben

**1.** Aus Abb. 2.5 entnimmt man:

$$\tan\alpha = \frac{F_r}{F_G} = \frac{\frac{m \cdot v^2}{r}}{m \cdot g} = \frac{v^2}{r \cdot g} = \frac{\left(\frac{20}{3,6}\frac{\mathrm{m}}{\mathrm{s}}\right)^2}{12\,\mathrm{m} \cdot 9,81\,\mathrm{m} \cdot \mathrm{s}^{-2}}$$

$$\tan\alpha \approx 0,26 \quad \Rightarrow \quad \underline{\underline{\alpha \approx 15°}}$$

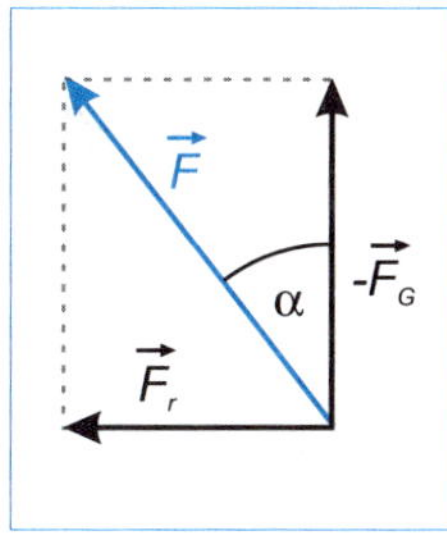


Abb. 2.5: Kräfte bei Kurvenfahrt

Damit das Rad nicht rutscht, muss $F_r < F_{h,\max}$ gelten, also:

$$\frac{m \cdot v^2}{r} < m \cdot g \cdot f_h.$$

Daraus folgt: $f_h > \frac{v^2}{r \cdot g} = \tan\alpha \quad \Rightarrow \quad \underline{\underline{f_h > 0,26}}$

**2.** **a)** beschleunigende Kraft: $F = F_{G,\,rechts} - F_{G,\,links}$
$= (2m_1 - m_1) \cdot g = m_1 \cdot g$

beschleunigte Masse: $m = 2m_1 + m_1 = 3m_1$

Aus $\vec{F} = m \cdot \vec{a}$ folgt damit $a = \frac{F}{m} = \frac{m_1 \cdot g}{3 \cdot m_1} = \frac{g}{3} \underline{\underline{\approx 3,27\,\frac{\mathrm{m}}{\mathrm{s}^2}}}$

**b)** Aus (2.5) folgt mit $s_0 = 0$ und $v_0 = 0$

$$s_1 = \frac{1}{2} \cdot a \cdot t_1^2 = \frac{1}{2} \cdot \frac{g}{3} \cdot t_1^2 = \frac{1}{6} \cdot 9,81\,\frac{\mathrm{m}}{\mathrm{s}^2} \cdot 1\,\mathrm{s}^2 \underline{\underline{\approx 1,6\,\mathrm{m}}}$$

**c)** Nach Anhängen einer Masse $m_2$ auf der rechten Seite betragen die beschleunigende Kraft: $F = (m_1 + m_2) \cdot g$
und
die beschleunigte Masse: $m = 3m_1 + m_2$

Es gilt: $\vec{F} = m \cdot \vec{a}$, also: $(m_1 + m_2) \cdot g = (3m_1 + m_2) \cdot a$

Also: $m_2 = \frac{m_1 \cdot (3a - g)}{g - a} = \frac{100\,\mathrm{g} \cdot (12 - 9,81)\,\mathrm{m} \cdot \mathrm{s}^{-2}}{(9,81 - 4)\,\mathrm{m} \cdot \mathrm{s}^{-2}} \underline{\underline{\approx 38\,\mathrm{g}}}$

**3.** Wirkt eine Zugkraft $F$ auf die Anordnung, so wird jede der beiden Federn durch diese Kraft $F$ belastet. Nach dem HOOKEschen Gesetz $F = D \cdot s$ ergeben sich damit die Auslenkungen:

$$s_1 = \frac{F}{D_1} \text{ und } s_2 = \frac{F}{D_2}$$

Für die Anordnung gilt: $F = D_{ges} \cdot s_{ges}$

Mit $s_{ges} = s_1 + s_2$ folgt daraus: $F = D_{ges} \cdot (s_1 + s_2) = D_{ges} \cdot \left(\frac{F}{D_1} + \frac{F}{D_2}\right)$

$$\Rightarrow \quad \frac{1}{D_{ges}} = \frac{1}{D_1} + \frac{1}{D_2} \quad \Rightarrow \quad \underline{\underline{D_{ges} = \frac{D_1 \cdot D_2}{D_1 + D_2}}}$$

**4.** $v = a \cdot t + v_0 \quad \Rightarrow \quad 0 = a \cdot t_{Brems} + v_0 \quad \Rightarrow \quad t_{Brems} = \frac{-v_0}{a}$

$$s = \frac{a}{2} \cdot t^2 + v_0 \cdot t + s_0 \quad \Rightarrow \quad s_{Brems} = \frac{a}{2} \cdot t_{Brems}^2 + v_0 \cdot t_{Brems} = \frac{v_0^2}{2 \cdot a} - \frac{v_0^2}{a} = -\frac{v_0^2}{2 \cdot a}$$

$$\Rightarrow \quad a = -\frac{v_0^2}{2 \cdot s_{Brems}} = -\frac{(130/3{,}6)^2\,\text{m}^2 \cdot \text{s}^{-2}}{2 \cdot 600\,\text{m}} \approx \underline{\underline{-1{,}1\,\frac{\text{m}}{\text{s}^2}}} \quad \ldots \text{ Verzögerung}$$

$$\Rightarrow \quad t_{Brems} = \frac{-v_0}{a} = \frac{-v_0 \cdot 2 \cdot s_{Brems}}{-v_0^2} = \frac{2 \cdot s_{Brems}}{v_0} = \frac{2 \cdot 600\,\text{m}}{(130/3{,}6)\,\text{m} \cdot \text{s}^{-1}} \approx \underline{\underline{33\,\text{s}}}$$

**5.** $h_{\max} = y_{\max} = \frac{v_0^2}{2 \cdot g} = \frac{\left((120/3{,}6)\,\text{m} \cdot \text{s}^{-1}\right)^2}{2 \cdot 9{,}81\,\text{m} \cdot \text{s}^{-2}} \approx \underline{\underline{56{,}6\,\text{m}}}$

Aus $v(t) = -g \cdot t + v_0$ folgt: $t = \frac{v_0 - v}{g}$

Einsetzen in $h = y(t) = -\frac{1}{2} \cdot g \cdot t^2 + v_0 \cdot t$

liefert: $h = -\frac{(v_0 - v)^2}{2g} + \frac{v_0 \cdot (v_0 - v)}{g} = \frac{v_0^2 - v^2}{2g}$

Der Zusammenhang lautet: $\underline{\underline{v(h) = \sqrt{v_0^2 - 2 \cdot g \cdot h}}}$

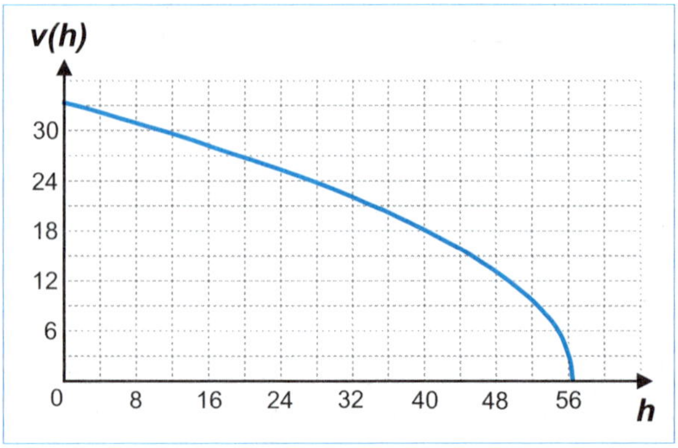


Abb. 2.6: Abhängigkeit der Geschwindigkeit $v$ von der momentanen Höhe $h$ des Tennisballes

c) Die **Translationsenergie $E_{Trans}$**, die ein mit der Geschwindigkeit $v$ bewegter Körper der Masse $m$ besitzt, beträgt:

$$E_{\text{Trans}} = \frac{m}{s} \cdot v^2$$ ► 3.15

d) Die **Rotationsenergie $E_{rot}$**, die ein (starrer) Körper mit dem Trägheitsmoment $J$ aufgrund einer Rotation mit der Winkelgeschwindigkeit $\omega$ besitzt, beträgt:

$$E_{\text{rot}} = \frac{J}{2} \cdot \omega^2$$

Translations- und Rotationsenergie kann man unter dem Oberbegriff **kinetische Energie $E_{kin}$** zusammenfassen.

Ein System, bei dem weder ein Stoff- noch ein Energieaustausch mit seiner Umgebung stattfindet, heißt **abgeschlossenes System**.

> **Satz von der Erhaltung der mechanischen Energie (Energiesatz)**
> In einem reibungsfreien, abgeschlossenen System bleibt die Summe der mechanischen Energien konstant: $E_{\text{pot}} + E_{\text{kin}} = \textit{konstant}$. ► 3.17

Mithilfe des Energiebegriffs lässt sich die Leistung $P$ allgemein definieren als Energieumsatz pro Zeit:

$$\overline{P} = \frac{\Delta E}{\Delta t} \quad \text{bzw.} \quad P = \dot{E}$$ ► 3.18

Der **Wirkungsgrad $\eta$** gibt das Verhältnis von nutzbarer zu aufgewandter Arbeit, Energie bzw. Leistung an:

$$\eta = \frac{W_{nutz}}{W_{auf}} = \frac{E_{nutz}}{E_{auf}} = \frac{P_{nutz}}{P_{auf}}$$ ► 3.19

### *Musteraufgabe 4*

?

Ein Güterzug ($m = 500\,\text{t}$) bremst auf einer Strecke von $s = 2{,}0\,\text{km}$ gleichmäßig von $v_0 = 60\,\text{km/h}$ auf $v_1 = 25\,\text{km/h}$ ab.

a) Wie groß ist die beim Bremsvorgang umgewandelte Energie?

b) Berechnen Sie die mittlere Bremskraft $\overline{F}$!

### *Lösung*

!

a) $\Delta E = E_{kin,\,\text{vorher}} - E_{kin,\,\text{nachher}} = W_{\text{B}}$

$$\Delta E = \frac{m}{2} \cdot (v_0^2 - v_1^2) = \frac{5 \cdot 10^2\,\text{kg}}{2} \cdot \left(\left(\frac{60}{3{,}6}\right)^2 - \left(\frac{25}{3{,}6}\right)^2\right) \cdot \frac{\text{m}^2}{\text{s}^2} \approx \underline{\underline{5{,}7 \cdot 10^7\,\text{J}}}$$

b) Die mittlere Bremskraft $\overline{F}$ wird als konstant angesehen. Somit gilt:

$$\Delta E = W_{\mathrm{B}} = \overline{F} \cdot s, \text{ also } \overline{F} = \frac{W_{\mathrm{B}}}{s} = \frac{\Delta E}{s} = \frac{5{,}7 \cdot 10^7\,\mathrm{J}}{2 \cdot 10^3\,\mathrm{m}} \approx \underline{\underline{2{,}9 \cdot 10^4\,\mathrm{N}}}$$

## 3.3 Impuls und Impulserhaltung

Der **Impuls $\vec{p}$** ist eine vektorielle *Zustandsgröße* – er kennzeichnet den Bewegungs-
▸ 3.20 zustand eines Körpers: $\vec{p} = m \cdot \vec{v}$.

Als Einheit für den Impuls dient: $1\,\mathrm{N} \cdot \mathrm{s} = 1\,\mathrm{kg} \cdot \mathrm{m} \cdot \mathrm{s}^{-1}$

Wirkt auf einen beweglichen Körper eine Kraft $\vec{F}$ für die Dauer $\Delta t$ ein, so bewirkt
▸ 3.21 dies eine Impulsänderung $\Delta\vec{p}$ des Körpers: $\vec{F} \cdot \Delta t = \Delta\vec{p}$

Hieraus kann man die **verallgemeinerte Form des 2. Newtonschen Axioms** ableiten, die sogar gilt, wenn die Masse $m$ nicht mehr konstant ist:

▸ 3.22 $\overline{F} = \dfrac{\Delta p}{\Delta t}$ bzw. $\vec{F} = \dfrac{\mathrm{d}\vec{p}}{\mathrm{d}t} = \dfrac{\mathrm{d}}{\mathrm{d}t}(m \cdot \vec{v}) = \dot{\vec{p}}$

**Impulserhaltungssatz (Impulssatz)**

In einem (gegen äußere Kräfte) abgeschlossenen System ist der Gesamtimpuls, das ist die Vektorsumme aller Einzelimpulse, konstant:

▸ 3.23 $\vec{p}_{\mathrm{ges}} = \sum_i \vec{p}_i = \overrightarrow{konstant}$

Aus dem Impulserhaltungssatz folgen in Verbindung mit dem Wechselwirkungsgesetz das Rückstoßprinzip sowie der **Schwerpunktsatz**:

In einem abgeschlossenen System wird der Bewegungszustand des Schwerpunktes von den inneren Kräften nicht beeinflusst.

## 3.4 Stoßvorgänge

Treffen zwei Körper aufeinander und ändern dabei ihre Geschwindigkeiten, so spricht man von einem **Stoß**. Liegen die Geschwindigkeitsvektoren beider Stoßpartner vor und nach dem Stoß auf einer Linie, so liegt ein **zentraler Stoß** vor, ansonsten ein **schiefer Stoß**.
Wir bezeichnen Geschwindigkeiten vor bzw. nach dem Stoß mit $\vec{v}$ bzw. $\vec{u}$.
Bei einem idealen **zentralen unelastischen Stoß** bewegen sich die beiden Stoßpartner nach dem Stoß gemeinsam weiter: $\vec{u}_1 = \vec{u}_2 = \vec{u}$

Nach dem Impulssatz gilt: $\vec{p}_{ges,\,\text{vorher}} = \vec{p}_{ges,\,\text{hinterher}}$

Dies bedeutet: $m_1 \cdot \vec{v}_1 + m_2 \cdot \vec{v}_2 = (m_1 + m_2) \cdot \vec{u}$

Damit beträgt: $\vec{u} = \dfrac{m_1 \cdot \vec{v}_1 + m_2 \cdot \vec{v}_2}{m_1 + m_2}$ ► 3.24

Während des Stoßvorganges wird ein Teil der kinetischen Energie in Verformungs- und in Wärmeenergie umgewandelt.

Dieser Teil kann berechnet werden als: $\Delta E = E_{kin,\,\text{vorher}} - E_{kin,\,\text{hinterher}}$

Er beträgt somit: $\Delta E = \dfrac{1}{2} \cdot \dfrac{m_1 \cdot m_2}{m_1 + m_2} \cdot (\vec{v}_1 - \vec{v}_2)^2$ ► 3.25

Bei einem idealen **zentralen elastischen Stoß** bleibt die gesamte kinetische Energie als solche erhalten, es gilt also neben dem Impulssatz auch der Energiesatz. Durch geeignete Umformungen erhält man:

$\vec{u}_1 = \dfrac{m_1 - m_2}{m_1 + m_2} \cdot \vec{v}_1 + \dfrac{2 \cdot m_2}{m_1 + m_2} \cdot \vec{v}_2$ sowie $\vec{u}_2 = \dfrac{m_2 - m_1}{m_1 + m_2} \cdot \vec{v}_2 + \dfrac{2 \cdot m_1}{m_1 + m_2} \cdot \vec{v}_1$ ► 3.26

Für den Sonderfall **zentraler elastischer Stoß gegen eine ruhende Wand** ($v_2 = 0$; $m_2 \gg m_1$) ergibt sich damit: $\vec{u}_1 = -\vec{v}_1$ und $u_2 = 0$ ► 3.27

Bei einem **schiefen elastischen Stoß einer Kugel gegen eine Wand** kann man die Geschwindigkeit $\vec{v}$ der Kugel vor dem Stoß in eine zur Wand senkrechte Komponente $\vec{v}_\perp$ und eine zur Wand parallele Komponente $\vec{v}_\parallel$ zerlegen. Die Komponente $\vec{v}_\perp$ behält beim Stoß ihren Betrag bei, kehrt jedoch ihre Richtung um: $\vec{u}_\perp = -\vec{v}_\perp$, ► 3.28
die Komponente $\vec{v}_\parallel$ dagegen bleibt unverändert: $\vec{u}_\parallel = \vec{v}_\parallel$ ► 3.29

Natürlich sind reale Stoßvorgänge i. Allg. weder ideal elastisch noch ideal unelastisch, sondern Mischformen.

### *Musteraufgabe 5*

?

Eine Stahlkugel ($m_1 = 2{,}0\,\text{kg}$) hängt an einem $l = 2{,}0\,\text{m}$ langen Faden, der um $\alpha = 45°$ ausgelenkt wird. Nach dem Loslassen des Fadens stößt die Stahlkugel im tiefsten Punkt ihrer Bahn ideal elastisch gegen eine zweite, ruhende Kugel ($m_2 = 3{,}0\,\text{kg}$).

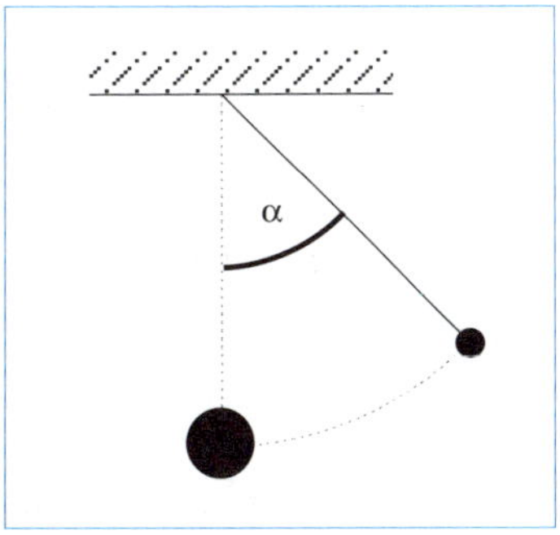


a) Mit welcher Geschwindigkeit $v_1$ trifft die Stahlkugel auf Kugel 2?

b) Welche Geschwindigkeit $u_2$ erhält Kugel 2 durch den Stoß?

!

***Lösung***

a) im höchsten Punkt: $E_{ges,\,\text{oben}} = E_{pot} = m \cdot g \cdot h = m \cdot g \cdot l \cdot (1 - \cos\alpha)$

im tiefsten Punkt: $E_{ges,\,\text{unten}} = E_{kin} = \frac{m}{2} \cdot v_1^2$

Energiesatz gilt: $E_{ges} = E_{ges,\,\text{oben}} = E_{ges,\,\text{unten}} = konst.$

Damit beträgt: $v_1 = \sqrt{2 \cdot g \cdot l \cdot (1 - \cos\alpha)} \approx \underline{\underline{3{,}4\,\text{m} \cdot \text{s}^{-1}}}$

b) Aus (3.26) folgt mit $v_1 = 3{,}4\,\text{m} \cdot \text{s}^{-1}$ und $v_2 = 0$:

$$u_2 = \frac{2 \cdot m_1}{m_1 + m_2} \cdot v_1 = \frac{2 \cdot 2\,\text{kg}}{2\,\text{kg} + 3\,\text{kg}} \cdot 3{,}4\,\frac{m}{s} \approx \underline{\underline{2{,}7\,\frac{m}{s}}}$$

## 3.5 Rotation starrer Körper

Zur Beschreibung einer fortschreitenden Bewegung (**Translation**) bedienten wir uns des Modells *Massepunkt*. Um die Drehung eines Körpers um sich selbst (**Rotation**) zu beschreiben, benötigen wir hingegen das Modell *starrer Körper*. Ein **starrer Körper** ist eine Anordnung von Massepunkten, deren Abstände unveränderlich sind.

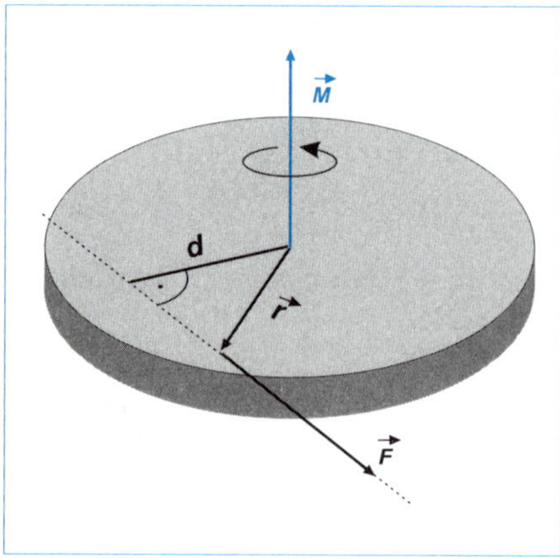


Abb. 3.2: Entstehung eines Drehmomentes

Ein starrer Körper sei um eine Achse drehbar gelagert. Greift eine Kraft $\vec{F}$ in geeigneter Weise an dem Körper an, so dreht er sich. Die Wirkung der Kraft wird durch das **Drehmoment $\vec{M}$** beschrieben.

$\vec{r}$ sei der von der Drehachse zum Angriffspunkt der Kraft $\vec{F}$ weisende Vektor.

Bezeichnet man ferner den Abstand der Wirkungslinie der Kraft von der Drehachse mit $d$, so gilt:

▸ 3.30 $M = r \cdot F \cdot \sin(\vec{r};\ \vec{F}) = F \cdot d$

Als Einheit des Drehmoments benutzt man das Newtonmeter: $1\,\text{N} \cdot \text{m}$.

Die **Winkelbeschleunigung $\alpha$** beschreibt die zeitliche Anderung der Winkelgeschwin digkeit $\omega$:

▸ 3.31 $\alpha = \frac{\text{d}\omega}{\text{d}t} = \dot{\omega} = \ddot{\varphi}$

Die Einheit der Winkelbeschleunigung ist $1\,\text{s}^{-2}$.

Ein starrer Körper befindet sich im **Gleichgewicht**, wenn in Bezug auf jeden beliebigen Punkt die Vektorsumme aller angreifenden Kräfte wie auch die Vektorsumme aller angreifenden Drehmomente verschwindet.

Greift an einem drehbar gelagerten starren Körper ein Drehmoment $\vec{M}$ an, so bewirkt dies eine Winkelbeschleunigung $\alpha$. Die Trägheit, welche der starre Körper jeder Winkelbeschleunigung $\alpha$ entgegensetzt, wird durch sein **Trägheitsmoment *J*** beschrieben:

$$J = \frac{M}{\alpha}$$ ► 3.32

Dreht sich ein starrer Körper um eine Achse, so haben die verschiedenen Masseteilchen $\Delta m_i$ verschiedene Abstände $r_i$ zur Drehachse. Das Trägheitsmoment $J$ beschreibt diese Massenverteilung des Körpers bezüglich einer bestimmten Drehachse:

$$J = \lim_{n \to \infty} \sum_{i=1}^{n} r_i^2 \cdot \Delta m_i = \int_0^m r^2 \, \mathrm{d}m$$ ► 3.33

| Körperform | Trägheitsmoment |
|---|---|
| Massepunkt $m$ im Abstand $r$ von der Drehachse | $J = m \cdot r^2$ |
| Vollzylinder der Masse $m$ mit Radius $r$, Längsachse als Drehachse | $J = \frac{1}{2} \cdot m \cdot r^2$ |
| Hohlzylinder der Masse $m$ mit Außenradius $R$ und Innenradius $r$, Längsachse als Drehachse | $J = \frac{1}{2} \cdot m \cdot (R^2 + r^2)$ |
| Vollkugel der Masse $m$ mit Radius $r$, Drehachse durch Kugelmittelpunkt | $J = \frac{2}{5} \cdot m \cdot r^2$ |

Tabelle 3.1: Einige Trägheitsmomente

Der Bewegungszustand bei der Rotation eines starren Körpers lässt sich durch den **Drehimpuls $\vec{L}$** beschreiben. Der Drehimpulsvektor verläuft in Richtung der Drehachse, wobei er vom Beobachter weg weist, wenn dieser eine Rechtsdrehung sieht. Auf die gleiche Weise kann man den Größen $\omega$ und $\alpha$ eine Richtung zuordnen.
Es gilt dann: $\vec{L} = J \cdot \vec{\omega}$ ► 3.34

Die Einheit das Drehimpulses $\vec{L}$ ist: $1 \frac{\mathrm{kg} \cdot \mathrm{m}^2}{s} = 1\,\mathrm{N} \cdot \mathrm{m} \cdot \mathrm{s}$

**Drehimpulserhaltungssatz**

In einem (gegen äußere Drehmomente) abgeschlossenen System ist der Gesamtdrehimpuls konstant:

$$\vec{L}_{\mathrm{ges}} = \sum_i \vec{L}_i = \overrightarrow{konstant}.$$ ► 3.35

***Musteraufgabe 6***

Ein Vollzylinder ($m = 0{,}8\,\text{kg}$, $r = 5\,\text{cm}$) rollt reibungsfrei eine schiefe Ebene (Höhe $h = 0{,}4\,\text{m}$, Länge $l = 1{,}6\,\text{m}$) herab. Mit welcher Endgeschwindigkeit $v$ kommt der Zylinder am Ende der schiefen Ebene an?

***Lösung***

oben: $E_{ges,\,\text{oben}} = m \cdot g \cdot h$

unten: $E_{ges,\,\text{unten}} = E_{Trans} + E_{rot} = \frac{m}{2} \cdot v^2 + \frac{J}{2} \cdot \omega^2$

Es gilt der Energiesatz, also: $E_{ges} = E_{ges,\,\text{oben}} = E_{ges,\,\text{unten}} = konst.$

Mit $J = \frac{m}{2} \cdot r^2$ und $\omega = \frac{v}{r}$ folgt: $m \cdot g \cdot h = \frac{m}{2} \cdot v^2 + \frac{m}{4} \cdot v^2 = \frac{3}{4} \cdot m \cdot v^2$

Daraus folgt: $v = \sqrt{\frac{4 \cdot g \cdot h}{3}} = \sqrt{\frac{4 \cdot 9{,}81\,\text{m} \cdot \text{s}^{-2} \cdot 0{,}4\,\text{m}}{3}} \approx \underline{\underline{2{,}3\,\frac{\text{m}}{\text{s}}}}$

Wichtige Analogien sind schließlich in Tabelle 3.2 gegenübergestellt:

| Translation | | Rotation | |
|---|---|---|---|
| Weg | $s$ | Drehwinkel | $\varphi$ |
| (Bahn-) Geschwindigkeit | $v = \dot{s}$ | Winkel-geschwindigkeit | $\omega = \dot{\varphi}$ |
| (Bahn-) Beschleunigung | $a = \dot{v} = \ddot{s}$ | Winkel-beschleunigung | $\alpha = \dot{\omega} = \ddot{\varphi}$ |
| gleichförmige Bewegung | $s = v \cdot t + s_0$ | gleichförmige Drehbewegung | $\varphi = \omega \cdot t + \varphi_0$ |
| gleichmäßig beschleunigte Bewegung | $s = \frac{a}{2} \cdot t^2 + v_0 \cdot t + s_0$ | gleichmäßig beschleunigte Drehbewegung | $\varphi = \frac{\alpha}{2} \cdot t^2 + \omega_0 \cdot t + \varphi_0$ |
| Masse | $m$ | Trägheitsmoment | $J$ |
| Impuls | $\vec{p} = m \cdot \vec{v}$ | Drehimpuls | $\vec{L} = J \cdot \vec{\omega}$ |
| Kraft | $\vec{F} = \dot{\vec{p}}$ | Drehmoment | $\vec{M} = \dot{\vec{L}}$ |
| Kraft für $m = konstant$ | $\vec{F} = m \cdot \vec{a}$ | Drehmoment für $J = konstant$ | $\vec{M} = J \cdot \vec{\alpha}$ |
| Arbeit | $W = \int \vec{F} \cdot d\vec{s}$ | Arbeit | $W = \int \vec{M} \cdot d\vec{\varphi}$ |
| Translations-energie | $E_{Trans} = \frac{m}{2} \cdot v^2$ | Rotations-energie | $E_{rot} = \frac{J}{2} \cdot \omega^2$ |

Tabelle 3.2: Analogien zwischen Translation und Rotation

## 3.6 Übungsaufgaben

**6.** Eine Achterbahn verharrt kurz im Punkt S ihrer Bahn, bevor sie von dort aus zum Looping in einer Schleifenbahn (Bahnradius $r = 8\,\text{m}$) reibungsfrei abwärts rollt. Wie hoch muss S mindestens liegen, damit die Achterbahn im Punkt A nicht abstürzt?

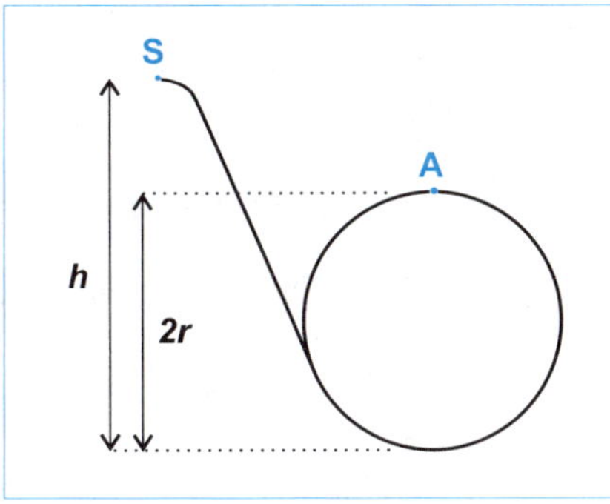


**7.** Eine mit $F_1 = 30\,\text{N}$ vorgespannte Feder, wird durch eine zusätzliche Kraft $F_2 = 40\,\text{N}$ um $\Delta s = 8\,\text{cm}$ verlängert.

**a)** Berechnen Sie die Federkonstante $D$!

**b)** Welche Energie speichert die gespannte Feder dann insgesamt?

**8.** Ein Golfball ($m = 46\,\text{g}$) ist beim Abschlag für $\Delta t = 0{,}05\,\text{s}$ mit dem Schläger in Kontakt. Wie groß war die mittlere Schlagkraft, wenn der Ball dabei eine Geschwindigkeit von 28 m/s erreichte?

**9.** Ein Ball ($m = 0{,}4\,\text{kg}$) prallt mit 60 km/h elastisch gegen die Rückwand eines sich mit 30 km/h entfernenden LKW der Masse 8 t. Wie bewegt sich der Ball nach dem Stoß weiter?

**10.** Welches Drehmoment liefert ein Automotor mit der Leistung $P = 66\,\text{kW}$ bei 4500 Umdrehungen pro Minute?

## Tipps und Hinweise zum Lösen der Übungsaufgaben

**6.** im Punkt A: Gewichtskraft wirkt als Radialkraft $\Rightarrow v_S$
Energiesatz: $E_{pot}(\text{S}) = E_{kin}(\text{A}) + E_{pot}(\text{A})$

**7.** Einwirken einer Kraft bewirkt Impulsänderung: $\vec{F} \cdot \Delta t = \Delta\vec{p} \;\Rightarrow\; \overline{F}$

**8.** Wegen $m_{\text{LKW}} \gg m_{\text{Ball}}$ kann man (3.27) anwenden, wobei $v_1$ die *Relativgeschwindigkeit* des Balles in Bezug auf den LKW ist.

**9.** **a)** HOOKEsches Gesetz anwenden $\Rightarrow D$

**b)** Gesamtauslenkung $s_{ges}$ über $F_{ges}$ ermitteln $\Rightarrow E_S$

**10.** Gleichung für $W$ aus Tabelle 3.2 entnehmen und nach $P$ umformen

## Lösungen der Übungsaufgaben

**6.** Damit die Bahn im Punkt A nicht abstürzt, muss ihre Geschwindigkeit dort *mindestens* so groß sein, dass die gesamte Gewichtskraft als Radialkraft wirksam wird:

$$\vec{F}_G = \vec{F}_r \;\Rightarrow\; m \cdot g = m \cdot \frac{v_A^2}{r} \;\Rightarrow\; v_A^2 = r \cdot g$$

Es gilt der Energiesatz, also: $E_{ges} = E_{ges}(\mathrm{A}) = E_{ges}(\mathrm{S}) = \textit{konstant}$

Mit $E_{ges}(\mathrm{A}) = m \cdot g \cdot 2r + \frac{m}{2} \cdot v_A^2$ und $E_{ges}(\mathrm{S}) = m \cdot g \cdot h$ folgt:

$$h = 2 \cdot r + \frac{1}{2} \cdot r = 2{,}5 \cdot r = 2{,}5 \cdot 8\,\mathrm{m} \underline{\underline{= 20\,\mathrm{m}}}$$

**7. a)** Aus dem Hookeschen Gesetz folgt: $F \sim s \;\Rightarrow\; F_2 = D \cdot \Delta s$

$$\Rightarrow\; D = \frac{F_2}{\Delta s} = \frac{40\,\mathrm{N}}{8\,\mathrm{cm}} \underline{\underline{= 5\,\frac{\mathrm{N}}{\mathrm{cm}} = 5 \cdot 10^2\,\frac{N}{m}}}$$

**b)** Aus $F_{ges} = F_1 + F_2 = D \cdot s_{ges}$ folgt: $s_{ges} = \frac{F_1 + F_2}{D}$

$$\Rightarrow\; E_S = \frac{D}{2} \cdot s_{ges}^2 = \frac{(F_1 + F_2)^2}{2 \cdot D} = \frac{(70\,\mathrm{N})^2}{2 \cdot 5 \cdot 10^2\,\mathrm{N} \cdot \mathrm{m}^{-1}} \underline{\underline{= 4{,}9\,\mathrm{J}}}$$

**8.** Aus $\vec{F} \cdot \Delta t = \Delta \vec{p}$ folgt mit $m = \textit{konstant}$: $\overline{F} \cdot \Delta t = m \cdot \Delta v$

$$\Rightarrow\; \overline{F} = \frac{m \cdot \Delta v}{\Delta t} = \frac{0{,}046\,\mathrm{kg} \cdot 28\,\mathrm{m} \cdot \mathrm{s}^{-1}}{0{,}05\,\mathrm{s}} \underline{\underline{\approx 26\,\mathrm{N}}}$$

**9.** Wegen $m_2 = m_{\mathrm{LKW}} \gg m_{\mathrm{Ball}} = m_1$ betrachten wir die Rückwand des LKW als »feste« Wand. Dann betragen $v_1 = 30\,\mathrm{km/h}$ und $v_2 = 0\,\mathrm{km/h}$.

Nach (3.27) gilt: $\vec{u}_1 = -\vec{v}_1$, also: $u_1 = -30\,\mathrm{km/h}$.

Der Ball entfernt sich somit nach dem Stoß mit 30 km/h von der Rückwand des LKW. Da der LKW selbst aber mit 30 km/h fährt, bedeutet dies, dass der Ball nach dem Stoß gerade nach unten fällt.

**10.** Aus $W = \int \vec{M} \cdot \mathrm{d}\vec{\varphi}$ folgt: $P = \frac{\mathrm{d}W}{\mathrm{d}t} = M \cdot \frac{\mathrm{d}\varphi}{\mathrm{d}t} = M \cdot \omega$, falls $M = \textit{konstant}$

Mit $\omega = 2\pi \cdot f = 2\pi \cdot \frac{4500}{60\,\mathrm{s}}$ folgt: $M = \frac{P}{\omega} = \frac{66 \cdot 10^3\,\mathrm{W} \cdot 60\,\mathrm{s}}{2\pi \cdot 4500} \underline{\underline{\approx 140\,\mathrm{N} \cdot \mathrm{m}}}$

# 4 Mechanische Schwingungen und Wellen

## 4.1 Die harmonische Schwingung

Eine zeitlich periodische Hin- und Herbewegung eines Körpers um eine Gleichgewichtslage heißt **mechanische Schwingung**. Führt ein Körper nach einmaliger Energiezufuhr Schwingungen aus, so nennt man diese **freie Schwingungen**. Voraussetzung dafür sind eine zur Gleichgewichtslage rücktreibende Kraft $\vec{F}_{rück}$ sowie die Trägheit des Körpers.

Die momentane Auslenkung aus der Gleichgewichtslage heißt **Elongation *s***, die maximale Auslenkung heißt **Amplitude $\hat{s}$**. Nimmt die Amplitude mit der Zeit ab, nennt man die Schwingung **gedämpft**; bleibt die Amplitude hingegen konstant, nennt man sie **ungedämpft**.

Die Zeit für eine vollständige Schwingung heißt **Schwingungsdauer *T*** (Periodendauer); ihr Kehrwert, die **Frequenz *f*** (Schwingungszahl), gibt die Anzahl der Schwingungen pro 1 s an. Eine Schwingung, deren Elongation-Zeit-Diagramm eine Sinuskuve ist, heißt **harmonische Schwingung**.

Führt ein Körper eine gleichförmige Kreisbewegung aus, so beschreibt seine Projektion (sein Schatten) eine harmonische Schwingung.

| **Größe** | **gleichförmige Kreisbewegung** | **harmonische Schwingung** |
|---|---|---|
| $\hat{s}$ | Kreisradius | Amplitude |
| $T$ | Umlaufzeit | Periodendauer |
| $f$ | $f = \frac{\text{Zahl der Umdrehungen}}{\text{dafür benötigte Zeit}}$ | $f = \frac{\text{Zahl der Schwingungen}}{\text{dafür benötigte Zeit}}$ |
| $\omega = 2\pi \cdot f$ | Winkelgeschwindigkeit | Kreisfrequenz |
| $\varphi = \omega \cdot t + \varphi_0$ | Drehwinkel | Phase |

Die Bewegungsgesetze einer harmonischen Schwingung lauten:

Elongation-Zeit-Gesetz: $s = \hat{s} \cdot \sin(\omega \cdot t + \varphi_0)$ ► 4.1

Geschwindigkeit-Zeit-Gesetz: $v = \dot{s} = \omega \cdot \hat{s} \cdot \cos(\omega \cdot t + \varphi_0)$ ► 4.2

Beschleunigung-Zeit-Gesetz: $a = \ddot{s} = -\omega^2 \cdot \hat{s} \cdot \sin(\omega \cdot t + \varphi_0)$ ► 4.3

Ein Vergleich von (4.1) und (4.3) liefert: $\ddot{s} = -\omega^2 \cdot s$ ► 4.4

Damit gilt $a \sim s$ und wegen $F = m \cdot a$ somit auch $F_{rück} \sim \sin s$.

Ist bei einer mechanische Schwingung die rücktreibende Kraft der Auslenkung proportional, so liegt eine harmonische Schwingung vor.

Der zugehörige Proportionalitätsfaktor wird **Richtgröße *D*** (Direktionsgröße) genannt:

► 4.5 $D = -\frac{F_{rück}}{s} = \left|\frac{F_{rück}}{s}\right| = m \cdot \omega^2$

► 4.6 Mit $\omega = \frac{2\pi}{T}$ folgt daraus: $T = \frac{2\pi}{\omega} = 2\pi \cdot \sqrt{\frac{1}{\omega^2}} = 2\pi \cdot \sqrt{\frac{m}{D}}$

## 4.2 Der harmonische Oszillator

Ein schwingungsfähiges System nennt man **Oszillator**; entsprechend heißt ein harmonisch schwingendes System **harmonischer Oszillator**.

Nach (4.4) und (4.5) gilt bei einer harmonischen (mechanischen) Schwingung ein
► 4.7 lineares Kraftgesetz: $\vec{F}_{rück} = -D \cdot \vec{s}$

Mittels $\vec{F} = m \cdot \vec{a}$ können wir die Differenzialgleichung (DGL) $m \cdot \ddot{s} = -D \cdot s$ aufstellen.

► 4.8 Aus ihr folgt mit $\frac{D}{m} = \omega^2$ die **DGL einer harmonischen Schwingung**: $\ddot{s} + \omega^2 \cdot s = 0$

► 4.9 Der Ansatz $s = \hat{s} \cdot \sin(\omega \cdot t + \varphi_0)$ ist eine Lösung dieser DGL.

Findet eine harmonische (mechanische) Schwingung reibungsfrei statt, so gilt der Energiesatz. Um die Masse *m* auf die Auslenkung s zu bringen, muss Arbeit gegen die rücktreibende Kraft verrichtet werden:

Die zur Auslenkung *s* gehörende potenzielle bzw. kinetische Energie beträgt:

$E_{pot} = \frac{1}{2} \cdot D \cdot s^2 = \frac{1}{2} \cdot D \cdot \hat{s}^2 \cdot \sin^2 \omega t$ bzw.

$E_{kin} = \frac{1}{2} \cdot m \cdot \dot{s}^2 = \frac{1}{2} \cdot m \cdot \omega^2 \cdot \hat{s}^2 \cdot \cos^2 \omega t = \frac{1}{2} \cdot D \cdot \hat{s}^2 \cdot \cos^2 \omega t$

Mit (1.5) folgt daraus: $E_{kin} = \frac{1}{2} \cdot D \cdot \hat{s}^2 \cdot (1 - \sin^2 \omega t) = \frac{1}{2} \cdot D \cdot (\hat{s}^2 - s^2)$

Bei der reibungsfreien harmonischen Schwingung einer Masse m wandeln sich potenzielle und kinetische Energie periodisch ineinander um.
Die Gesamtenergie bleibt dabei konstant. Sie ist proportional zum Quadrat der Amplitude $\hat{s}$ sowie zum Quadrat der Frequenz *f*.

► 4.10 Es gilt: $E_{ges} = E_{pot} + E_{kin} = \frac{D}{2} \cdot s^2 + \frac{D}{2} \cdot (\hat{s}^2 - s^2) = \frac{1}{2} \cdot D \cdot \hat{s}^2 = \frac{1}{2} \cdot m \cdot \omega^2 \cdot \hat{s}^2$

Zwei wichtige Beispiele für harmonische Oszillatoren sind:

a) **Federpendel** (Vertikaler Federschwinger)
Hängt ein Körper an einer (masselos gedachten) Feder und schwingt dabei vertikal auf und ab, so spricht man von einem Federpendel.

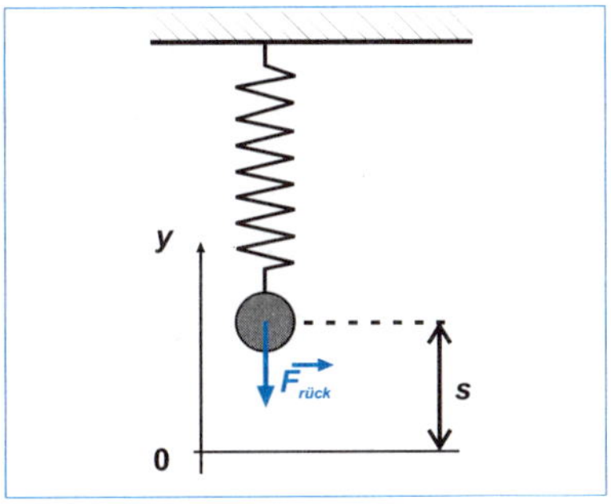


Abb. 4.1: Federpendel

Ist die Amplitude nicht zu groß, so gilt das HOOKEsche Gesetz. In diesem Fall beträgt die rücktreibende Kraft:
$\vec{F}_{rück} = \vec{F}_F = -D \cdot \vec{s}$

Nach (4.6) gilt somit: $T = 2\pi \cdot \sqrt{\frac{m}{D}}$ ▸ 4.11

b) **Fadenpendel** (Schwerependel)
Hängt ein Körper an einem (masselos gedachten) Faden der Länge $l$ und schwingt dabei auf einem Kreisbogen hin und her, so spricht man von einem Fadenpendel.

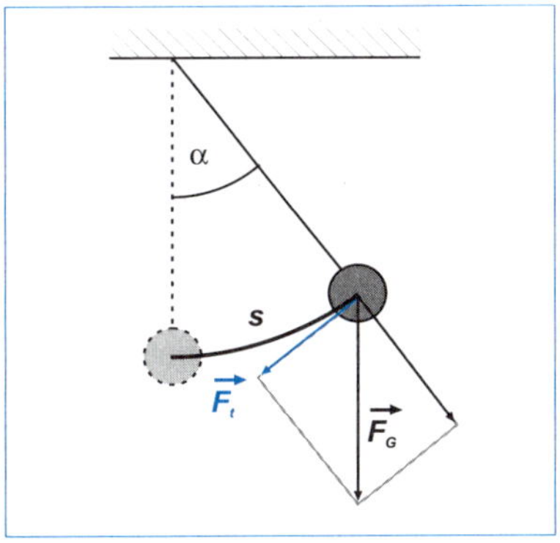


Abb. 4.2: Fadenpendel

Die rücktreibende Kraft ist die Tangentialkomponente $\vec{F}_t$ der Gewichtskraft. Für ihren Betrag gilt: $F_t = F_G \cdot \sin\alpha$. Ist $s$ gegenüber $l$ klein (Auslenkwinkel $\alpha < 8°$), so gilt:

$\sin\alpha \approx \frac{s}{l}$.

In diesem Fall beträgt $F_{rück} = m \cdot g \cdot \frac{s}{l}$. ▸ 4.12

Damit gelten $D = \left|\frac{F_{rück}}{s}\right| = \frac{m \cdot g}{l}$ und $T = 2\pi \cdot \sqrt{\frac{l}{g}}$. ▸ 4.13

Für kleine Auslenkwinkel schwingt ein Fadenpendel wegen $F_{rück} \sim s$ harmonisch mit der Schwingungsdauer $T = 2\pi \cdot \sqrt{l/g}$.

***Musteraufgabe 7*** **?**

Die Membran ($m = 8{,}0\,\text{g}$) eines Lautsprechers schwingt mit einer Amplitude von 0,90 mm. Welche maximale Geschwindigkeit erreicht die Membran bei $f = 5{,}0\,\text{kHz}$? Wie groß ist ihre Schwingungsenergie in diesem Fall?

**!** ***Lösung***

Nach (4.2) ist: $v_{\max} = \omega \cdot \hat{s} = 2\pi \cdot f \cdot \hat{s} = 2\pi \cdot 5 \cdot 10^3\,\mathrm{s}^{-1} \cdot 9 \cdot 10^{-4}\,\mathrm{m} \approx \underline{\underline{28\,\frac{\mathrm{m}}{\mathrm{s}}}}$

Die Schwingungsenergie beträgt: $E = \frac{1}{2} \cdot m \cdot \omega^2 \cdot \hat{s}^2 = \frac{1}{2} \cdot m \cdot v_{\max}^2 \underline{\underline{\approx 3{,}2\,\mathrm{J}}}$

## 4.3 Erzwungene Schwingungen und Resonanz

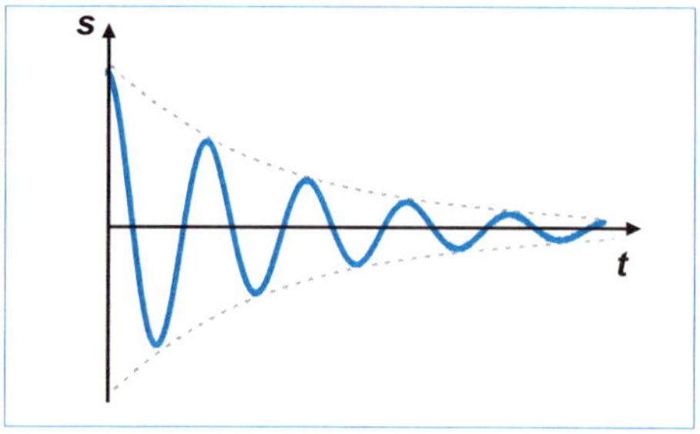


Abb. 4.3: Schwingfall

Freie mechanische Schwingungen sind i. Allg. gedämpft, denn es treten Reibungsverluste auf. Diese bewirken, dass die kinetische Energie nach und nach in thermische Energie umgewandelt wird. Bei nur schwacher Reibung (Schwingfall), schwingt der Körper mehrmals über die Gleichgewichtslage hinweg, wobei die Amplitude exponentiell abklingt.

Freie Schwingungen eines Oszillators erfolgen (bei geringer Dämpfung) mit der **Eigenfrequenz $f_0$**. Erfolgt jedoch durch einen **Erreger** eine periodische Energiezufuhr, so wird der Oszillator zum **Resonator** und führt erzwungene **Schwingungen** mit der **Erregerfrequenz $f$** aus.

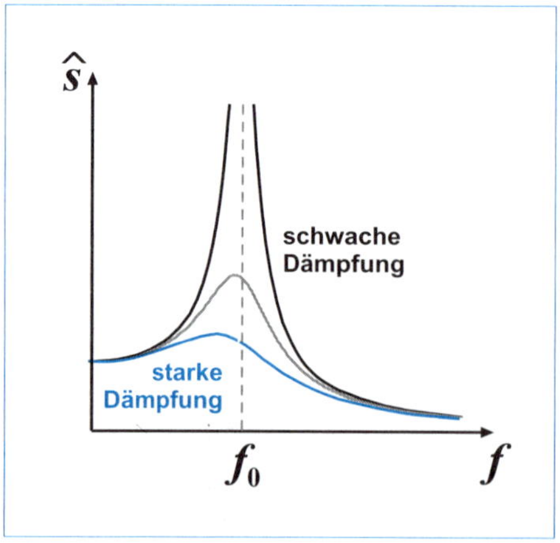


Abb. 4.4: Resonanzkurven

Zwischen den Schwingungen von Erreger und Resonator besteht eine Phasenverschiebung $\Delta\varphi$. Diese hängt wie die Amplitude des Resonators von der Erregerfrequenz ab. Für $f \ll f_0$ schwingen Erreger und Resonator mit kleiner Amplitude nahezu im Gleichtakt ($\Delta\varphi \approx 0$), während sie für $f \gg f_0$ im Gegentakt ($\Delta\varphi \approx \pi$) schwingen. Wird $f \approx f_0$, so überträgt der Erreger die Energie optimal auf den Resonator. In diesem Fall ist $\Delta\varphi = \pi/2$, und die Amplitude des Resonators wird maximal – man spricht von **Resonanz**.

Das Maximum ist umso größer und umso schärfer ausgeprägt, je geringer die Dämpfung des Resonators ist. Normalerweise stellt sich ein Gleichgewicht ein, bei dem die zugeführte Energie gerade den Energieverlust durch Reibung ausgleicht. Ist die Dämpfung jedoch sehr gering, so kann es zu einem Aufschaukeln der Amplitude kommen (**Resonanzkatastrophe**).

Praktisch erzeugt man ungedämpfte Schwingungen durch **Rückkopplung**. Dabei steuert der Resonator die Energiezufuhr durch den Erreger selbst.

## 4.4 Überlagerung von Schwingungen

Schwingungen überlagern einander ungestört (**Superposition**); Wege, Geschwindigkeiten und Beschleunigungen werden dabei vektoriell addiert.

Der Vektor, der in Richtung positiver Auslenkung zeigt und dessen Betrag durch die Amplitude bestimmt ist, heißt **Schwingungsvektor**.
Wir betrachten einige Spezialfälle der Überlagerung harmonischer Schwingungen mit parallelen Schwingungsvektoren.

a) **gleiche Amplituden: $\hat{s}_1 = \hat{s}_2$, ähnliche Frequenzen: $f_1 \approx f_2$**
Addition der Elongationen liefert:

$$s = s_1 + s_2$$
$$= \hat{s}_1 \cdot \sin \omega_1 t + \hat{s}_2 \cdot \sin \omega_2 t$$
$$= \hat{s}_1 \cdot (\sin \omega_1 t + \sin \omega_2 t)$$
$$s = 2\hat{s}_1 \cdot \cos \frac{\omega_1 - \omega_2}{2} t \cdot \sin \frac{\omega_1 + \omega_2}{2} t$$

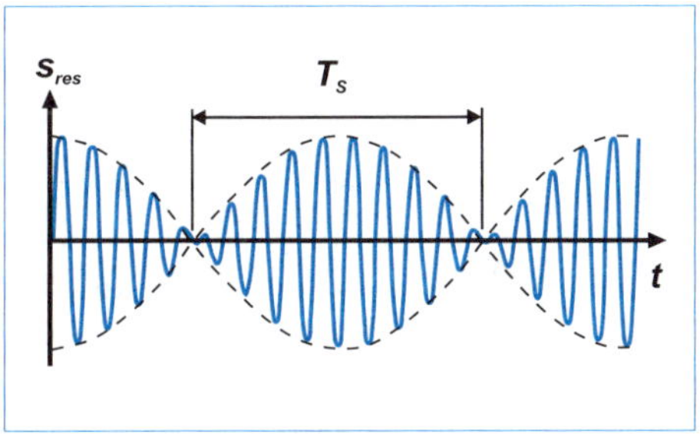


Abb. 4.5: Schwebung

Die Resultierende schwingt mit

$f = \frac{\omega_1 + \omega_2}{2 \cdot 2\pi} = \frac{f_1 + f_2}{2}$, während ihre Amplitude wegen $\cos \frac{\omega_1 - \omega_2}{2} t$ zeitlich zwischen 0 und $2\hat{s}_1$ schwankt (Abb. 4.5) – man nennt dies **Schwebungen**.

Die **Schwebungsfrequenz $f_S$** beträgt: $f_S = \left| \frac{\omega_1 - \omega_2}{2\pi} \right| = |f_1 - f_2|$ ▸ 4.14

b) **gleiche Frequenzen: $f_1 = f_2$, Phasenverschiebung $\Delta\varphi$**

Die Überlagerung zweier frequenzgleicher harmonischer Schwingungen ergibt erneut eine harmonische Schwingung gleicher Frequenz.

Für $\Delta\varphi = 0$ werden die Amplituden $\hat{s}_1$ und $\hat{s}_2$ addiert (**Verstärkung**). Gilt hingegen $\Delta\varphi = \pi$, so werden die Amplituden subtrahiert; im Falle $\hat{s}_1 = \hat{s}_2$ führt dies zur **Auslöschung**.

c) **parallele Schwingungsvektoren, deutlich verschiedene Frequenzen**
Die Resultierende ist i. Allg. eine nichtharmonische Schwingung.

## 4.5 Entstehung mechanischer Wellen durch Kopplung

Sind viele Oszillatoren durch Kopplung hintereinander geschaltet und wird einer der Oszillatoren einmalig oder periodisch gestört, so pflanzt sich diese »Störung« fort – man spricht von einer **mechanischen Welle**.

Mechanische Wellen können sich nur in einem Medium ausbreiten, dessen Teilchen schwingungsfähig und miteinander gekoppelt sind. Bei einer fortschreitenden Welle erfolgt ein Energie-, aber kein Stofftransport.

Im Folgenden betrachten wir **harmonische Wellen**. Bei diesem Wellentyp breiten sich sinusförmige Schwingungszustände (Frequenz $f$, Schwingungsdauer $T$) aus. Sie weisen eine zeitliche und eine räumliche Periodizität auf.

Bei einer **Längswelle** (Longitudinalwelle) schwingen die einzelnen Teilchen in der Ausbreitungsrichtung der Welle, wobei sich Verdichtungen und Verdünnungen abwechseln. Bei einer **Querwelle** (Transversalwelle) schwingen die einzelnen Teilchen senkrecht zur Ausbreitungsrichtung der Welle, wobei sich Wellenberge und Wellentäler abwechseln. Im Gegensatz zu Längswellen können sich Querwellen nicht im Innern von Flüssigkeiten oder Gasen ausbreiten, da dort keine elastischen Querkräfte existieren.

Sind alle Schwingungsvektoren einer Querwelle parallel, so nennt man die Welle **linear polarisiert**. Läuft eine (unpolarisierte) Querwelle durch einen Spalt, so wirkt dieser als **Polarisator** und lässt nur die jeweilige Komponente des Schwingungsvektors in Spaltrichtung durch. Dieser Vorgang heißt **Polarisation**. Lässt man die so erhaltene, linear polarisierte Welle durch einen zweiten Spalt laufen, so wirkt dieser als **Analysator**. Sind Analysator und Polarisator parallel orientiert, so passiert die linear polarisierte Welle den Analysator ungehindert; sind Analysator und Polarisator gekreuzt, so wird sie ausgelöscht.

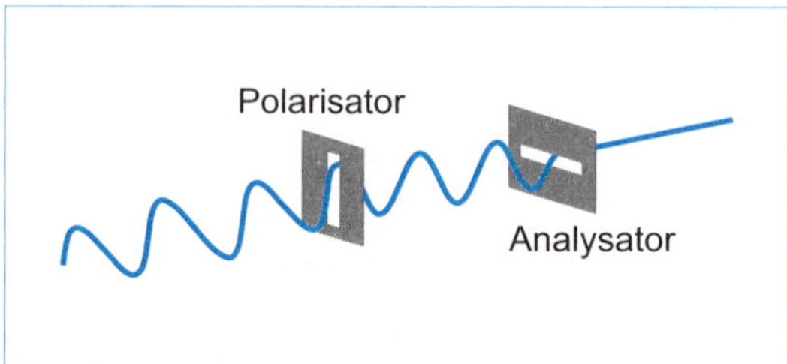


Abb. 4.6: Auslöschung einer Querwelle

Nur Querwellen sind polarisierbar. Wenn eine Welle beim Passieren einer Anordnung aus Polarisator und Analysator in gekreuzter Stellung ausgelöscht wird, so handelt es sich um eine Querwelle.

Die **Wellenlänge λ** ist der kürzeste konstante Abstand zweier Oszillatoren im gleichen Schwingungszustand. Die Geschwindigkeit, mit der sich ein Schwingungszustand bewegt, heißt **Ausbreitungsgeschwindigkeit *c*** (Phasengeschwindigkeit). Da die Welle während der Periodendauer $T$ um eine Wellenlänge λ weiter wandert, gilt:

$$c = \frac{\lambda}{T} = \lambda \cdot f$$

▸ 4.15

***Musteraufgabe 8***

?

In einer Wellenwanne taucht ein stiftförmiger Erreger periodisch innerhalb von 2 s fünfmal ein und erzeugt dadurch eine Wasserwelle, die sich mit 15 cm/s ausbreitet. Wie groß sind Frequenz $f$ und Wellenlänge λ der Welle?

***Lösung***

!

$f = \frac{5}{2\,\text{s}} = \underline{\underline{2{,}5\,\text{Hz}}}$. Aus $c = \frac{\lambda}{T} = \lambda \cdot f$ folgt:

$$\lambda = \frac{c}{f} = \frac{15\,\text{cm} \cdot \text{s}^{-1}}{2{,}5\,\text{s}^{-1}} = \underline{\underline{6\,\text{cm}}}$$

## 4.6 Beugung, Brechung und Reflexion

Bei einer mehrdimensionalen Welle bilden alle benachbarten Punkte gleicher Phase die **Wellenfront**. Senkrecht dazu verlaufen die **Wellenstrahlen** (Wellennormalen), welche die Ausbreitungsrichtung der Welle angeben. Bei geraden bzw. ebenen Wellen verlaufen die Wellenfronten wie auch die Wellenstrahlen parallel zueinander. Kreiswellen bzw. Kugelwellen bilden sich hingegen konzentrisch um ein Erregerzentrum aus, von dem aus die Wellenstrahlen radial verlaufen.

> Das **HUYGENSsche** Prinzip besagt:
> Jeder Punkt einer Wellenfront kann als Erregerzentrum einer Elementarwelle aufgefasst werden. Die Einhüllende aller Elementarwellen bildet die sich weiter ausbreitende Wellenfront.

Treffen Wellen auf ein Hindernis bzw. eine Öffnung, so bildet sich kein scharf begrenzter Schatten aus, sondern die Wellen dringen in den Schattenraum ein. Man spricht von **Beugung**.

**Hinweis:** Beugungserscheinungen sind besonders stark ausgeprägt, wenn die Abmessungen des Hindernisses in der Größenordnung der Wellenlänge liegen.

HINWEIS

Die Frequenz $f$ einer Welle ist unabhängig von dem Medium, in dem sich die Welle ausbreitet.

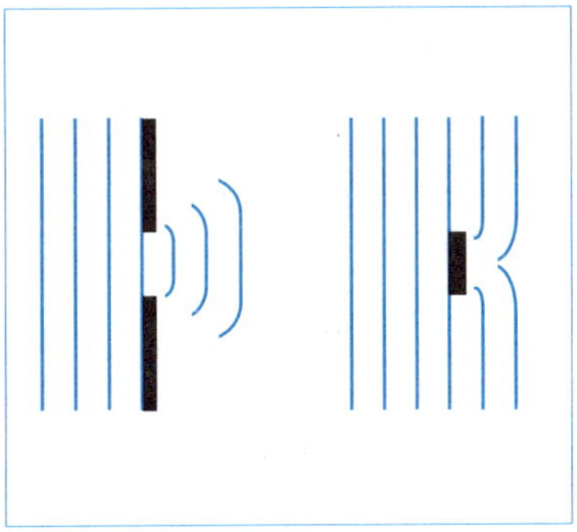

Abb. 4.7: Beugung an einer Öffnung bzw. einem Hindernis

Wellenlänge $\lambda$ und Ausbreitungsgeschwindigkeit $c$ hängen jedoch vom Medium ab. Das Medium mit der für eine Welle größeren Ausbreitungsgeschwindigkeit heißt **dünneres**, das andere **dichteres** Medium.

Tritt eine ebene Welle unter einem Einfallswinkel $\alpha > 0$ aus einem einheitlichen Medium (Ausbreitungsgeschwindigkeit $c_1$) in ein anderes einheitliches Medium ($c_2$) über, so beobachtet man an der Grenzfläche der beiden Medien eine **Brechung**. Dabei gilt das **Brechungsgesetz**:

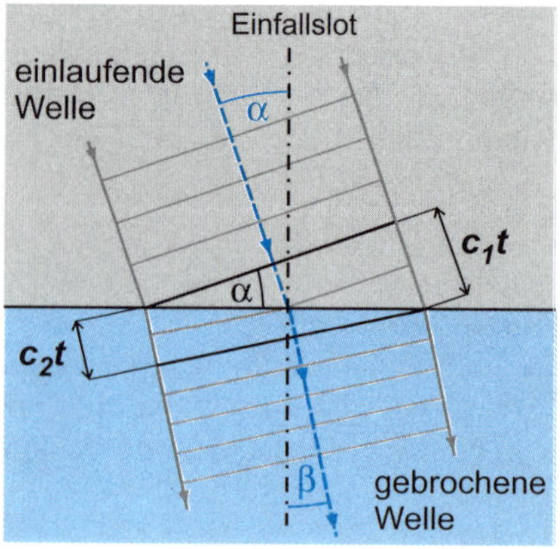


Abb. 4.8: Brechung einer Welle

Einfallender Strahl, gebrochener Strahl und Einfallslot liegen in einer Ebene. Zwischen dem Einfallswinkel $\alpha$ und dem Brechungswinkel $\beta$ besteht folgender Zusammenhang:

► 4.16 $$\frac{\sin\alpha}{\sin\beta} = \frac{c_1}{c_2} = n_{2,1}$$

Man nennt $n_{2,1}$ die relative **Brechzahl** des Mediums 2 gegenüber Medium 1.

Bei der **Reflexion** einer ebenen Welle an einer ebenen Grenzfläche ist die reflektierte Welle ebenfalls eben. Zudem gilt das **Reflexionsgesetz**:

Einfallswinkel und Reflexionswinkel sind gleich groß. Der Einfallsstrahl, der gebrochene Strahl und das Einfallslot liegen in einer Ebene.

Wird eine Welle an einem **festen Ende** (dichteres Medium) reflektiert, so tritt ein Phasensprung von $\Delta\varphi = \pi$ auf; bei einer **Reflexion am losen Ende** (dünneres Medium) verändert sich die Phase nicht.

Trifft eine Welle auf die Grenzfläche zwischen zwei Medien, so kommt es i. Allg. zu Brechung und Reflexion. Beim Übergang in ein dünneres Medium, wird der Strahl vom Lot weg gebrochen. Überschreitet der Einfallswinkel dabei einen **Grenzwinkel** $\boldsymbol{\alpha_T}$ (für den der Brechungswinkel $\beta = 90°$ beträgt), so existiert kein gebrochener Anteil mehr; es kommt zu **Totalreflexion**.

► 4.17 Nach (4.16) gilt für den Grenzwinkel: $\sin\alpha_T = \frac{c_1}{c_2} = n_{2,1}$

## 4.7 Interferenz von Wellen

Treffen mehrere Wellen an einer Stelle aufeinander, so überlagern sie sich dort ungestört und laufen in ihrer ursprünglichen Form weiter. An der Überlagerungsstelle addieren sich die Elongationen vektoriell.

Überlagern sich an einem Ort Wellen mit gleicher Frequenz und zueinander fester Phasenbeziehung, dann spricht man von **Interferenz**.

Interferieren zwei Wellen, so gibt der **Gangunterschied $\Delta s$** in einem Punkt P die Strecke an, um die man die eine Welle verschieben müsste, damit beide Wellen im Punkt P phasengleiche Schwingungen erzeugen.

Es gelten: $\frac{\Delta s}{\lambda} = \frac{\Delta\varphi}{2\pi}$ bzw. $\Delta s = \frac{\lambda}{2\pi} \cdot \Delta\varphi$ ▸ 4.18

Bei der Interferenz zweier Wellen mit den Amplituden $\hat{s}_1$ bzw. $\hat{s}_2$ ergibt sich im Punkt P **maximale Verstärkung** mit $\hat{s}_P = \hat{s}_1 + \hat{s}_2$ für

$\Delta s = n \cdot \lambda$ bzw. $\Delta\varphi = n \cdot 2\pi$ mit $n = 0;\ 1;\ 2;\ \dots$ ▸ 4.19

und **maximale Abschwächung** mit $\hat{s}_P = |\hat{s}_1 - \hat{s}_2|$ für

$\Delta s = (2n + 1) \cdot \frac{\lambda}{2}$ bzw. $\Delta\varphi = (2n + 1) \cdot \pi$ mit $n = 0;\ 1;\ 2;\ \dots$ ▸ 4.20

Gilt zudem $\hat{s}_1 = \hat{s}_2$, so kommt es im letzteren Fall zur **Auslöschung**.

Interferieren zwei Kreiswellen gleicher Amplitude, so entstehen Interferenzhyperbeln mit gemeinsamen Brennpunkten. Es sei $d$ der Abstand der beiden Erregerzentren $E_1$ und $E_2$ und M der Mittelpunkt der Strecke $\overline{E_1E_2}$. Schließen die Verbindungslinie eines von $E_1$ und $E_2$ weit entfernten Punktes P mit M und die Mittelsenkrechte von $\overline{E_1E_2}$ den Winkel $\alpha$ ein, so beträgt der Gangunterschied in P:
$\Delta s \approx d \cdot \sin\alpha$.
Damit findet man in P

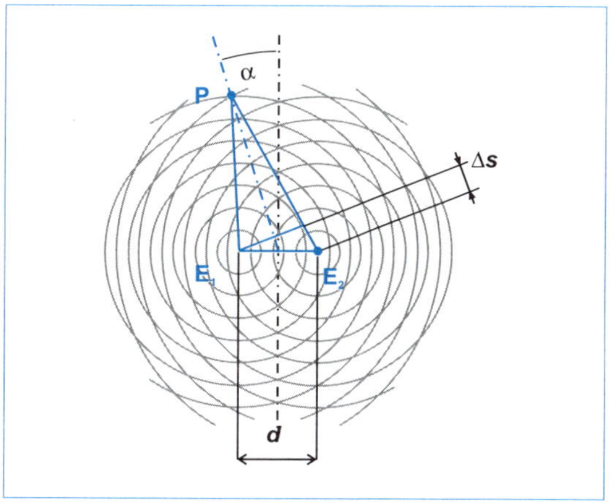


Abb. 4.9: Interferenz zweier Kreiswellen

**Interferenzmaxima** für $\sin\alpha_n = n \cdot \frac{\lambda}{d}$ $(n = 0;\ 1;\ 2;\ \dots)$ ▸ 4.21

und **Interferenzminima** für $\sin\alpha_n = \frac{2n + 1}{2} \cdot \frac{\lambda}{d}$ $(n = 0;\ 1;\ 2;\ \dots)$ ▸ 4.22

Kommt es zur Interferenz zweier einander entgegenlaufender Wellen gleicher Amplitude, so bildet sich eine **stehende Welle** aus. Hierbei gehen alle Teilchen gleichzeitig durch die Nulllage und erreichen gleichzeitig ihre Amplitude. Dabei erfolgt kein Energietransport. Die Amplituden der Teilchen sind verschieden: In den **Schwingungsbäuchen** sind sie maximal, in den **Schwingungsknoten** dagegen Null. Der Abstand benachbarter Knoten beträgt eine halbe Wellenlänge.

Eine stehende Welle entsteht auch, wenn eine Welle so reflektiert wird, dass sie entgegengesetzt zurückläuft. Bei einer Reflexion am festen Ende entsteht an der Reflexionsstelle ein Knoten, bei einer Reflexion am losen Ende entsteht dort ein Bauch. Auf einem begrenzten (linearen) Wellenträger der Länge $l$ kann sich eine stehende Welle nur ausbilden, wenn die Reflexion an beiden Enden zu Knoten bzw. Bäuchen am selben Ort führt. Die sich in diesen Fällen ergebenden stehenden Wellen nennt man **Eigenschwingungen** mit der Wellenlänge $\lambda_n$.

Bei zwei gleichartigen Enden (beide fest bzw. beide lose) gilt:

► 4.23 $$\lambda_n = \frac{2}{n+1} \cdot l \quad (n = 0;\ 1;\ 2;\ \ldots),$$

► 4.24 bei verschiedenen Enden: $$\lambda_n = \frac{4}{2n+1} \cdot l \quad (n = 0;\ 1;\ 2;\ \ldots)$$

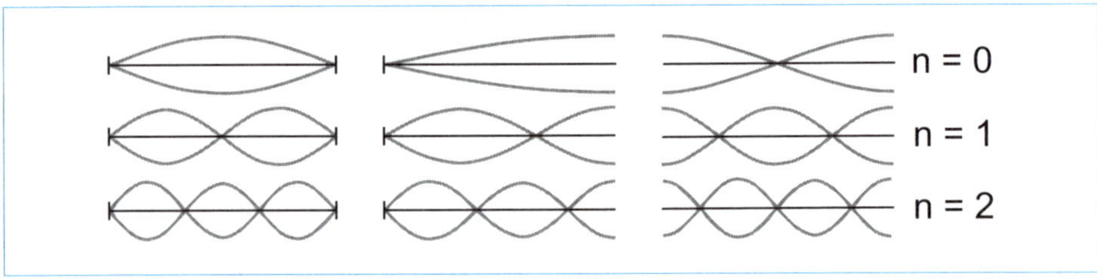


Abb. 4.10: Verschiedene Formen von Eigenschwingungen

Für n = 0 spricht man von der **Grundschwingung**, ansonsten von der **n-ten Oberschwingung**.

## 4.8 Schallwellen

Schallwellen sind mechanische Längswellen, bei denen sich Druckschwankungen in Form aufeinander folgender Verdichtungen und Verdünnungen ausbreiten. Dies kann in Gasen, Flüssigkeiten und Festkörpern erfolgen.

Zur experimentellen Bestimmung der Schallgeschwindigkeit dient ein **KUNDTsches Rohr**. In einem halb offenen (oder offenen) Glasrohr ist feines Korkmehl gleichmäßig verteilt. Wird vor der Öffnung des Rohres eine Schallquelle durchgestimmt, so beobachtet man bei bestimmten Frequenzen girlandenförmige KUNDTsche Staubfiguren. In diesen Fällen hat sich eine stehende Schallwelle ausgebildet und die Staubfiguren zeigen die Schwingungsknoten (= Druckbäuche) im Abstand $\lambda/2$ an.

Bewegen sich eine Schallquelle S (Sender) und der Empfänger E relativ zueinander, so nimmt E eine andere Frequenz $f_E$ wahr als die tatsächlich von S ausgesandte Frequenz $f_S$ (**akustischer DOPPLER-Effekt**).

Dabei gilt folgende Gleichung: $f_E = f_S \cdot \dfrac{c - v_E}{c - v_S}$ ► 4.25

Das Minus- ist durch ein Pluszeichen zu ersetzen, falls die betreffende Bewegung von S bzw. E entgegen der Richtung der Schallausbreitung erfolgt.

## 4.9 Übungsaufgaben

**11.** Ein Fadenpendel ($l = 1$ m) wird durch einen Stift, der sich $d = 0{,}5$ m unterhalb des Aufhängepunktes befindet gehemmt. Wie groß ist die Schwingungsdauer dieses GALILEI-Hemmungspendels?

**12.** Von zwei gleichen Stimmgabeln ($f_1 = 440$ Hz) wird eine erwärmt. Beim gleichzeitigen Erklingen zählt man danach 24 Schwebungen in 5 s. Welche Frequenz $f_2$ hat die verstimmte Stimmgabel?

**13.** Nennen Sie Beispiele für erwünschte bzw. unerwünschte Resonanz!

**14.** Ein Elektromotor ($m = 25$ kg) wird auf einer quadratischen Grundplatte befestigt, die selbst auf vier gleichartigen Federn ruht. Beim Aufsetzen des Motors auf die Platte wird jede der Federn um 4 mm gestaucht.

**a)** Berechnen Sie die Richtgröße $D$ sowie die sich daraus ergebende Eigenfrequenz $f_0$ der Anordnung (Federmassen vernachlässigen)!

**b)** Welche Drehzahl kann als kritisch angesehen werden?

**15.** Ein beidseitig offenes Glasrohr ($l = 0{,}5$ m) wird als KUNDTsches Rohr verwendet. Bei einer Frequenz von $f = 1002$ Hz zählt man anhand der KUNDTschen Staubfiguren 3 Schwingungsknoten.

**a)** Zeichnen Sie die stehende Welle der schwingenden Teilchen!

**b)** Ermitteln Sie aus den Messdaten die Schallgeschwindigkeit!

**16.** Zwei Lautsprecher, die sich in einem Abstand von 4 m befinden, senden phasengleiche Schallwellen ($c = 340$ m/s) mit gleicher Amplitude und gleicher Frequenz aus. Bei welchen Frequenzen registriert ein Beobachter, der sich $r_1 = 6$ m bzw. $r_2 = 8$ m von den Lautsprechern befindet, die größte Schallstärke?

**17.** Weisen Sie nach, dass eine aus der Ruhelage ausgelenkte Flüssigkeitssäule der Länge $l$, die sich in einem U-Rohr mit konstantem Querschnitt befindet, zu harmonischen Schwingungen fähig ist, und ermitteln Sie eine Gleichung für die Periodendauer!

## Tipps und Hinweise zum Lösen der Übungsaufgaben

**11.** die beiden Halbschwingungen getrennt betrachten

**12.** zunächst die Schwebungsfrequenz $f_S$ ermitteln, daraus dann $f_2$

**14. a)** Gleichungen (4.5) und (4.6) verwenden
**b)** mögliche Resonanzkatastrophe ausschließen

**15. a)** an beiden (offenen) Enden: Reflexion am losen Ende
**b)** Rechnung: Eigenschwingungen bei gleichartigen Enden

**16.** größte Schallstärke heißt Verstärkung (konstruktive Interferenz)

**17.** rücktreibende Kraft der ausgelenkten Flüssigkeitssäule betrachten

## Lösungen der Übungsaufgaben

**11.** Für die Halbschwingungen sind: $\frac{T_1}{2} = \pi \cdot \sqrt{\frac{l}{g}}$ bzw. $\frac{T_2}{2} = \pi \cdot \sqrt{\frac{l-d}{g}}$

Damit beträgt: $T = \frac{T_1}{2} + \frac{T_2}{2} = \pi \cdot \left( \sqrt{\frac{l}{g}} + \sqrt{\frac{l-d}{g}} \right) \underline{\underline{\approx 1{,}7\,\text{s}}}$

**12.** gemessene Schwebungsfrequenz: $f_S = \frac{24}{5\,\text{s}} = 4{,}8\,\text{Hz}$

Da sich die Stimmgabel beim Erwärmen ausdehnte, gilt $f_2 < f_1$.

Mit $f_S = |f_1 - f_2|$ folgt daraus: $f_2 = f_1 - f_S \underline{\underline{= 435{,}2\,\text{Hz}}}$

**13.** Resonanz erwünscht: Schaukeln, ohne von außen angeschoben zu werden; Antrieb einer Pendeluhr ($\Rightarrow$ minimale Energiezufuhr)
Resonanz unerwünscht: Schwingungen bei Brücken; Klirren von Fensterscheiben; Rückkopplungen bei Live-Konzerten

**14. a)** $D = \frac{F}{s} = \frac{m \cdot g}{s} \underline{\underline{\approx 61{,}3\,\text{kN} \cdot \text{m}^{-1}}}$

Aus $T = 2\pi \cdot \sqrt{\frac{m}{D}}$ folgt: $f_0 = \frac{1}{2\pi} \cdot \sqrt{\frac{D}{m}} = \frac{1}{2\pi} \cdot \sqrt{\frac{g}{s}} \underline{\underline{\approx 7{,}9\,\text{Hz}}}$

**b)** kritische Drehzahl: $7{,}9\,\text{U/s} \approx 474\,\text{U/min}$

**15. a)** Da das Rohr beidseitig offen ist, befinden sich an beiden Enden Schwingungsbäuche. Weil dabei 3 Knoten gezählt wurden, entfallen 1,5 Wellenlängen auf die Länge $l$.

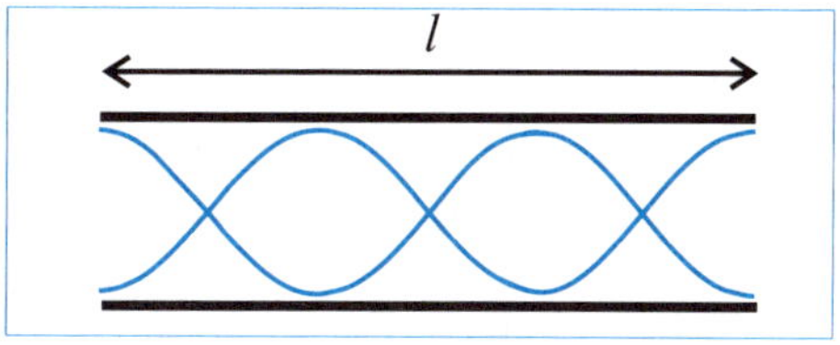


**b)** Gemessen wurde die 2. Oberschwingung.

Nach (4.23) bzw. dem unter a) Gesagten gilt: $\lambda = \frac{2}{3} \cdot l$

Mit $c = \lambda \cdot f$ folgt:

$$c = \frac{2}{3} \cdot l \cdot f = \frac{2}{3} \cdot 0{,}5\,\text{m} \cdot 1002\,\text{s}^{-1} \underline{\underline{= 334\,\frac{\text{m}}{\text{s}}}}$$

**16.** Verstärkung am Ort des Beobachters für: $\Delta s = |r_1 - r_2| = \text{n} \cdot \lambda$ mit $\text{n} = 0;\ 1;\ 2;\ \ldots$

Mit $f = \frac{c}{\lambda}$ folgt daraus maximale Schallstärke für:

$$f = \frac{\text{n} \cdot c}{|r_1 - r_2|} = \frac{\text{n} \cdot 340\,\text{m} \cdot \text{s}^{-1}}{2\,\text{m}} \underline{\underline{= \text{n} \cdot 170\,\text{Hz}}} \quad \text{mit} \quad \text{n} = 0;\ 1;\ 2;\ \ldots$$

**17.** Ist $s$ die Auslenkung, so resultiert $\vec{F}_{rück}$ aus dem Gewicht einer überstehenden Flüssigkeitssäule (Dichte $\rho$, Querschnitt $A$) der Höhe $2s$:

$F_{rück} = \Delta m \cdot g = \rho \cdot \Delta V \cdot g = \rho \cdot A \cdot 2s \cdot g$. Es gilt $F_{rück} \sim s$, folglich ist die Schwingung der Flüssigkeit harmonisch.

Aus $D = \left|\frac{F_{rück}}{s}\right| = 2 \cdot \rho \cdot A \cdot g$ und $m = \rho \cdot V = \rho \cdot A \cdot l$ folgt:

$$T = 2\pi \cdot \sqrt{\frac{m}{D}} = 2\pi \cdot \sqrt{\frac{l}{2 \cdot g}}$$

# 5 Thermodynamik

## 5.1 Grundlagen

Ein tatsächlich (z. B. durch Wände) oder auch nur gedanklich von der Umgebung abgegrenzter Bereich wird als **System** bezeichnet.
Ein **offenes System** kann *Energie und Stoff* mit seiner Umgebung austauschen; ein **geschlossenes System** kann *Energie*, jedoch *keinen* Stoff mit seiner Umgebung austauschen. Bei einem **abgeschlossenen System** erfolgt weder ein Energie- noch ein Stoffaustausch mit der Umgebung.

Die Zustandsgröße **Temperatur $T$** bzw. $\vartheta$ gibt an, wie kalt oder heiß ein Körper ist. Aus atomistischer Sicht ist sie ein Maß für die ungeordnete, thermische Bewegung der Atome und Moleküle eines Körpers.

Die Einheit der absoluten Temperatur $T$ ist 1 K (KELVIN), die Einheit der CELSIUS-Temperatur $\vartheta$ hingegen ist 1 °C (Grad CELSIUS).

► 5.1 Dabei gilt die Umrechnung: $\frac{T}{\mathrm{K}} = \frac{\vartheta}{°\mathrm{C}} + 273{,}15$

Temperaturdifferenzen werden i. Allg. in der Einheit KELVIN angegeben. Die tiefste mögliche Temperatur beträgt $0\,\mathrm{K} = -273{,}15\,°\mathrm{C}$ und wird **absoluter Nullpunkt** genannt. Dieser Wert kann jedoch praktisch nie erreicht werden.

Fast alle Körper dehnen sich bei einer Erwärmung aus. Eine wichtige Ausnahme stellt die **Anomalie des Wassers** dar: Wasser besitzt bei 4 °C seine größte Dichte und dehnt sich somit bei *Abkühlung* unter 4 °C aus.

► 5.2 Für die **Längenausdehnung** fester Körper gilt: $\Delta l = \alpha \cdot l_0 \cdot \Delta T$

Dabei ist $l_0$ die Anfangslänge vor der Temperaturänderung $\Delta T$ und $\alpha$ der material- und temperaturabhängige Längenausdehnungskoeffizient.

Für die **Volumenausdehnung** fester, flüssiger und gasförmiger Körper gelten analog:
► 5.3 $\Delta V = \gamma \cdot V_0 \cdot \Delta T$ bzw. $V_1 = V_0 \cdot (1 + \gamma \cdot \Delta T)$
Dabei ist $V_0$ das Anfangsvolumen vor der Temperaturänderung $\Delta T$ und $\gamma$ der material-, druck- und temperaturabhängige Volumenausdehnungskoeffizient.

► 5.4 Für feste Körper gilt $\gamma \approx 3\alpha$; für ideale Gase ist $\gamma = \frac{1}{273{,}15}\,\mathrm{K}^{-1}$.

Die Prozessgröße **Wärme** (Einheit JOULE) gibt an, wie viel Energie aufgrund einer Temperaturdifferenz (mittels Wärmeleitung, Wärmeströmung oder Wärmestrahlung) von einem System auf ein anderes System übergeht.

Es gilt folgende Vorzeichenregel: Wird einem System Wärme zugeführt, so ist sie positiv zu zählen: $Q_{zu} > 0$, wird Wärme abgegeben, so gilt $Q_{ab} < 0$.

Erfährt ein Körper durch die Wärme $Q$ eine Temperaturänderung $\Delta T$, ohne dass sich dabei sein Aggregatzustand ändert, so gilt: $Q = C \cdot \Delta T$ ► 5.5

Die von dem Körper abhängige **Wärmekapazität *C*** hat die Einheit $1\,\text{J} \cdot \text{K}^{-1}$.

Für Körper der Masse $m$, die aus einem einheitlichen Stoff bestehen, ist die **spezifische Wärmekapazität *c*** mit $c = C/m$ und der zugehörigen Einheit $1\,\text{J} \cdot \text{kg}^{-1} \cdot \text{K}^{-1}$ gebräuchlich. Es gilt die Gleichung: $Q = m \cdot c \cdot \Delta T$ ► 5.6

$c$ ist stoff- und wie $C$ auch temperatur- und druckabhängig.

Ändert ein Körper seinen Aggregatzustand, so bleibt währenddessen seine Temperatur $T$ trotz einer Zufuhr oder Abgabe von Wärme konstant.
Die beim **Schmelzen**, **Verdampfen** (Sieden) oder **Sublimieren** zugeführte Umwandlungswärme $Q_U$ dient dazu, molekulare Bindungen aufzusprengen. Bei den entgegengesetzten Übergängen **Erstarren**, **Kondensieren** oder **Verfestigen** wird jeweils eine gleich große Wärme wieder abgegeben. Für jeden Übergang lässt sich die zur Umwandlung einer Masse $m$ gehörige Umwandlungswärme $Q_U$ mithilfe der spezifischen Umwandlungswärme $q$ (Einheit $1\,\text{J} \cdot \text{kg}^{-1}$) des Stoffes berechnen:
$Q_U = q \cdot m$ ► 5.7

Die Schmelztemperatur $T_S$ stimmt mit der Erstarrungstemperatur $T_E$ und die Siedetemperatur $T_V$ mit der Kondensationstemperatur $T_K$ überein.
Die Siedetemperatur steigt i. Allg. stark und die Schmelztemperatur gering mit wachsendem äußeren Druck. Eine wichtige Ausnahme bildet Eis: hier sinkt die Schmelztemperatur mit wachsendem Druck (**Regelation des Eises**).

Findet zwischen zwei Systemen nur aufgrund einer Temperaturdifferenz eine Energieübertragung statt, so ist nach dem Energieerhaltungssatz die vom System höherer Temperatur abgegebene Wärme gleich der vom System niederer Temperatur aufgenommen Wärme:
$-Q_{ab} = Q_{zu}$ ► 5.8

## 5.2 Atomistische Größen

Alle Stoffe sind aus kleinsten Teilchen – den Atomen bzw. Molekülen – aufgebaut. In Flüssigkeiten und Gasen deutet die **BROWNsche Bewegung** darauf hin: Durch die Wärmebewegung der Flüssigkeits- bzw. Gasteilchen stoßen diese ständig und unregelmäßig gegen kleinste, noch erkennbare Stoffpartikel (z. B. Ruß) in der Flüssigkeit bzw. dem Gas. Dies führt zu einer unregelmäßigen Hin- und Herbewegung der beobachteten Stoffpartikel.

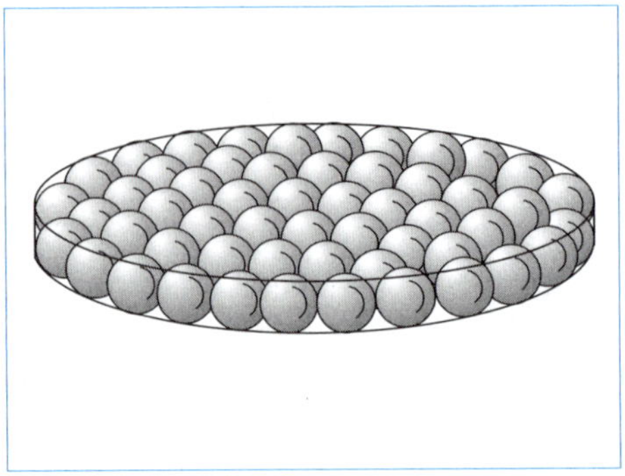

Die Größe von Molekülen kann mit dem **Ölfleckversuch** abgeschätzt werden: Vor einer Mischung aus Ölsäure und Leichtbenzin lässt man einen Tropfen auf eine mit Bärlappsporen bestreute Wasseroberfläche fallen. Das Leichtbenzin verdunstet rasch und es wird ein kreisrunder Ölfleck (Durchmesser $d$) sichtbar. Über das Tropfenvolumen lässt sich das Ölvolumen $V$ ermitteln und damit auch die Schichtdicke: $h = V/A = 4V/(\pi \cdot d^2)$. Da sich der Ölfleck bei n Tropfen auf die n-fache Fläche vergrößert, scheint die Schichtdicke genau dem Moleküldurchmesser des Öls zu entsprechen.

Der Durchmesser der Atome liegt in der Größenordnung $d \approx 10^{-10}$ m.

Der 12. Teil der Masse eines Kohlenstoffatoms $^{12}_{6}C$ wird als **atomare Masseneinheit u** bezeichnet:

▸ 5.9 $$u = \frac{1}{12} m(^{12}_{6}C) \approx 1{,}6605 \cdot 10^{-27}\,\text{kg}$$

Da sich chemische Elemente stets in bestimmten Massenverhältnissen verbinden, kann man die Atommasse $m_A$ eines Elementes über seine **relative Atommasse $A_r$** angeben:

▸ 5.10 $$A_r = \frac{\text{Masse des Atoms } m_A}{\text{atomare Masseeinheit u}}$$

Analog ist die relative Molekülmasse $M_r$ definiert:

▸ 5.11 $$M_r = \frac{m_{\text{Molekül}}}{u}$$

$M_r$ ist die Summe der relativen Atommassen der Bestandteile des Moleküls.

Oft ist es sinnvoll, eine Stoffportion durch die **Stoffmenge $n$** anzugeben. Ein System hat die Stoffmenge $n = 1$ mol, wenn es aus ebenso vielen gleichartigen Teilchen besteht, wie Atome in 12 g Kohlenstoff $^{12}_{6}C$ enthalten sind.

Die Teilchenzahl pro mol ist durch die **AVOGADRO-Konstante $N_A$** gegeben.

▸ 5.12 Diese beträgt: $N_A \approx 6{,}022 \cdot 10^{23}\,\text{mol}^{-1}$

▸ 5.13 In einer Stoffmenge $n$ sind also $N = n \cdot N_A$ Teilchen enthalten.

▸ 5.14 Die **molare Masse $m_m$** ist definiert als der Quotient $m_m = m/n$.

**Hinweis:** Das Produkt $N_A \cdot u$ ergibt $1\,g \cdot mol^{-1}$; ein Stoff mit der relativen Molekülmasse $M_r$ hat demnach eine molare Masse von $M_r\,g \cdot mol^{-1}$. HINWEIS

Das **molare Volumen $V_m$** ist definiert als der Quotient $V_m = V/n$ ► 5.15

Unter **Normalbedingungen**, d. h. bei der Normaltemperatur $\boldsymbol{T_0} = \mathbf{273{,}15\,K}$ und dem Normaldruck $\boldsymbol{p_0} = \mathbf{101{,}3\,kPa}$, haben alle Gase dasselbe molare Volumen:

$V_{m,0} = 0{,}0224\,m^3 \cdot mol^{-1} = 22{,}4\,l/mol$ ► 5.16

Bei Gasen ist es üblich, statt der spezifischen Wärmekapazität $c$ die **molare Wärmekapazität $C_m$** zu verwenden:

$$C_m = \frac{Q}{n \cdot \Delta T},$$ ► 5.17

wobei man zwischen $C_{m,p}$ bzw. $C_{m,V}$ unterscheidet, je nachdem, ob der Druck $p$ bzw. das Volumen $V$ bei der Temperaturänderung konstant sind.

***Musteraufgabe 9***

a) Geben Sie die relative Molekülmasse $M_{H_2O}$ von Wasser an!
b) Welche Masse $m_{H_2O}$ hat ein einzelnes Wasser-Molekül?
c) Wie viele Moleküle sind in 100 g Wasser enthalten?

***Lösung***

a) Die relativen Atommassen der Molekülbestandteile betragen $A_H = 1$ und $A_O = 16$, somit beträgt: $M_{H_2O} = 2 \cdot A_H + A_O \underline{\underline{= 18}}$

b) Es gilt: $m_{H_2O} = M_{H_2O} \cdot u = 18 \cdot 1{,}6605 \cdot 10^{-27}\,kg \underline{\underline{\approx 3{,}0 \cdot 10^{-26}\,kg}}$

c) Wegen $M_{H_2O} = 18$ hat Wasser die molare Masse $m_m = 18\,g \cdot mol^{-1}$.

Also ist: $N = n \cdot N_A = \dfrac{m}{m_m} \cdot N_A = \dfrac{100\,g}{18\,g \cdot mol^{-1}} \cdot 6{,}022 \cdot 10^{23}\,mol^{-1} \underline{\underline{\approx 3{,}3 \cdot 10^{24}}}$

## 5.3 Ideale Gase

Das Modell **ideales Gas** ist durch folgende Grundannahmen gekennzeichnet:

- Das Gas besteht aus einer sehr großen Anzahl gleichartiger Teilchen.
- Die Teilchen haben kein Eigenvolumen, sie sind Punktmassen.
- Die Teilchen sind in ständiger, ungeordneter Bewegung.
- Zwischen den Teilchen wirken keine Kräfte außer bei den elastischen Zusammenstößen untereinander und mit den Gefäßwänden.

Der Zustand einer abgeschlossenen Gasmenge kann durch die Zustandsgrößen Volumen $V$, Druck $p$ und Temperatur $T$ charakterisiert werden.

Für eine abgeschlossene Menge eines idealen Gases gilt die **allgemeine Zustandsgleichung des idealen Gases**:

► 5.18 $$\frac{p \cdot V}{T} = konstant$$

Aus dieser Zustandsgleichung folgen drei spezielle Gasgesetze:

► 5.19

| Gesetz von BOYLE und MARIOTTE | Gesetz von GAY-LUSSAC | Gesetz von AMONTONS |
|---|---|---|
| $p \cdot V = konstant$ | $p/T = konstant$ | $V/T = konstant$ |
| **Gültigkeitsbedingung:** Eine abgeschlossene Menge eines idealen Gases erfährt eine | | |
| isotherme Zustandsänderung ($T = konstant$) | isochore Zustandsänderung ($V = konstant$) | isobare Zustandsänderung ($p = konstant$) |

HINWEIS **Hinweis:** Aus $\frac{p \cdot V}{T} = konstant$ folgt:

► 5.20 $$\frac{p_1 \cdot V_1}{T_1} = \frac{p_2 \cdot V_2}{T_2}$$

Der Quotient $\frac{p \cdot V}{T}$

ist für eine abgeschlossene Menge eines idealen Gases proportional zu dessen Stoffmenge $n$. Daraus lässt sich die **universelle Gasgleichung** des idealen Gases ableiten:

► 5.21 $$p \cdot V = n \cdot R \cdot T$$

► 5.22 ***R*** heißt **universelle Gaskonstante**: $R = \frac{p_0 \cdot V_{m,0}}{T_0} = 8{,}314 \frac{\mathrm{J}}{\mathrm{K} \cdot \mathrm{mol}}$

Ersetzen wir in (5.21) $n$ durch $\frac{N}{N_A}$, so folgt: $p \cdot V = \frac{N}{N_A} \cdot R \cdot T = N \cdot \frac{R}{N_A} \cdot T$

► 5.23 $\frac{R}{N_A}$ heißt **BOLTZMANN-Konstante *k***: $k = \frac{R}{N_A} \approx 1{,}381 \cdot 10^{-23} \frac{\mathrm{J}}{\mathrm{K}}$

Die universelle Gasgleichung des idealen Gases kann also auch mithilfe der Teilchenzahl $N$ formuliert werden:

► 5.24 $$p \cdot V = N \cdot k \cdot T$$

Reale Gase verhalten sich annähernd ideal, wenn ihr Druck klein ist und ihre Temperatur weit oberhalb der Verflüssigungstemperatur liegt. Bei Normalbedingungen ist dies z. B. für die Edelgase, Wasserstoff und Luft erfüllt.

***Musteraufgabe 10***

Eine Stahlflasche mit 40 l Fassungsvermögen wird bei 10 °C mit Sauerstoff bis zu einem Druck von 10 MPa gefüllt. Wie viel Liter Sauerstoff kann man der Flasche bei 20 °C unter normalem Luftdruck (101,3 kPa) entnehmen?

***Lösung***

Wir betrachten den Sauerstoff als ideales Gas und wenden die allgemeine Zustandsgleichung des idealen Gases in folgender Form an:

$$\frac{p_1 \cdot V_1}{T_1} = \frac{p_2 \cdot V_2}{T_2}$$

Damit ist: $V_2 = \frac{p_1 \cdot V_1}{T_1} \cdot \frac{T_2}{p_2} = \frac{10^7\,\text{Pa} \cdot 40\,\text{l}}{283{,}15\,\text{K}} \cdot \frac{293{,}15\,\text{K}}{1{,}103 \cdot 10^5\,\text{Pa}} \approx 4088\,\text{l}$

Da 40 l Sauerstoff in der Flasche verbleiben, können unter den oben genannten Bedingungen jedoch nur $V = V_2 - 40\,\text{l} = 4048\,\text{l}$ entnommen werden.

## 5.4 Kinetische Gastheorie

> Die Temperatur $T$ ist ein Maß für die mittlere kinetische (thermische) Energie der Teilchen eines Stoffes.

Die Summe aus der potenziellen (Bindungsenergie) und der kinetischen (Translations-, Rotations- und Schwingungsenergie) Energie aller Teilchen eines Körpers heißt **innere Energie *U*** des Körpers.

> Die gesamte innere Energie eines idealen Gases besteht nur aus der kinetischen Translationsenergie seiner Teilchen.

Besteht das Gas aus $N$ Teilchen, so gilt: $U = N \cdot \overline{E_{kin}} = N \cdot \frac{3}{2} \cdot k \cdot T$ ► 5.25

Ein Vergleich mit (5.24) liefert: $p \cdot V = \frac{2}{3} \cdot N \cdot \overline{E_{kin}}$ ► 5.26

Mit $\overline{E_{kin}} = \frac{m_T}{2} \cdot \overline{v^2}$ ($m_T$ … Masse eines Gasteilchens)

erhalten wir daraus die **Grundgleichung der kinetischen Gastheorie**:

$$p = \frac{1}{3} \cdot \frac{N}{V} \cdot m_T \cdot \overline{v^2}$$ ► 5.27

> Der Druck eines (idealen) Gases resultiert aus einer Vielzahl von Teilchenstößen. Er ist proportional zur Anzahl $N$ sowie zur mittleren kinetischen Energie $\overline{E_{kin}}$ der Teilchen und indirekt proportional zum Gasvolumen.

Da in Gleichung (5.27) $N \cdot m_\mathrm{T}$ die Gesamtmasse $m$ des Gases darstellt, können wir diese Gleichung mittels $\rho = \dfrac{m}{V}$ abändern:

▸ 5.28 $$p = \frac{1}{3} \cdot \rho \cdot \overline{v^2}$$

▸ 5.29 Dies lässt sich weiter umformen: $\overline{v^2} = 3 \cdot \dfrac{p \cdot V}{m} = 3 \cdot \dfrac{n \cdot R \cdot T}{m} = \dfrac{3 \cdot R \cdot T}{m_m}$

Die Geschwindigkeiten und damit auch die kinetischen Energien der einzelnen Teilchen eines idealen Gases sind statistisch verteilt, wobei die **Geschwindigkeitsverteilung** asymmetrisch und temperaturabhängig ist.

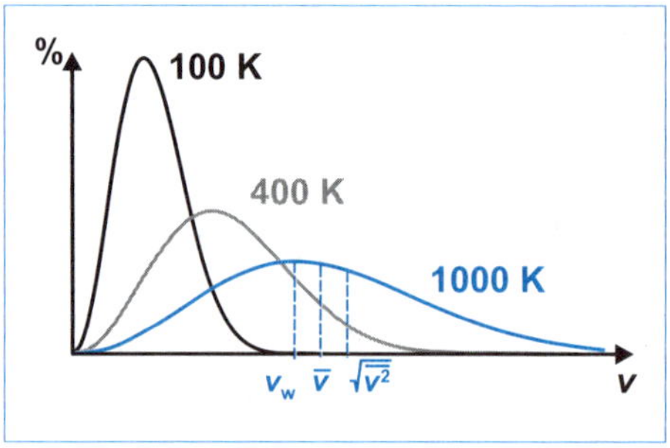


Abb. 5.2: Geschwindigkeitsverteilung der Teilchen eines idealen Gases

Zwischen der **mittleren Geschwindigkeit** $\overline{v}$, der **wahrscheinlichsten Geschwindigkeit** $v_\mathrm{w}$ und der **mittleren kinetischen Geschwindigkeit** $\sqrt{\overline{v^2}}$, bestehen folgende Zusammenhänge:

$$v_\mathrm{w} < \overline{v} < \sqrt{\overline{v^2}}$$

und

▸ 5.30 $$\overline{v} \approx 0{,}92\sqrt{\overline{v^2}}$$

## 5.5 Hauptsätze der Thermodynamik

Die innere Energie $U$ eines abgeschlossenen Systems kann durch Arbeit, Wärme oder Strahlung verändert werden. Sieht man von einer Energieübertragung durch Strahlung ab, so lässt sich der Energiesatz als **Erster Hauptsatz der Thermodynamik** formulieren:

> Die Änderung $\Delta U$ der inneren Energie eines abgeschlossenen Systems ist gleich der Summe der über die Systemgrenze übertragenen Wärme $Q$ und der vom/am System verrichteten Arbeit $W$:
>
> ▸ 5.31 $\Delta U = Q + W.$

Dem System zugeführte Wärme bzw. am System verrichtete Arbeit zählen positiv, vom System abgegebene Wärme bzw. verrichtete Arbeit negativ.

Die Änderung des Volumens $V$ einer abgeschlossenen Gasmenge wird durch die Prozessgröße **Volumenarbeit $W_V$** beschrieben:

$$W_V = -\int_{V_1}^{V_2} p \cdot \mathrm{d}V$$ ► 5.32

Da bei einer abgeschlossenen Gasmenge als Arbeit im Prinzip nur Volumenarbeit in Frage kommt, lässt sich für eine abgeschlossene Gasmenge der 1. Hauptsatz wie folgt formulieren:

$$\mathrm{d}U = \mathrm{d}Q - p \cdot \mathrm{d}V$$ ► 5.33

Mit $k \cdot N_A = R$ folgen aus (5.25) für die innere Energie $U$ einer abgeschlossenen Menge idealen Gases:

$$U = \frac{3}{2} \cdot n \cdot R \cdot T \quad \text{bzw.} \quad \Delta U = \frac{3}{2} \cdot n \cdot R \cdot \Delta T$$ ► 5.34

Bei einer isothermen Zustandsänderung ($T = konstant$) eines idealen Gases ändert sich die Temperatur $T$ und somit auch die innere Energie $U$ des Gases nicht, also gilt: $0 = Q + W_V$. Die Volumenarbeit beträgt hierbei:

$$W_V = -\int_{V_1}^{V_2} p \cdot \mathrm{d}V = -\int_{V_1}^{V_2} \frac{n \cdot R \cdot T}{V} \cdot \mathrm{d}V = -n \cdot R \cdot T \cdot \ln \frac{V_2}{V_1} = -n \cdot R \cdot T \cdot \ln \frac{p_1}{p_2}$$ ► 5.35

Eine Zustandsänderung, bei der kein Wärmeaustausch stattfindet ($Q = 0$), wird **adiabatisch** (isentropisch) genannt. ► 5.36

Wir wenden (5.33) und (5.34) auf **Zustandsänderungen idealer Gase** an.

| Zustands-änderung | Schluss-folgerung | Anwendung des 1. Hauptsatzes | verrichtete Volumenarbeit | |
|---|---|---|---|---|
| isochor ($V = konst.$) | $\mathrm{d}V = 0$ | $\mathrm{d}U = \mathrm{d}Q_V$ | $W_V = 0$ | ► 5.37 |
| isobar ($p = konst.$) | $\mathrm{d}p = 0$ | $\mathrm{d}U = \mathrm{d}Q_p - p \cdot \mathrm{d}V$ | $W_V = -p \cdot \Delta V$<br>$W_V = -n \cdot R \cdot \Delta T$ | ► 5.38 |
| isotherm ($T = konst.$) | $\mathrm{d}U = 0$ | $0 = \mathrm{d}Q - p \cdot \mathrm{d}V$ | $W_V = -Q$<br>$W_V = -n \cdot R \cdot T \cdot \ln \frac{p_1}{p_2}$ | ► 5.39 |
| adiabatisch ($Q = 0$) | $\mathrm{d}Q = 0$ | $\mathrm{d}U = -p \cdot \mathrm{d}V$ | $W_V = \Delta U$ | ► 5.40 |

Scheinbar gibt es in der Natur **reversible**, d. h. umkehrbare Vorgänge. Es zeigt sich jedoch, dass diese Vorgänge idealisierte Grenzfälle darstellen, bei denen Einschränkungen (z. B. Vernachlässigung von Reibung) getroffen werden müssen. Alle in der Natur *von selbst* ablaufenden Prozesse (Wärmeübergang, Diffusion etc.) sind **irreversibel**, d. h. verlaufen nicht umkehrbar. Dabei werden höherwertige Energieformen in minderwertige Energieformen umgewandelt – man spricht von **Energieentwertung**.

Der **Zweite Hauptsatz der Thermodynamik** macht eine Aussage über die Richtung von Energieumwandlungen:

> Wärme geht niemals von selbst von einem System niedrigerer zu einem System höherer Temperatur über. In einem System mit gleichmäßiger Temperatur stellt sich niemals von selbst ein Temperaturunterschied ein.

BOLTZMANN gab eine **statistische Deutung des 2. Hauptsatzes** an:

> Ein System, das aus einer sehr großen Anzahl von Teilchen besteht, geht nie von selbst in einen bedeutend unwahrscheinlicheren Zustand über.

? ***Musteraufgabe 11***

$4{,}0\,\text{m}^3$ Luft mit dem Anfangsdruck $p_1 = 105\,\text{kPa}$ sollen bei $20\,°\text{C}$ isotherm auf das Volumen $V_2 = 1{,}0\,\text{m}^3$ komprimiert werden.

a) Unter welchem Druck $p_2$ steht die Luft nach der Kompression?

b) Wie groß ist die aufzuwendende Kompressionsarbeit? Was bewirkt sie?

! ***Lösung***

a) Wir betrachten die Luft als ideales Gas.
Wegen $T = \textit{konstant}$ gilt $p_1 \cdot V_1 = p_2 \cdot V_2$.

Daraus folgt: $p_2 = p_1 \cdot \dfrac{V_1}{V_2} = 105\,\text{kPa} \cdot \dfrac{4{,}0\,\text{m}^3}{1{,}0\,\text{m}^3} \underline{\underline{= 420\,\text{kPa}}}$

b) Da die Temperatur während der Kompression konstant bleibt, erhöht sich die innere Energie der Luft nicht, sondern die durch die Arbeit zugeführte Energie wird als Wärme an die Umgebung abgegeben.

Es gilt: $W_V = -n \cdot R \cdot T \cdot \ln \dfrac{V_2}{V_1}$. Wegen $p \cdot V = n \cdot R \cdot T$ folgt daraus:

$$W_V = -p_1 \cdot V_1 \cdot \ln \frac{V_2}{V_1} = -1{,}05 \cdot 10^5\,\text{Pa} \cdot 4{,}0\,\text{m}^3 \cdot \ln \frac{1{,}0\,\text{m}^3}{4{,}0\,\text{m}^3} \underline{\underline{\approx 5{,}8 \cdot 10^5\,\text{J}}}$$

## 5.6 Kreisprozesse

Abbildung 5.3 zeigt verschiedene Zustandsänderungen in einem $p$-$V$-Diagramm. Die Fläche unterhalb der Kurve einer Zustandsänderung ist ein Maß für die dabei verrichtete Volumenarbeit.

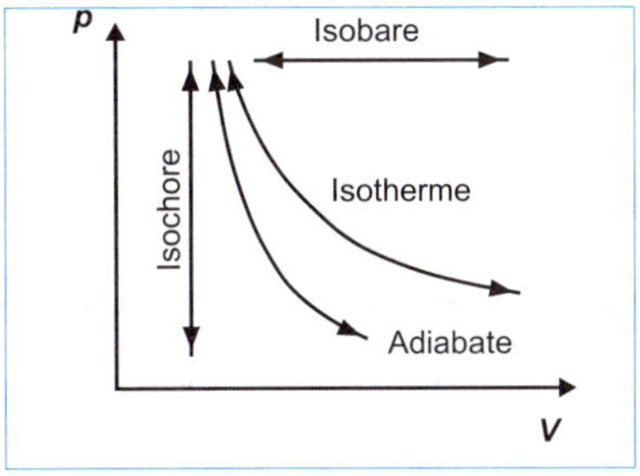


Abb. 5.3: Zustandsänderungen im $p$-$V$-Diagramm

**Hinweis:** Eine Adiabate verläuft stets steiler durch einen Punkt im $p$-$V$-Diagramm als die zugehörige Isotherme.

HINWEIS

Bei einem **Kreisprozess** durchläuft ein (ideales) Gas mehrere Zustandsänderungen derart, dass es am Ende wieder seinen Ausgangszustand besitzt.

Ein STIRLINGscher Kreisprozess (Abb. 5.4) erfolgt in 4 Schritten:
(1) isotherme Expansion → (2) isochore Abkühlung → (3) isotherme Kompression → (4) isochore Erwärmung.

Beim CARNOTschen Kreisprozess erfolgen: isotherme Expansion → adiabatische Expansion → isotherme Kompression → adiabatische Kompression.

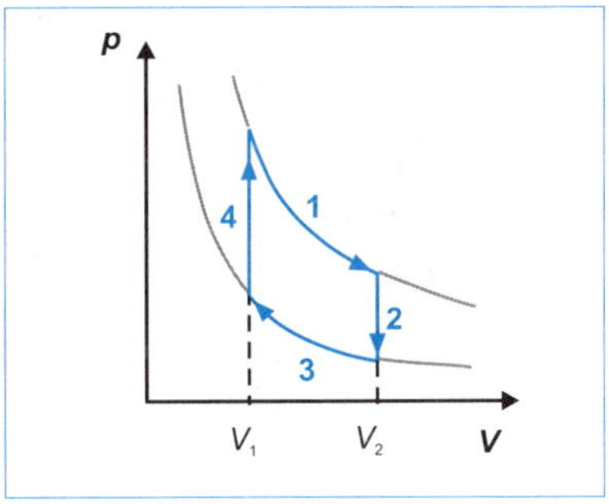


Abb. 5.4: STIRLING-Prozess

In **Wärmeenergiemaschinen** laufen Kreisprozesse derart ab, dass Wärme von einem Wärmespeicher höherer Temperatur $T_1$ auf einen Wärmespeicher niederer Temperatur $T_2$ übergeht, wodurch mechanische Arbeit nutzbar wird.

Der **thermische Wirkungsgrad** $\eta$ dabei ist: $\eta = \dfrac{E_{\text{nutzbar}}}{E_{\text{aufgewendet}}} = \dfrac{-W}{Q_{zu}}$ ▸ 5.41

Im Idealfall gilt: $\eta = \dfrac{-W}{Q_{zu}} = \dfrac{Q_{zu} - |Q_{ab}|}{Q_{zu}} = \dfrac{Q_1 + Q_2}{Q_1} = \dfrac{T_1 - T_2}{T_1} = 1 - \dfrac{T_2}{T_1}$ ▸ 5.42

Da im Realfall irreversible Vorgänge unvermeidbar sind, ist dieser theoretische Wirkungsgrad in der Praxis nicht erreichbar. Man kommt dem Idealfall jedoch um so näher, je höher das (relative) Temperaturgefälle ist.

Da selbst im Idealfall $\eta < 1$ gilt, lässt sich der 2. Hauptsatz neu formulieren:

Es gibt keine periodisch arbeitende Maschine, die nichts weiter bewirkt, als Abkühlung eines Körpers und Verrichten einer entsprechenden Arbeit.
Oder anders formuliert: Es gibt kein **perpetuum mobile zweiter Art**.

Bei Kältemaschinen bzw. Wärmepumpen wird das Prinzip der Wärmeenergiemaschinen umgekehrt. Die **Leistungsziffer** $\varepsilon$ gibt an, wie effizient dies erfolgt:

► 5.43 $$\varepsilon = \frac{|Q_{nutz}|}{W} \quad \Rightarrow \quad \varepsilon_K = \frac{T_2}{T_1 - T_2} \quad \text{und} \quad \varepsilon_W = \frac{T_1}{T_1 - T_2} > 1$$

## 5.7 Übungsaufgaben

**18.** Schätzen Sie ab, wie viele Teilchen in $1{,}0\,\text{cm}^3$ eines idealen Gases mit der Temperatur $10\,°\text{C}$ und dem Druck $10^{-3}\,\text{Pa}$ enthalten sind!

**19.** Ein Radfahrer fährt unter Betätigung der Rückbremse einen Berg mit konstanter Geschwindigkeit 100 m tief hinab. Die Gesamtmasse von Rad und Fahrer beträgt 90 kg. Um wie viel K steigt die Temperatur der Bremse ($m = 1\,\text{kg}$, $c = 450\,\text{J} \cdot \text{K}^{-1} \cdot \text{mol}^{-1}$) unter der Annahme, dass 50 % der anfallenden Wärme an die Umgebung abgeführt werden?

**20.** Welche Wärmemenge muss man 1 mol eines idealen Gases der Temperatur $20\,°\text{C}$ bei konstantem Volumen zuführen, damit sich dessen Druck verdoppelt?

**21.** Welche Temperatur hat Helium ($m_\text{m} = 4\,\text{g} \cdot \text{mol}^{-1}$), wenn die mittlere Geschwindigkeit der Gasteilchen $\overline{v} = 1500\,\text{m} \cdot \text{s}^{-1}$ beträgt?

**22.** Gase sind schlechte Wärmeleiter. Begründen Sie diese Tatsache mithilfe von Vorstellungen aus der kinetischen Gastheorie!

**23.** Leiten Sie den thermischen Wirkungsgrad für einen STIRLINGschen Kreisprozess her (hohe Temperatur $T_1$, niedere Temperatur $T_2$)!

## Tipps und Hinweise zum Lösen der Übungsaufgaben

**18.** universelle Gasgleichung (2. Form) anwenden

**19.** Ansatz: $\Delta E_{pot} = Q_{ges}$, anschließend Wärmegleichung anwenden

**20.** Anwendung des 1. Hauptsatzes für isochore Zustandsänderung

**21.** aus $\overline{v}$ das mittlere Geschwindigkeitsquadrat $\overline{v^2}$ ermitteln und daraus $T$

**22.** Wärmeleitung atomistisch als Energieübertragung deuten

**23.** Nutzarbeit mit zugeführter Wärme ins Verhältnis setzen

## Lösungen der Übungsaufgaben

**18.** $p \cdot V = N \cdot k \cdot T \quad \Rightarrow \quad N = \frac{p \cdot V}{k \cdot T} = \frac{10^{-3}\,\mathrm{N \cdot m^{-2}} \cdot 10^{-6}\,\mathrm{m^3}}{1{,}381 \cdot 10^{-23}\,\mathrm{N \cdot m \cdot K^{-1}} \cdot 283\,\mathrm{K}} \approx \underline{\underline{2{,}6 \cdot 10^{11}}}$

**19.** Es gilt: $\Delta E_{pot} = Q_{ges}$, also $Q_{ges} = m_{ges} \cdot g \cdot h$.

Zur Erwärmung der Bremse verbleiben 50 % davon: $Q = 0{,}5 \cdot m_{ges} \cdot g \cdot h$.

Mit $Q = m \cdot c \cdot \Delta T$ folgt daraus: $\Delta T = \frac{Q}{m \cdot c} = \frac{0{,}5 \cdot m_{ges} \cdot g \cdot h}{m \cdot c} \approx \underline{\underline{98\,\mathrm{K}}}$

**20.** Wegen $V = \mathit{konstant}$ gilt: $Q = \Delta U = \frac{3}{2} \cdot n \cdot R \cdot \Delta T$

Aus $\frac{p_1}{T_1} = \frac{p_2}{T_2}$ folgt zudem: $\Delta T = T_2 - T_1 = \frac{p_2}{p_1} \cdot T_1 - T_1 = 2 \cdot T_1 - T_1 = T_1$

Man erhält: $Q = \frac{3}{2} \cdot n \cdot R \cdot T_1 = \frac{3}{2} \cdot 1\,\mathrm{mol} \cdot 8{,}314\,\frac{\mathrm{J}}{\mathrm{K \cdot mol}} \cdot 293\,\mathrm{K} \approx \underline{\underline{3{,}65\,\mathrm{kJ}}}$

**21.** Aus $\overline{v^2} = \frac{3 \cdot R \cdot T}{m_m}$ folgt $T = \frac{m_m}{3 \cdot R} \cdot \overline{v^2}$. Mit $\overline{v} \approx 0{,}92\sqrt{\overline{v^2}}$ folgt daraus:

$$T \approx \frac{m_m}{3 \cdot R} \cdot \left(\frac{\overline{v}}{0{,}92}\right)^2 = \frac{4 \cdot 10^{-3}\,\mathrm{kg \cdot mol^{-1}}}{3 \cdot 8{,}314\,\mathrm{J \cdot K^{-1} \cdot mol^{-1}}} \cdot \left(\frac{1500}{0{,}92\,\mathrm{s}}\right)^2 \approx \underline{\underline{426\,\mathrm{K} \approx 153\,^\circ\mathrm{C}}}$$

**22.** Aus atomistischer Sicht erfolgt Wärmeleitung in Gasen durch Übertragung kinetischer Energie bei Teilchenstößen untereinander. Diese finden wegen der großen Zwischenräume aber *relativ* selten statt.

**23.** Volumenarbeit wird nur im 1. und 3. Schritt verrichtet:

1. isotherme Expansion von $V_1$ auf $V_2 > V_1$: $W_1 = -n \cdot R \cdot T_1 \cdot \ln \frac{V_2}{V_1}$

3. isotherme Kompression von $V_2$ auf $V_1$: $W_3 = n \cdot R \cdot T_2 \cdot \ln \frac{V_2}{V_1}$

Da die im 2. Schritt abgeführte Wärme $Q_2$ im 4. Schritt dem System wieder als Wärme zugeführt werden kann, muss nur noch im 1. Schritt ($\Delta U_1 = 0$) die Wärme $Q_1 = -W_1$ von außen zugeführt werden.

Man erhält: $\eta = \frac{-W}{Q_{zu}} = \frac{-(W_1 + W_3)}{-W_1} = 1 + \frac{W_3}{W_1} = 1 - \frac{T_2}{T_1}$

# 6 Elektrische Ladungen und Felder

## 6.1 Elektrische Ladung und elektrischer Strom

Es gibt positive und negative elektrische Ladungen. Als Einheit der **Ladung $Q$** verwendet man 1 C (COULOMB).

► 6.1 Es gilt: $1\,\mathrm{C} = 1\,\mathrm{A}\cdot\mathrm{s}$

► 6.2 Die **Elementarladung $e$** beträgt: $e = 1{,}602 \cdot 10^{-19}\,\mathrm{C}$

Das Elektron ist Träger der Ladung $-e$, das Proton trägt die Ladung $e$.

Die elektrische Ladung ist eine Erhaltungsgröße.

Negativ geladene Körper weisen Elektronenüberschuss auf, positiv geladene hingegen Elektronenmangel. Ungleichnamige Ladungen ziehen einander an, gleichnamige stoßen einander ab (→ COULOMBsches Gesetz). Auf Leitern befinden sich überschüssige Ladungen deshalb stets an der Oberfläche.

Fließt elektrische Ladung gerichtet, so spricht man von einem **elektrischen Strom**. Die **technische Stromrichtung** wurde als die Bewegungsrichtung positiver Ladungsträger festgelegt.

Die **Stromstärke $I$** eines Gleichstroms ist definiert als Quotient der durch einen Querschnitt fließenden Ladung pro Zeit:

► 6.3 $I = \frac{Q}{t}$

► 6.4 Für die Momentanstromstärke gilt allgemein: $I = \frac{\mathrm{d}Q}{\mathrm{d}t} = \dot{Q}$

Als Einheit der Stromstärke $I$ verwendet man 1 A (AMPERE).

Leitungsvorgänge erfolgen in Metallen durch Elektronenleitung; in (dotierten) Halbleitern überwiegen Elektronenleitung ($n$-Leiter) oder Löcherleitung ($p$-Leiter). In Flüssigkeiten übernehmen Ionen den Ladungstransport. Gase können durch sehr hohe Temperaturen, schnelle Elektronen sowie radioaktive oder RÖNTGEN-Strahlung ionisiert und somit leitend gemacht werden.

## 6.2 Das elektrische Feld

Ein Raum, in dem auf elektrisch geladene Körper Kräfte ausgeübt werden, wird als **elektrisches Feld** bezeichnet.

Zur modellhaften Darstellung benutzt man Feldlinienbilder. Die **Feldlinien** weisen in jedem Punkt in Richtung der Kraft $\vec{F}$ auf eine positive Ladung $Q$; sie schneiden sich nicht und beginnen bzw. enden stets an einer Ladung. Auf Leiteroberflächen enden sie immer senkrecht. Je dichter die Feldlinien verlaufen, desto größer ist die Kraft $\vec{F}$ auf ein und dieselbe Ladung $Q$.

Die **elektrische Feldstärke $\vec{E}$** gibt an, wie groß die Kraft $\vec{F}_{el}$ auf eine positive Probeladung $Q$ in einem Feldpunkt ist:

$$\vec{E} = \frac{\vec{F}_{el}}{Q}$$

► 6.5

Als Einheit der elektrischen Feldstärke $E$ ergibt sich: $1\,\mathrm{N} \cdot \mathrm{C}^{-1} = 1\,\mathrm{V} \cdot \mathrm{m}^{-1}$

Ist die Feldstärke $\vec{E}$ in jedem Punkt des Feldes gleich in Betrag und Richtung, so nennt man das Feld **homogen**, ansonsten **inhomogen**.

Elektrische Felder durchdringen einander ungestört; die $\vec{E}$-Vektoren überlagern sich nach dem **Superpositionsprinzip**.

Wird ein elektrischer Leiter in ein elektrisches Feld eingebracht, so kommt es zu **Influenz**, d. h., es werden Ladungen verschoben und getrennt.

Wird ein Nichtleiter in ein elektrisches Feld gebracht, so beobachtet man **elektrische Polarisation**. Man unterscheidet **Verschiebungspolarisation**: In den Atomen werden die Elektronen gegenüber den Atomkernen verschoben, *sowie* **Orientierungspolarisation**: Kleinste Dipole werden ausgerichtet.

### *Musteraufgabe 12*

?

An einem masselos gedachten Faden ($l = 1{,}2\,\mathrm{m}$) hänge eine Probekugel der Masse $m = 0{,}5\,\mathrm{g}$ mit einer Ladung von $Q = 8{,}0 \cdot 10^{-8}\,\mathrm{C}$ in einem horizontal ausgerichteten homogenen elektrischen Feld der Stärke $E = 6{,}2 \cdot 10^{3}\,\mathrm{N/C}$.

a) Wie groß ist die auf die Kugel wirkende elektrische Kraft $F_{el}$?

b) Um welchen Winkel $\alpha$ wird der Faden ausgelenkt?

### *Lösung*

!

a) Aus $\vec{E} = \dfrac{\vec{F}_{el}}{Q}$ folgt:

$$F_{el} = E \cdot Q = 6{,}2 \cdot 10^{3}\,\frac{\mathrm{N}}{\mathrm{C}} \cdot 8{,}0 \cdot 10^{-8}\,\mathrm{C} \approx \underline{\underline{5 \cdot 10^{-4}\,\mathrm{N}}}$$

b) Es gilt: $\vec{F}_{el} \perp \vec{F}_G$. Damit ist: $\tan\alpha = \dfrac{F_{el}}{F_G} = \dfrac{E \cdot Q}{m \cdot g}$

$$\alpha = arc\ \tan \frac{E \cdot Q}{m \cdot g} = arc\ \tan \frac{6{,}2 \cdot 10^3\,\mathrm{N \cdot C^{-1}} \cdot 8{,}0 \cdot 10^{-8}\,\mathrm{C}}{5 \cdot 10^{-4}\,\mathrm{kg} \cdot 9{,}81\,\mathrm{N \cdot kg^{-1}}} \approx \underline{\underline{5{,}8^\circ}}$$

TIPP

**Tipp:** Auf vielen Taschenrechnern wird *arc* tan als $\tan^{-1}$ angegeben.

## 6.3 Verschiebungsarbeit und Spannung

Im elektrischen Feld ist die Bewegung einer Ladung $Q$ von einem Punkt $P_1$ zu einem Punkt $P_2$ i. Allg. mit einer **Verschiebungsarbeit $W_{1,2}$** verknüpft. Für diese gilt:

► 6.6 $$W_{1,2} = \int_{P_1}^{P_2} \vec{F} \cdot d\vec{s} = -\int_{P_1}^{P_2} \vec{F}_{el} \cdot d\vec{s} \quad \text{und somit:} \quad W_{1,2} = -Q \cdot \int_{P_1}^{P_2} \vec{E} \cdot d\vec{s}$$

Die Verschiebungsarbeit $W_{1,2}$ hängt nicht vom gewählten Weg, aber vom Anfangspunkt $P_1$ und vom Endpunkt $P_2$ ab. Deshalb definiert man die elektrische **Spannung *U*** zwischen $P_1$ und $P_2$:

► 6.7 $$U_{2,1} = \frac{W_{1,2}}{Q}$$

► 6.8 Die zugehörige Einheit ist das Volt: $1\,\mathrm{V} = 1\,\frac{\mathrm{J}}{\mathrm{C}} = 1\,\frac{\mathrm{N \cdot m}}{\mathrm{A \cdot s}}$

Elektrische Felder werden durch Ladungen verursacht, wobei die Ladungsverteilung eine Rolle spielt. In der Umgebung einer Punktladung bzw. einer geladenen Kugel existiert ein **radialsymmetrisches Feld**. Im Abstand $r$ vom Mittelpunkt beträgt:

► 6.9 $$E(r) = \frac{1}{4\pi \cdot \varepsilon_0 \cdot \varepsilon_r} \cdot \frac{Q}{r^2}$$

► 6.10 Dabei heißt **$\varepsilon_0$ elektrische Feldkonstante**: $\varepsilon_0 = 8{,}854 \cdot 10^{-12}\,\frac{\mathrm{A \cdot s}}{\mathrm{V \cdot m}}$

Die **Dielektrizitätszahl $\varepsilon_r$** beschreibt den Einfluss des Mediums, in dem das elektrische Feld vorherrscht. Im Vakuum ist $\varepsilon_r = 1$; für Luft gilt $\varepsilon_r \approx 1$.

Für die Kraft zwischen zwei Punktladungen bzw. zwei kugelsymmetrischen Ladungen $Q_1$ und $Q_2$, deren Mittelpunkte den Abstand $r$ voneinander haben, gilt das **COULOMBsche Gesetz**:

► 6.11 $$F = \frac{1}{4\pi \cdot \varepsilon_0 \cdot \varepsilon_r} \cdot \frac{Q_1 \cdot Q_2}{r^2}$$

TIPP

**Tipp:** Das COULOMBsche Gesetz hat die gleiche Struktur wie das NEWTONsche Gravitationsgesetz. Nutzen Sie Analogien!

***Musteraufgabe 13***

?

Im Wasserstoffatom umkreist das Hüllen-Elektron im Abstand $r_0 = 10^{-10}\,\mathrm{m}$ den einfach geladenen Atomkern.

a) Wie groß ist die wirksame COULOMB-Kraft?

b) Berechnen Sie die Ionisierungsenergie, also die Energie, die erforderlich ist, um das Elektron aus dem Wirkungsbereich des Kernes zu entfernen!

***Lösungen***

!

a) Wegen $\varepsilon_r = 1$ gilt: $F = \dfrac{1}{4\pi\varepsilon_0} \cdot \dfrac{Q_1 \cdot Q_2}{r_0^2} = \dfrac{1}{4\pi\varepsilon_0} \cdot \dfrac{-e \cdot e}{r_0^2} \approx \underline{\underline{-2{,}3 \cdot 10^{-8}\,\mathrm{N}}}$

Das Minus-Zeichen bedeutet: Das Elektron wird vom Kern angezogen.

**Tipp:** Geben Sie den Wert $10^{-10}$ als $1 \cdot 10^{-10}$ in den Taschenrechner ein!

◄ TIPP ►

b) Die Ionisierungsenergie entspricht der Arbeit, die aufgewendet werden muss, um das Elektron vom Abstand $r_0$ auf den Abstand $\infty$ zu bringen:

$$W_{Ion} = -Q \int_{r_0}^{\infty} E \cdot \mathrm{d}r = -(-e) \cdot \int_{r_0}^{\infty} \frac{1}{4\pi \cdot \varepsilon_0} \cdot \frac{e}{r^2} \cdot \mathrm{d}r = e \cdot \frac{e}{4\pi \cdot \varepsilon_0} \cdot \left[-\frac{1}{r}\right]_{r_0}^{\infty}$$

$$= \frac{e^2}{4\pi \cdot \varepsilon_0} \cdot \frac{1}{r_0} = \frac{(1{,}602 \cdot 10^{-19})^2\,\mathrm{A}^2 \cdot \mathrm{s}^2}{4\pi \cdot 8{,}854 \cdot 10^{-12}\,\dfrac{\mathrm{A \cdot s}}{\mathrm{V \cdot m}} \cdot 10^{-10}\,\mathrm{m}} \approx \underline{\underline{2{,}3 \cdot 10^{-18}\,\mathrm{J}}}$$

## 6.4 Gleichstrom

Für viele Leiter gilt bei konstanter Temperatur das **OHMsche Gesetz**: Die Stromstärke $I$ ist der angelegten Spannung $U$ proportional.

Der elektrische Widerstand $R$ ist definiert: $R = \dfrac{U}{I}$ ► 6.12

Die Einheit des Widerstandes ist das OHM: $1\,\Omega = 1\,\mathrm{V} \cdot \mathrm{A}^{-1}$ ► 6.13

Für einen Leiter (Länge $l$, Querschnitt $A$) gilt: $R = \rho \cdot \dfrac{l}{A}$ ► 6.14

Dabei ist der **spezifische Widerstand $\rho$** stoff- und temperaturabhängig.

In verzweigten Gleichstromkreisen gelten die zwei **KIRCHHOFFschen Gesetze**

**Knotenpunktsatz**: In jedem Knotenpunkt ist die Summe der zufließenden Ströme gleich der Summe der abfließenden Ströme.

**Maschensatz**: In jedem geschlossenen Kreis (Masche) ist die Summe der Urspannungen gleich der Summe der Spannungsabfälle.

► 6.15 Werden n Widerstände miteinander verschaltet, so gilt bei einer:

| Reihenschaltung | Parallelschaltung |
|---|---|
| $U_{ges} = U_1 + U_2 + \ldots + U_n$ | $U_{ges} = U_1 = U_2 = \ldots = U_n$ |
| $I_{ges} = I_1 = I_2 = \ldots = I_n$ | $I_{ges} = I_1 + I_2 + \ldots + I_n$ |
| Spannungsteilerregel: $\frac{U_a}{U_b} = \frac{R_a}{R_b}$ | Stromteilerregel: $\frac{I_a}{I_b} = \frac{R_b}{R_a}$ |
| $R_{ges} = R_1 + R_2 + \ldots + R_n$ | $\frac{1}{R_{ges}} = \frac{1}{R_1} + \frac{1}{R_2} + \ldots + \frac{1}{R_n}$ |

Fließt bei einer konstanten Spannung $U$ für die Zeit $t$ ein Gleichtrom $I$, so wird dabei
► 6.16 **elektrische Arbeit $W_{el}$** verrichtet: $W_{el} = U \cdot Q = U \cdot I \cdot t$

► 6.17 Die **elektrische Leistung $P_{el}$** beträgt: $P_{el} = \frac{W_{el}}{t} = U \cdot I = R \cdot I^2 = \frac{U^2}{R}$

## 6.5 Kondensator als Ladungsspeicher

Ein **Kondensator** ist eine Anordnung zum Speichern von Ladungen.
Die **Kapazität $C$** kennzeichnet sein Speichervermögen:

► 6.18 $C = \frac{Q}{U}$

► 6.19 Die Einheit der Kapazität $C$ heißt Farad: $1\,\mathrm{F} = 1\,\mathrm{C} \cdot \mathrm{V}^{-1} = 1\,\mathrm{A} \cdot \mathrm{s} \cdot \mathrm{V}^{-1}$

Werden n Kondensatoren miteinander verschaltet, so gilt bei einer:

| Reihenschaltung | Parallelschaltung |
|---|---|
| Jeder Kondensator speichert die gleiche Ladung: $Q_1 = Q_2 = \ldots = Q_n$ | An jedem Kondensator liegt die gleiche Spannung: $U_1 = U_2 = \ldots = U_n$ |
| $\frac{1}{C_{ges}} = \frac{1}{C_1} + \frac{1}{C_2} + \ldots + \frac{1}{C_n}$ | $C_{ges} = C_1 + C_2 + \ldots + C_n$ |

Die Kapazität eines **Plattenkondensators** mit Dielektrikum (Fläche $A$ je Platte, Plattenabstand $d$) beträgt:

► 6.20 $C = \varepsilon_r \cdot \varepsilon_0 \cdot \frac{A}{d}$ $\varepsilon_r$ beschreibt den Einfluss des **Dielektrikums** zwischen den Platten.

Das elektrische Feld im Plattenzwischenraum ist annähernd homogen und hat bei einer Spannung $U$ die Feldstärke:

$$E = \frac{U}{d}$$

Das Aufladen eines Kondesators erfordert elektrische Arbeit:

$$W_{el} = \int U \cdot \mathrm{d}Q = \int \frac{Q}{C} \cdot \mathrm{d}Q = \frac{1}{C} \cdot \int Q \cdot \mathrm{d}Q = \frac{1}{2} \cdot \frac{Q^2}{C}$$ ► 6.21

Die **Energie $E_{el}$ des elektrischen Feldes** eines geladenen Kondensators beträgt demzufolge:

$$E_{el} = \frac{1}{2} \cdot C \cdot U^2 = \frac{1}{2} \cdot Q \cdot U = \frac{1}{2} \cdot \frac{Q^2}{C}$$ ► 6.22

Beim Plattenkondensator trägt jede der beiden geladenen Platten zu gleichen Teilen zur Gesamtfeldstärke $E$ im Plattenzwischenraum bei. Das Feld einer einzelnen Platte liefert somit den Beitrag $0{,}5\,E$. Die jeweils andere Platte erfährt aufgrund ihrer Ladung $Q$ in diesem Feld eine Kraft $F = Q \cdot 0{,}5\,E$.

Die **Kraft zwischen den Kondensatorplatten** beträgt folglich:

$$F = \frac{1}{2} \cdot Q \cdot E = \frac{1}{2} \cdot C \cdot U \cdot \frac{U}{d} = \frac{1}{2} \cdot \varepsilon_0 \cdot \varepsilon_r \cdot A \cdot \frac{U^2}{d^2}$$ ► 6.23

## 6.6 Auf- und Endladung eines Kondensators

Wir betrachten das **Auf- und Entladen eines Kondensators** (Kapazität $C$) über einen Widerstand $R$. Das Produkt $\tau = RC$ nennt man die **Zeitkonstante**. Je größer sie ist, desto länger dauern die Auf- bzw. Entladung. Beim Entladen klingt die Kondensatorspannung innerhalb der **Halbwertszeit $T_H$** auf die Hälfte ab.
Es gilt: $T_H = RC \cdot \ln 2 = \tau \cdot \ln 2$ ► 6.24

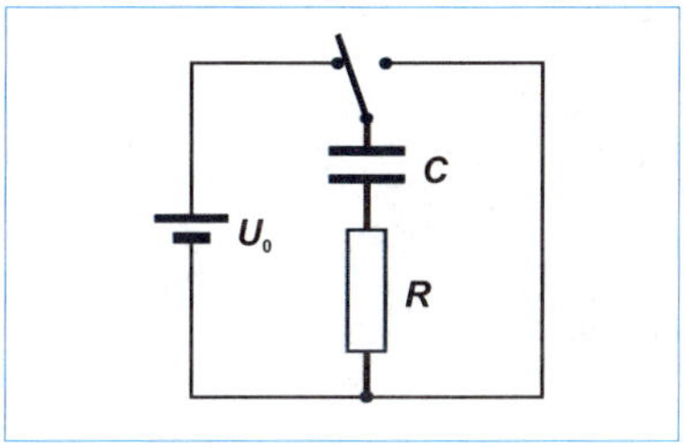


Abb. 6.1: Aufladen

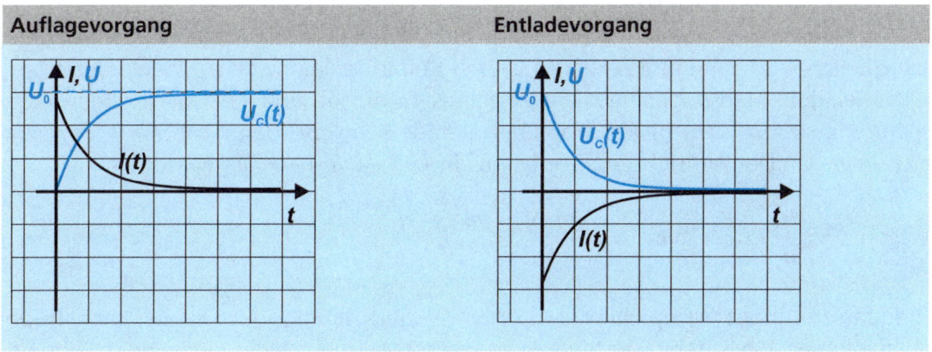

| Auflagevorgang | Entladevorgang |
|---|---|
| $U_C(t) = U_0 - R \cdot I(t) = U_0 \cdot \left(1 - e^{-\frac{1}{RC} \cdot t}\right)$ | $U_C(t) = -R \cdot I(t) = U_0 \cdot e^{-\frac{1}{RC} \cdot t}$ |
| $I(t) = I_0 \cdot e^{-\frac{1}{RC} \cdot t}$ mit $I_0 = \frac{U_0}{R}$ | $I(t) = -I_0 \cdot e^{-\frac{1}{RC} \cdot t}$ mit $I_0 = \frac{U_0}{R}$ |

?

***Musteraufgabe 14***

Ein Kondensator, der auf die Spannung $U_0 = 150\,\text{V}$ aufgeladen war, wird über einen Widerstand $R = 100\,\text{k}\Omega$ entladen. Nach 10 s beträgt die Spannung noch 120 V. Berechnen Sie die Kapazität, die Zeitkonstante, die Halbwertszeit sowie die ursprünglich gespeicherte Ladung $Q_0$!

!

***Lösungen***

Aus $U_C(t) = U_0 \cdot e^{-\frac{1}{RC} \cdot t}$ folgt $e^{\frac{1}{RC} \cdot t} = \frac{U_0}{U_C(t)}$ und daraus:

$$C = \frac{t}{R \cdot \ln \frac{U_0}{U_C(t)}} = \frac{10\,\text{s}}{10^5\,\Omega \cdot \ln \frac{150\,\text{V}}{120\,\text{V}}} \approx 4{,}5 \cdot 10^{-4}\,\frac{\text{A} \cdot \text{s}}{\text{V}} = \underline{\underline{0{,}45\,\text{mF}}}$$

$$\tau = RC = 100\,\text{k}\Omega \cdot 4{,}5 \cdot 10^{-4}\,\frac{\text{A} \cdot \text{s}}{\text{V}} = 10^5\,\Omega \cdot 4{,}5 \cdot 10^{-4}\,\frac{\text{s}}{\Omega} = \underline{\underline{45\,\text{s}}}$$

$$T_\text{H} = R \cdot C \cdot \ln 2 = \tau \cdot \ln 2 = 45\,\text{s} \cdot \ln 2 \underline{\underline{\approx 31\,\text{s}}}$$

$$Q_0 = C \cdot U_0 = 4{,}5 \cdot 10^{-4}\,\frac{\text{A} \cdot \text{s}}{\text{V}} \cdot 150\,\text{V} \approx 0{,}068\,\text{A} \cdot \text{s} = \underline{\underline{0{,}068\,\text{C}}}$$

## 6.7 Der MILLIKAN-Versuch (Schwebefall)

In das vertikal ausgerichtete homogene Feld zwischen zwei waagerechten Kondensatorplatten wird Paraffinöl zerstäubt. Durch Reibungselektrizität sind viele der Tröpfchen geladen. Man beobachtet ein einzelnes Tröpfchen und stellt die Kondensatorspannung so ein, dass dieses Tröpfchen gerade schwebt. Dann gilt: $F_{el} = F_G$, also $q \cdot E = m \cdot g$. (Der Auftrieb des Tröpfchens in Luft ist vernachlässigbar klein.)

► 6.25 Wegen $E = \frac{U}{d}$ erhält man: $q = \frac{m \cdot g}{E} = \frac{m \cdot g \cdot d}{U}$

Die Masse $m$ eines Öltröpfchens kann mithilfe der Dichte $\rho$ des Öls und dem Tröpfchenvolumen $V$ bestimmt werden. Als wesentliches Ergebnis des Versuches stellt man fest:

Alle gemessenen Ladungen $q$ sind gequantelt; sie sind ganzzahlige Vielfache der Elementarladung $e$: $q = \mathrm{n} \cdot e$ mit $\mathrm{n} \in Z$.

## 6.8 Bewegung geladener Teilchen im elektrischen Feld

Bewegt sich ein geladenes Teilchen in ein elektrischen Längsfeld, so wird es durch die elektrische Kraft $\vec{F}_{el} = Q \cdot \vec{E}$ beschleunigt.

Durchläuft ein (zunächst ruhendes) Elektron von selbst eine Spannung $U$, so wird an ihm Verschiebungsarbeit verrichtet und es gewinnt kinetische Energie:

$$\Delta E_{kin} = W, \quad \text{also} \quad \frac{m_\mathrm{e}}{2} \cdot v^2 = e \cdot U$$

Die **Geschwindigkeit eines Elektrons nach Durchlaufen der Spannung *U*** beträgt somit:

$$v = \sqrt{\frac{2 \cdot e \cdot U}{m_\mathrm{e}}}$$ ▸ 6.26

**Hinweis:** Die Gleichung liefert nur brauchbare Resultate, falls $v$ unterhalb einem Zehntel der Vakuumlichtgeschwindigkeit c liegt, also für $v < 0{,}1\,\mathrm{c}$. ◀ HINWEIS ▶

Der Energiebetrag, den ein Elektron gewinnt, wenn es eine Spannung von 1 V durchläuft, heißt **Elektronenvolt**: $1\,eV = 1{,}602 \cdot 10^{-19}\,J$ ▸ 6.27

Treten Ladungen $q$ mit einer Anfangsgeschwindigkeit $\vec{v}_0 = \vec{v}_x$ in das homogene elektrische Querfeld ($\vec{E} = \vec{E}_y$) eines Plattenkondensators (Plattenabstand $d$, Spannung $U$) ein, so werden sie seitlich abgelenkt.

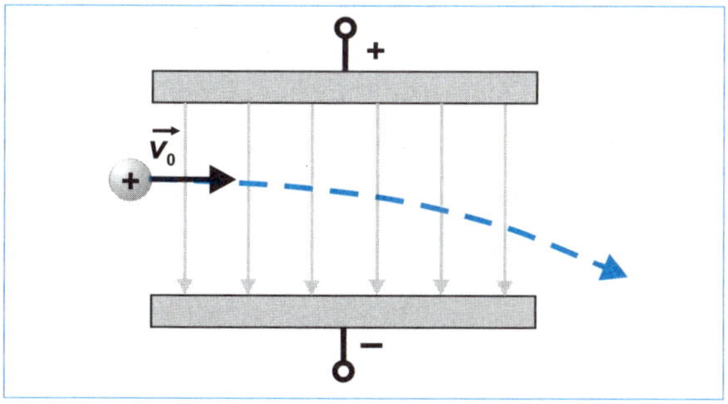


Abb. 6.2: Bewegte Ladung im elektrischen Querfeld

Die zugehörige Beschleunigung beträgt:

$$a = \frac{F_{el}}{m} = \frac{q \cdot E}{m} = \frac{q \cdot U}{m \cdot d}$$

In Analogie zu einem waagerechten Wurf ergibt sich für die Bewegung im elektrischen Querfeld die folgende Bahngleichung:

$$y(x) = \frac{1}{2} \cdot \frac{q \cdot U}{m \cdot d} \cdot \frac{x^2}{v_0^2}$$ ▸ 6.28

Die Ablenkung eines geladenen Teilchens im elektrischen Querfeld eines Plattenkondensators ist der Ablenkspannung $U$ proportional.

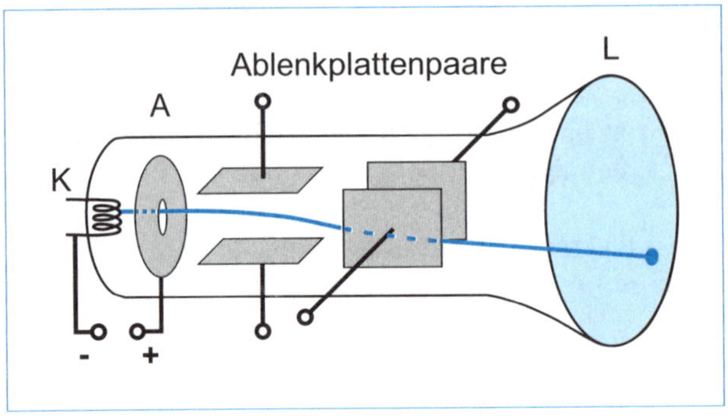


Abb. 6.3: BRAUNsche Röhre, schematisch

Diese Tatsache findet auch in der **BRAUNschen Röhre** Anwendung.
Aus einer geheizten Kathode K treten durch den **glühelektrischen Effekt** Elektronen aus dem Metall aus und werden zur Anode A hin beschleunigt. Anschliessend durchlaufen sie ein vertikales wie ein horizontales elektrisches Querfeld.
Die Ablenkung des auf dem Leuchtschirm L beobachteten Leuchtpunktes ist in vertikaler wie in horizontaler Richtung der jeweils angelegten Ablenkspannung proportional. Damit ermöglicht die BRAUNsche Röhre das Messen auch schnell veränderlichen Spannungen.

## 6.9 Übungsaufgaben

**24.** Eine Metallkugel (Radius $r_K = 8\,\text{cm}$) trägt eine Ladung $Q = -2 \cdot 10^{-9}\,\text{C}$.

**a)** Wie viele überschüssige Elektronen befinden sich auf der Kugel?

**b)** Wie groß ist die Feldstärke in einem Punkt P, der $a = 20\,\text{cm}$ von der Kugeloberfläche entfernt ist?

**25.** Ein Elektron durchläuft eine Spannung $U_B = 120\,\text{V}$ und tritt danach in das Längsfeld eines Plattenkondensators ($A = 10\,\text{cm}^2$, $d = 4\,\text{cm}$) ein.

**a)** Auf welche Geschwindigkeit $v_0$ wurde das Elektron durch die Spannung $U_B$ beschleunigt?

**b)** Wie muss die Spannung $U_C$ am Kondensator eingestellt werden, damit das Elektron nur 3 cm tief in dessen Feld »eindringt«?

**26.** In der dargestellten Schaltung betragen $U = 20\,\text{V}$, $R_1 = 10\,\Omega$, $R_2 = 40\,\Omega$ und $R_3 = 20\,\Omega$.

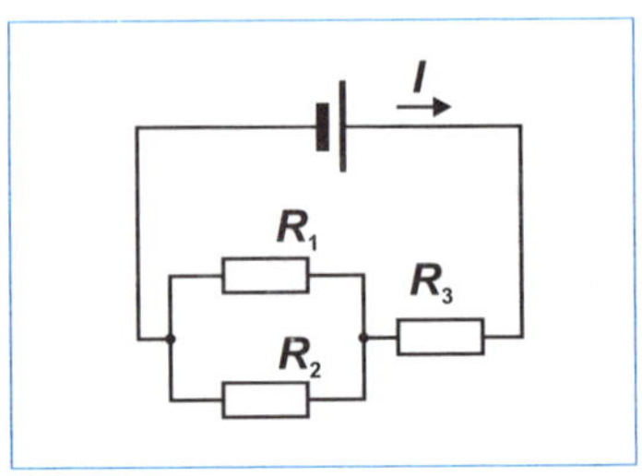


**a)** Berechnen Sie den Ersatzwiderstand $R_{ges}$!

**b)** Wie groß sind die Stärke $I_1$ des Stromes durch $R_1$, die über $R_1$ abfallende Spannung $U_1$ und die an $R_1$ in Wärme umgesetzte Leistung $P_1$?

**27.** Ein mit einem Dielektrikum ($\varepsilon_r = 5$) gefüllter Plattenkondensator ($A = 80\,\text{cm}^2$, $d = 1\,\text{cm}$) wurde bei einer Spannung $U_1 = 5\,\text{kV}$ geladen und anschließend von der Spannungsquelle getrennt.

**a)** Berechnen Sie die in dem Kondensator gespeicherte Ladung $Q$!

**b)** Welche Arbeit ist zum Entfernen des Dielektrikums aufzuwenden?

**28.** Drei Kondensatoren mit $C_1 = C_3 = 2\,\mu\text{F}$ und $C_2 = 6\,\mu\text{F}$ sind, wie im Bild zu sehen, miteinander verschaltet. Berechnen Sie die Ersatzkapazität $C_{ges}$!

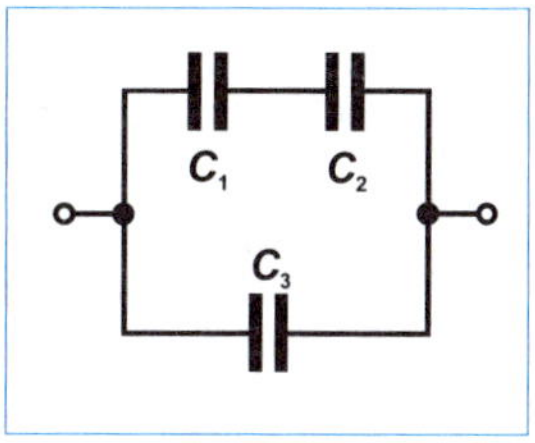


**29.** Gibt es Flüssigkeiten, in denen ein Ladungstransport durch Elektronenleitung erfolgt?

## Tipps und Hinweise zum Lösen der Übungsaufgaben

**24. b)** Der Abstand vom Kugelmittelpunkt ist entscheidend!

**25. b)** Abbremsung erfordert Gegenfeld; Kondensatorspannung über Feldstärke ermitteln

**26. a)** erst $R_1$ und $R_2$ durch $R_{12}$ ersetzen, dann $R_{12}$ und $R_3$ durch $R_{ges}$

**b)** $I$ über $U$ und $R_{ges}$ ermitteln, danach Stromteilerregel anwenden

**27. a)** zunächst die Kapazität $C$ des Kondensators ermitteln, dann $Q$

**b)** Arbeit-Energie-Beziehung $W = \Delta E$ anwenden

**28.** erst $C_1$ und $C_2$ durch $C_{12}$ ersetzen, dann $C_{12}$ und $C_3$ durch $C_{ges}$

## Lösungen der Übungsaufgaben

**24. a)** überschüssige Elektronen: $N = \dfrac{Q}{-e} = \dfrac{-2 \cdot 10^{-9}\,\text{C}}{-1{,}609 \cdot 10^{-19}\,\text{C}} \approx \underline{\underline{1{,}2 \cdot 10^{10}}}$

**b)** Abstand des Punktes $P$ vom Kugelmittelpunkt: $r = r_K + a = 0{,}28\,\text{m}$

mit $\varepsilon_r = 1$ folgt: $E(\text{P}) = E(r) = \dfrac{1}{4\pi \cdot \varepsilon_0} \cdot \dfrac{Q}{r^2} \approx \underline{\underline{-2{,}3 \cdot 10^2\,\dfrac{\text{V}}{\text{m}}}}$

**25. a)** $v = \sqrt{\dfrac{2 \cdot e \cdot U_B}{m_e}} \approx \underline{\underline{6{,}5 \cdot 10^6\,\dfrac{\text{m}}{\text{s}}}}$

**b)** Die Kondensatorspannung $U_C$ muss entgegengesetzt zu $U_B$ gepolt sein. Im Feld des Kondensators muss dabei auf einer Strecke von $s = 3\,\text{cm}$ (längs der Feldlinien) eine Spannung $U = 120\,\text{V}$ bestehen. Da das Feld homogen ist, gilt für die Feldstärke:

$$E = \frac{U}{s} = \frac{U_C}{d} \quad \Rightarrow \quad U_C = U \cdot \frac{d}{s} = \underline{\underline{160\,\text{V}}}$$

**26. a)** $R_{ges} = R_{12} + R_3 = \dfrac{R_1 \cdot R_2}{R_1 + R_2} + R_3 = \dfrac{10\,\Omega \cdot 40\,\Omega}{10\,\Omega + 40\,\Omega} + 20\,\Omega = \underline{\underline{28\,\Omega}}$

**b)** Aus $R_{ges} = \dfrac{U}{I}$ folgt: $I = \dfrac{U}{R_{ges}} = \dfrac{42\,\text{V}}{28\,\Omega} = 1{,}5\,\text{A}$

Stromteilerregel: $\dfrac{I_1}{I - I_1} = \dfrac{R_2}{R_1} \quad \Rightarrow \quad I_1 = I \cdot \dfrac{R_2}{R_1 + R_2} = \underline{\underline{1{,}2\,\text{A}}}$

Zudem sind: $U_1 = R_1 \cdot I_1 = \underline{\underline{12\,\text{V}}}$ und $P_1 = U_1 \cdot I_1 = \underline{\underline{14{,}4\,\text{W}}}$

**27. a)** Aus $C = \varepsilon_0 \cdot \varepsilon_r \cdot \dfrac{A}{d}$ folgt: $Q = C_1 \cdot U = \varepsilon_0 \cdot \varepsilon_r \cdot \dfrac{A}{d} \cdot U = \underline{\underline{1{,}8 \cdot 10^{-7}\,\text{C}}}$

**b)** Beim Entfernen des Dielektrikums verringert sich die Kapazität des Kondensators von $C_1$ auf $C_2 = C_1/\varepsilon_r$. Da die Ladung $Q$ dabei konstant bleibt, steigt die Kondensatorspannung gleichzeitig auf $U_2 = \varepsilon_r \cdot U_1$ an. Die zu verrichtende Arbeit entspricht der Zunahme der im Kondensator gespeicherten Energie: $W = \Delta E_{el}$. Daraus folgt:

$$W = E_{el,2} - E_{el,2} = \frac{1}{2} \cdot C_2 \cdot U_2^2 - \frac{1}{2} \cdot C_1 \cdot U_1^2. \text{ Mit } C_2 \cdot U_2^2 = \frac{C_1}{\varepsilon_r} \cdot (\varepsilon_r \cdot U_1)^2$$

$$W = \frac{1}{2} \cdot C_1 \cdot U_1^2 \cdot (\varepsilon_r - 1) = \frac{\varepsilon_0 \cdot \varepsilon_r \cdot A \cdot U_1^2}{2 \cdot d} \cdot (\varepsilon_r - 1) = \underline{\underline{1{,}8\,\text{mJ}}}$$

**28.** 1. Schritt: Ersetzen der Reihenschaltung von $C_1$ und $C_2$ durch $C_{12}$

Aus $\dfrac{1}{C_{12}} = \dfrac{1}{C_1} + \dfrac{1}{C_2}$ folgt: $C_{12} = \dfrac{C_1 \cdot C_2}{C_1 + C_2} = \dfrac{2\,\mu\text{F} \cdot 6\,\mu\text{F}}{2\,\mu\text{F} + 6\,\mu\text{F}} = 1{,}5\,\mu\text{F}.$

2. Schritt: Ersetzen der Parallelschaltung von $C_{12}$ und $C_3$ durch $C_{ges}$
Die Ersatzkapazität beträgt: $C_{ges} = C_{12} + C_3 = 1{,}5\,\mu\text{F} + 2\,\mu\text{F} = \underline{\underline{3{,}5\,\mu\text{F}}}$

**29.** Ja, in flüssigen Metallen.

# 7 Das magnetische Feld

## 7.1 Magnetismus

Ein **Magnet** ruft in seiner Umgebung Kraftwirkungen auf andere Magnete sowie auf bestimmte Stoffe (z. B. Eisen) hervor. Alle Magnete sind Dipole: Sie besitzen jeweils einen **Nord-** und einen **Südpol**. Ungleichnamige Pole ziehen einander an, gleichnamige Pole stoßen einander ab.

Ein Raum, in dem magnetische Kraftwirkungen auftreten, wird **Magnetfeld** (magnetisches Feld) genannt. Magnetfelder findet man in der Umgebung eines jeden Permanentmagneten, aber auch in der Umgebung stromdurchflossener Leiter (**Elektromagnetismus**).

Man kann Magnetfelder durch Feldlinienbilder veranschaulichen (Abb. 7.1). Die Feldlinien zeigen in diejenige Richtung, in die der Nordpol einer kleinen in das Feld gebrachten Magnetnadel im entsprechenden Feldpunkt weist. Feldlinien, welche senkrecht aus der Zeichenebene heraustreten werden durch ⊙ (Pfeilspitze) dargestellt; treten sie senkrecht in die Zeichenebene ein, so verwendet man ⊗ (Pfeilende).

Magnetfelder sind **Wirbelfelder**; alle Feldlinien sind in sich geschlossen.

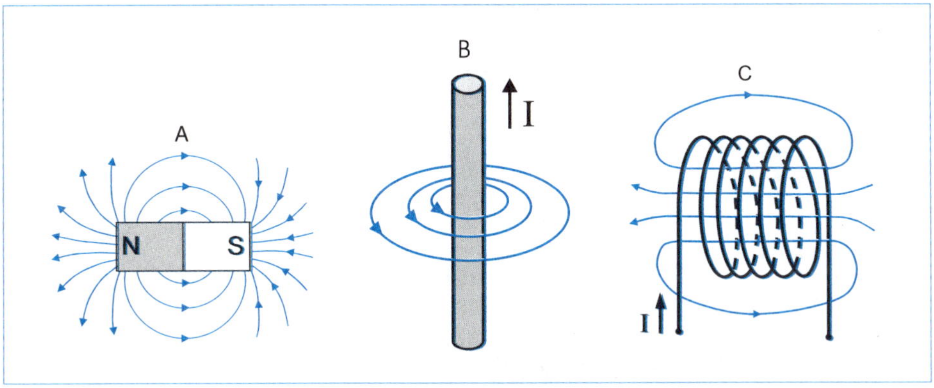


Abb. 7.1: Feldlinienbilder a) eines Dauermagneten, b) eines geraden, stromdurchflossenen Leiters sowie c) einer stromdurchflossenen Zylinderspule

Die Veranschaulichung des Magnetfeldes um einen geraden, stromdurchflossenen Leiter zeigt konzentrische Kreise, die in zum Leiter senkrechten Ebenen liegen (Abbildung 7.1 b). Die **Rechte-Hand-Regel** sagt dabei etwas über die Feldlinienrichtung aus: Weist der Daumen der rechten Hand in die (technische) Stromrichtung, so zeigen die gekrümmten Finger in Feldrichtung.

Das Feld im Innern einer lang gestreckten, stromdurchflossenen Zylinderspule (auch Solenoid genannt) entsteht durch Überlagerungen und ist annähernd homogen (Abbildung 7.1 c). Für die Richtung der Feldlinien gilt hier: Weisen die gekrümmten Finger der rechten Hand in die (technische) Stromrichtung, so zeigt der Daumen die Feldrichtung im Spuleninnern.

## 7.2 Kräfte im Magnetfeld

Ein gerader Leiter (Länge $l$) verlaufe senkrecht zu den Feldlinien in einem homogenen Magnetfeld. Fließt durch den Leiter ein Strom der Stärke $I$, so erfährt der Leiter eine magnetische Kraft $F_{mag} \sim I \cdot l$. Diese resultiert aus der Überlagerung des äußeren Magnetfeldes mit dem Magnetfeld des Leiters.

Über die Richtung von $\vec{F}_{mag}$ macht die **UVW-Regel** eine Aussage:

> Bilden Daumen, Zeige- und Mittelfinger der rechten Hand ein räumliches Dreibein und zeigen der Daumen in die technische Stromrichtung (Ursache) und der Zeigefinger in die Magnetfeldrichtung (Vermittlung), so gibt der Mittelfinger die Richtung der magnetischen Kraft (Wirkung) an.

Die **magnetische Flussdichte $\vec{B}$** charakterisiert die Stärke eines Magnetfeldes. Unter den oben genannten Bedingungen gilt:

► 7.1 $$B = \frac{F_{mag}}{I \cdot l}$$

► 7.2 Die Einheit von $\vec{B}$ ist das TESLA: $1\,\mathrm{T} = 1\,\frac{\mathrm{N}}{\mathrm{A \cdot m}} = 1\,\frac{\mathrm{V \cdot s}}{\mathrm{m}^2}$

Schließen der vom Strom der Stärke $I$ durchflossene Leiter und das $\vec{B}$-Feld einen Winkel $\alpha$ ein, so gilt:

► 7.3 $$F_{mag} = B \cdot I \cdot l \cdot \sin\alpha$$

Bewegt sich eine Ladung $Q$ mit der Geschwindigkeit $\vec{v}$ durch ein Magnetfeld der Flussdichte $\vec{B}$ senkrecht zu den Feldlinien, so wirkt auf sie eine **LORENTZ-Kraft $\vec{F}_L$** vom Betrag:

► 7.4 $$F_L = Q \cdot v \cdot B \quad (\vec{v} \perp \vec{B})$$

Die LORENTZ-Kraft $\vec{F}_L$ wirkt stets senkrecht zu $\vec{v}$ und senkrecht zu $\vec{B}$. Ihre Orientierung kann durch die UVW-Regel ermittelt werden, wobei der Daumen in die technische Stromrichtung (also für positive Ladungen in, für negative Ladungen entgegen deren Bewegungsrichtung) weisen muss.

Da die LORENTZ-Kraft wie eine Radialkraft stets senkrecht zur Bewegungsrichtung wirkt, werden bewegte Ladungen in homogenen Magnetfeldern auf Kreisbahnen abgelenkt.

Die magnetische Kraft auf einen stromdurchflossenen Leiter ist die Vektorsumme der LORENTZ-Kräfte auf die im Leiterinnern fließenden Ladungen. Ist $v$ der Betrag der Geschwindigkeit der Ladungsträger und $Q$ die gesamte Ladung, die in der Zeit $t$ durch den Leiter fließt, so kann man mit $I = Q/t$ und $l = v \cdot t$ Gleichung (7.3) umformen: $F_{mag} = Q \cdot v \cdot B \cdot \sin\alpha$ ► 7.5

Wir schlussfolgern: Bewegt sich eine Ladung $Q$ mit der Geschwindigkeit $\vec{v}$ durch ein Magnetfeld der Flussdichte $\vec{B}$ und schließen $\vec{B}$ und $\vec{v}$ den Winkel $\alpha$ ein, so beträgt die LORENTZ-Kraft: $F_L = Q \cdot v \cdot B \cdot \sin\alpha$ ► 7.6

Wird ein stromdurchflossener Leiter senkrecht zur Stromrichtung von einem Magnetfeld durchsetzt, so werden die fließenden Ladungen durch eine LORENTZ-Kraft seitlich abgelenkt. Quer zur ursprünglichen Stromrichtung stellt sich dadurch ein Ladungsgefälle ein. Man nennt dies **HALL-Effekt.**

Die **HALL-Spannung $U_H$** ist proportional zu $B$, so dass man durch die Messung der HALL-Spannung die Flussdichte eines magnetischen Feldes ermitteln kann. Dies geschieht mithilfe so genannter **HALL-Sonden**.

***Musteraufgabe 15***

?

Ein 0,4 m langer, waagerechter Draht befindet sich in einem homogenen Magnetfeld ($\vec{B} = 0{,}5\,\text{T}$), dessen Richtung mit dem Draht einen Winkel von 80° einschließt. Der Draht wird von einem Strom der Stärke $I = 2\,\text{A}$ durchflossen (Abb. 7.2).
Gesucht sind Betrag und Richtung der auf den Leiter wirkenden magnetischen Kraft $\vec{F}_{mag}$.

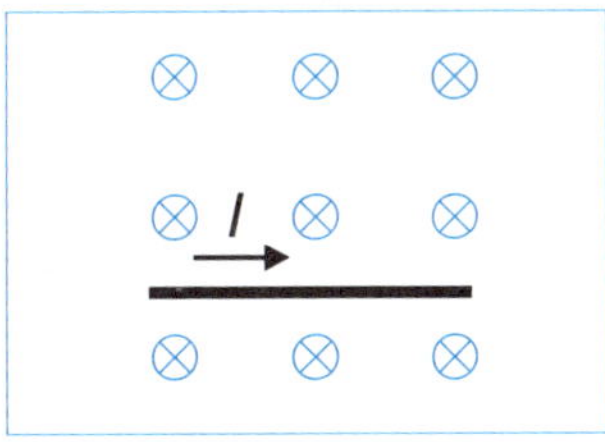


Abb. 7.2: Leiter im Magnetfeld

***Lösung***

!

Mithilfe der UVW-Regel findet man, dass die auf den Leiter wirkende magnetische Kraft $\vec{F}_{mag}$ nach oben gerichtet ist. Für ihren Betrag gilt:

$$F_{mag} = B \cdot I \cdot l \cdot \sin\alpha = 0{,}5\,\text{N} \cdot \text{A}^{-1} \cdot \text{m}^{-1} \cdot 2\,\text{A} \cdot 0{,}4\,\text{m} \cdot \sin 80° \approx \underline{\underline{0{,}4\,\text{N}}}$$

## 7.3 Materie im Magnetfeld

Im stofferfüllten Raum weist ein Magnetfeld i. Allg. eine andere Flussdichte $\vec{B}$ auf als im Vakuum ($\vec{B}_0$). Die stoffbedingte Änderung der Flussdichte wird durch die **Permeabilitätszahl $\mu_r$** beschrieben:

▸ 7.7 $$\mu_r = \frac{B}{B_0}$$

Im Vakuum beträgt $\mu_r = 1$. Je nach ihrem magnetischen Verhalten unterscheidet man ferromagnetische, paramagnetische und diamagnetische Stoffe.

| Ferromagnetika | Paramagnetika | Diamagnetika |
|---|---|---|
| verstärken das Magnetfeld enorm. | verstärken das Magnetfeld geringfügig. | schwächen das Magnetfeld geringfügig. |
| $\mu_r >> 1$ | $\mu_r > 1$ | $\mu_r < 1$ |
| Beispiele: Eisen, Nickel | Beispiele: Luft, Aluminium | Beispiele: Wasser, Kupfer |

Die **Flussdichte im Abstand *r* von einem geraden, von einem Strom *I* durchflossenen Leiter** beträgt:

▸ 7.8 $$B = \mu_0 \cdot \mu_r \cdot \frac{I}{2\pi \cdot r}$$

Die **Flussdichte im Innern einer lang gestreckten Zylinderspule** (Spulenstrom *I*, Länge *l*, Windungszahl *N*):

▸ 7.9 $$B = \mu_0 \cdot \mu_r \cdot I \cdot \frac{N}{l}$$

Dabei heißt **$\mu_0$ magnetische Feldkonstante**; diese hat den Wert:

▸ 7.10 $$\mu_0 = 4\pi \cdot 10^{-7}\,\frac{\mathrm{V \cdot s}}{\mathrm{A \cdot m}} \approx 1{,}257 \cdot 10^{-6}\,\frac{\mathrm{V \cdot s}}{\mathrm{A \cdot m}}$$

? ***Musteraufgabe 16***

Im Innern einer Zylinderspule ($N = 500$, $l = 30\,\mathrm{cm}$) mit Eisenkern misst man bei einem Spulenstrom der Stärke $I = 1{,}1\,\mathrm{A}$ eine Flussdichte von 0,8 T. Berechnen Sie die Permeabilitätszahl des verwendeten Eisens!

! ***Lösung***

$$\mu_r = \frac{B \cdot l}{N \cdot I \cdot \mu_0} = \frac{0{,}8\,\mathrm{T} \cdot 0{,}3\,\mathrm{m}}{500 \cdot 1{,}1\,\mathrm{A} \cdot 4\pi \cdot 10^{-7}\,\mathrm{V \cdot s \cdot A^{-1} \cdot m^{-1}}} \approx \underline{\underline{350}}$$

## 7.4 Die e/$m_e$-Bestimmung nach SCHUSTER

In einem Fadenstrahlrohr (WEHNELT-Röhre) befindet sich Wasserstoffgas unter geringem Druck. Zwischen der Glühkathode K und der durchbohrten Anode A liegt eine Spannung $U$ an, sodass sich ein Elektronenstrahl ausbildet. Dieser ist sichtbar, da er das Gas im Kolbeninnern zum Leuchten anregt. Nun stellt man das Fadenstrahlrohr so in das homogene Magnetfeld zwischen zwei HELMHOLTZ-Spulen, dass das $\vec{B}$-Feld senkrecht zur Bewegungsrichtung der Elektronen verläuft. Der Elektronenstrahl verläuft jetzt durch das Einwirken einer LORENTZ-Kraft kreisförmig.

Die LORENTZ-Kraft wirkt als Radialkraft:

$$e \cdot v \cdot B = \frac{m_e \cdot v^2}{r}$$ ► 7.11

Mit $v = \sqrt{\frac{2 \cdot e \cdot U}{m_e}}$ folgt daraus: $\frac{e}{m_e} = \frac{2 \cdot U}{B^2 \cdot r^2}$ ► 7.12

Den Quotienten $e/m_e$ nennt man **spezifische Ladung des Elektrons**
Messungen von $U$, $B$ und $r$ liefern: $e/m_e = 1{,}759 \cdot 10^{11}\,\mathrm{C \cdot kg^{-1}}$ ► 7.13

Mit dem Wert für $e$ erhält man daraus für die **Ruhemasse des Elektrons** den folgenden Wert: $m_{e,0} = 9{,}109 \cdot 10^{-31}\,\mathrm{kg}$ ► 7.14

## 7.5 Kombination von elektrischem und magnetischem Feld

**a) Gekreuzte Felder als Geschwindigkeitsfilter**
Das homogene elektrische Feld eines Plattenkondensators wird von einem homogenen magnetischen Feld so durchsetzt (gekreuzt), dass $\vec{E} \perp \vec{B}$ gilt. Treten nun Ionen (Ladung $q$) mit einer zu $\vec{E}$ und zu $\vec{B}$ senkrechten Geschwindigkeit $\vec{v}$ in die gekreuzten Felder ein, dann erfahren diese eine elektrische Kraft $\vec{F}_{el}$ und eine entgegengesetzt gerichtete LORENTZ-Kraft $\vec{F}_L$. Nur im Falle $F_{el} = F_L$ durchfliegen die Ionen die gekreuzten Felder geradlinig.

Dann gilt: $q \cdot v \cdot B = q \cdot E$ bzw. $v = \frac{E}{B}$ ► 7.15

Ergänzt man die Anordnung durch eine Spaltblende, so lässt sie sich als **Geschwindigkeitsfilter** (WIEN-Filter) verwenden (Abb. 7.3): Nur Ionen der Geschwindigkeit $v = E/B$ gelangen durch den Austrittsspalt; $E$ bzw. $B$ können leicht reguliert werden.

**b) Der Massenspektrograf**
Für einen einfachen Massenspektrografen benutzt man den oben beschriebenen Geschwindigkeitsfilter und sorgt dafür, dass das homogene Magnetfeld auch hinter dem Austrittsspalt vorhanden ist. Zudem stellt man eine Fotoplatte an geeigneter Stelle auf (Abb. 7.3).

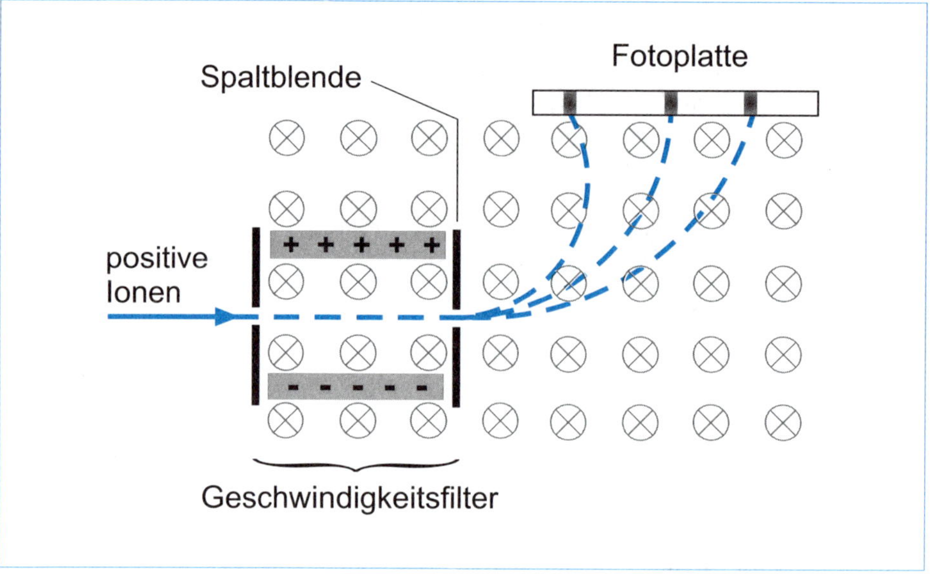


Abb. 7.3: Prinzip eines Massenspektrografen

Nachdem die Ionen (Ladung $q$, Masse $m$) den Geschwindigkeitsfilter verlassen haben, werden sie im verbliebenen Magnetfeld auf Kreisbahnen (Radius $r$) gezwungen. Wieder wirkt die LORENTZ-Kraft als Radialkraft.

► 7.16 Demnach gilt: $q \cdot v \cdot B = \frac{m \cdot v^2}{r}$ bzw. $\frac{q}{m} = \frac{v}{B \cdot r}$

► 7.17 Nach (7.15) beträgt $v = \frac{E}{B}$. Somit erhält man: $\frac{q}{m} = \frac{E}{B^2 \cdot r}$

Ionen mit der gleichen spezifischen Ladung $q/m$ werden demnach auf Kreisbahnen mit gleichen Radien gezwungen.

Die abgelenkten Ionen treffen auf die Fotoplatte und schwärzen diese. Jede geschwärzte Stelle auf der Fotoplatte kann eindeutig einem Radius $r$ und demzufolge einer bestimmten spezifischen Ladung zugeordnet werden. Kennt man $q$, so ermöglicht dies recht genaue Massenbestimmungen. Auf diese Weise ist es zum Beispiel möglich, verschiedene Isotope aufzufinden

**c) Das Zyklotron**

Ein Zyklotron besteht aus zwei hohlen, D-förmigen Elektroden, die sich im Vakuum befinden und von einem starken magnetischen Feld durchsetzt werden. An diesen Elektroden liegt eine Wechselspannung an. Im Zentrum des Gerätes befindet sich zudem eine Ionenquelle (Abb. 7.4). Die austretenden Ionen werden durch das Magnetfeld auf Kreisbahnen gezwungen.

Bei geeigneter Frequenz der Wechselspannung werden sie bei jedem Verlassen einer Elektrode jeweils zur anderen Elektrode hin beschleunigt. Dabei wächst ihre Geschwindigkeit $v$ und somit auch der Bahnradius $r$.

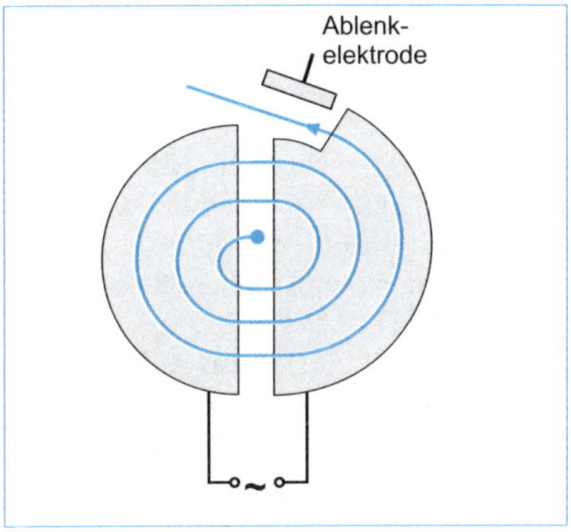


Abb. 7.4: Zyklotron

Aus der Kreisbahnbedingung $q \cdot v \cdot B = \frac{m \cdot v^2}{r}$ ergibt sich mit $\omega = \frac{v}{r}$ die für den Wechselstrom zu wählende

**Zyklotronfrequenz $\omega$**: $\omega = \frac{q}{m} \cdot B$ ► 7.18

Sie ist bei homogenem Magnetfeld konstant und unabhängig von Teilchengeschwindigkeit $v$ und Bahnradius $r$.

EINSTEIN fand heraus, dass die Gesamtenergie eines Körpers der Masse $m$ durch die **Masse-Energie-Beziehung** gegeben ist: $E^2 = m \cdot c^2$ ► 7.19

Dabei ist c die Vakuumlichtgeschwindigkeit $c = 3 \cdot 10^8\,\mathrm{m \cdot s^{-1}}$.

Es ist zu beachten, dass die Masse von der Geschwindigkeit $v$ abhängt. Man nennt sie deshalb dynamische Masse:

$$m = \frac{m_0}{\sqrt{1 - v^2/c^2}}$$ ► 7.20

Dabei ist $m_0$ die **Ruhemasse**, welche der Körper im Ruhezustand besitzt. Das Anwachsen von $m$ mit $v$ wird relativistischer **Massenzuwachs** genannt.

Der Massenzuwachs eines Körpers fällt für $v \leq 0{,}1\,c$ kaum ins Gewicht. Will man Elektronen auf Geschwindigkeiten $v > 0{,}1c$ bringen, so muss er jedoch bedacht werden. Dazu verwendet man ein **Synchrozyklotron**, bei dem der Massenzuwachs durch Anpassen von $\omega$ berücksichtigt wird.

Die kinetische Energie eines Körpers kann mittels (7.19) und (7.20) geschrieben werden als: $E_{kin} = E - E_0 = (m - m_0) \cdot c^2$ ► 7.21

Die Energie $E_0$ nennt man **Ruheenergie**: $E_0 = m_0 \cdot c^2$ ► 7.22

## 7.6 Übungsaufgaben

**30.** Nennen Sie einige Fakten zum Erdmagnetfeld!

**31.** Drei verschiedene Leiterschleifen befinden sich in einem örtlich begrenzten, homogenen Magnetfeld der Flussdichte $B = 0{,}3\,\text{T}$. Alle drei Leiterschleifen werden von einem Strom der Stärke $I = 4\,\text{A}$ durchflossen. Geben Sie an, welche Kraft auf jede einzelne Leiterschleife ($l_1 = 5\,\text{cm}$; $l_2 = 20\,\text{cm}$; $d = 15\,\text{cm}$) wirkt und begründen Sie!

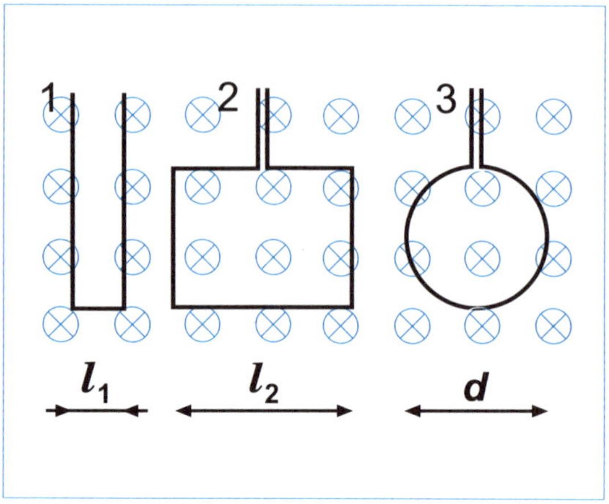


Abb. 7.5: Leiterschleifen im Magnetfeld

**32.** α-Teilchen ($q = 2e$) durchlaufen eine Beschleunigungsspannung $U_B = 200\,\text{V}$ und treten anschließend senkrecht zu den Feldlinien in ein homogenes Magnetfeld der Flussdichte $B = 0{,}1\,\text{T}$ ein. Dort beschreiben sie Kreisbahnen mit einem Radius von $r = 2{,}9\,\text{cm}$. Ermitteln Sie aus diesen Daten näherungsweise die Masse eines α-Teilchens!

**33.** Ein Ion tritt mit der Anfangsgeschwindigkeit $\vec{v}_0$ jeweils senkrecht zu den Feldlinien in ein homogenes Magnetfeld ein. Geben Sie an, in welche Richtung das Ion durch die LORENTZ-Kraft abgelenkt wird!

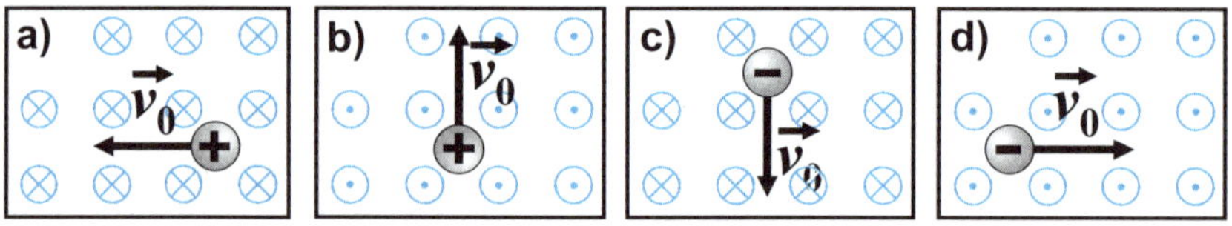


**34.** Zwei sehr lange, geradlinige Leiter verlaufen parallel zueinander im Abstand von 20 cm. Sie werden gegensinnig von zwei Strömen der Stärke $I_1 = 20\,\text{A}$ und $I_2 = 25\,\text{A}$ durchflossen. Welchen Betrag hat die magnetische Flussdichte in einem Punkt P auf der Symmetrieachse zwischen Leiter 1 und Leiter 2?

**35.** Überlagern sich magnetische Felder linear? Begründen Sie!

**36.** Welches unterschiedliche Verhalten zeigen para- und diamagnetische Stoffe in einem inhomogenen Magnetfeld?

**37.** In einem Zyklotron ($B = 1{,}3\,\text{T}$) werden Deuteronen ($m = 3{,}35 \cdot 10^{-27}\,\text{kg}$; $q = e$) bis zu einer Energie von 5 MeV beschleunigt.

**a)** Wie ist die Frequenz $f$ der Wechselspannung zu wählen?

**b)** Berechnen Sie die maximale Geschwindigkeit der Deuteronen sowie den maximalen Bahnradius!

## Tipps und Hinweise zum Lösen der Übungsaufgaben

**31.** Betrachtung der Teilkräfte, die auf einzelne Teilstücke einer Leiterschleife wirken

**32.** Geschwindigkeit $v$ der α-Teilchen auf zwei verschiedenen Wegen ausdrücken und durch Gleichsetzen eliminieren

**33.** UVW-Regel anwenden, dabei technische Stromrichtung beachten

**34.** gegenseitige Lage der $\vec{B}$-Vektoren im Punkt P durch Rechte-Hand-Regel ermitteln, anschließend Gesamtflussdichte berechnen, $\mu_r = 1$

**35.** Definition der magnetischen Flussdichte beachten

**37. b)** angegebene Energie ist kinetische Energie (Umrechnung der Einheit eV in die Einheit J); Kreisbahnbedingung nach $r$ auflösen

## Lösungen der Übungsaufgaben

**30.** Die Erde wirkt wie ein riesiger Magnet. Nach der Dynamotheorie entsteht das Erdmagnetfeld durch Kreisströme aufgrund einer Rotation des Erdkerns. Der magnetische Südpol liegt in der Nähe des geografischen Nordpols und umgekehrt. Aus dem Weltall kommende geladene Teilchen werden durch das Erdmagnetfeld auf Schraubenlinien zu den Polen hin abgelenkt. In Polnähe kommt es zur Umkehr der Bahnen; die meisten Teilchen werden so in einen Strahlungsgürtel eingeschlossen.

**31.** Die Teilkräfte in zueinander parallelen (und gleich langen) Teilstücken ein und derselben Leiterschleife heben einander auf. Aus diesem Grund wirkt auf Leiterschleife 2 wie auch auf Leiterschleife 3 insgesamt (nahezu) keine Kraft. Leiterschleife 1 erfährt eine Kraft, die durch das Teilstück der Länge $l_1$ bestimmt wird:

$$F_{mag} = B \cdot I \cdot l_1 \underline{\underline{= \ 0{,}06\,\text{N}}}$$

**32.** Beschleunigung im elektrischen Feld $\Rightarrow \quad v = \sqrt{\frac{2 \cdot q \cdot U_B}{m_\alpha}}$

Kreisbahnbedingung: $q \cdot v \cdot B = \frac{m_\alpha \cdot v^2}{r} \quad \Rightarrow \quad v = \frac{q \cdot B \cdot r}{m_\alpha}$

Gleichsetzen $\Rightarrow \quad m_\alpha = \frac{q \cdot B^2 \cdot r^2}{2 \cdot U_B} = \frac{e \cdot B^2 \cdot r^2}{U_B} \approx \underline{\underline{6{,}8 \cdot 10^{-27}\,\text{kg}}}$

**33. a)** nach unten, **b)** nach rechts, **c)** nach links, **d)** nach oben

**34.** Mittels der Rechte-Hand-Regel erkennt man: Die von $I_1$ bzw. $I_2$ verursachten magnetischen Flussdichten weisen in P in dieselbe Richtung.

$$B_P = B_{1,P} + B_{2,P} = \frac{\mu_0}{2\pi} \cdot \left(\frac{I_1}{r_1} + \frac{I_2}{r_2}\right) = \frac{4\pi \cdot 10^{-7}\,\text{V} \cdot \text{s}}{2\pi\,\text{A} \cdot \text{m}} \cdot \left(\frac{20\,\text{A}}{0{,}1\,\text{m}} + \frac{25\,\text{A}}{0{,}1\,\text{m}}\right) = \underline{\underline{90\,\mu\text{T}}}$$

**35.** Nach der Definition der magnetischen Flussdichte gilt für die Kraft auf einen stromdurchflossenen Leiter im Magnetfeld: $B \sim F$. An einem Ort, an dem sich zwei Magnetfelder der Flussdichte $\vec{B}_1$ bzw. $\vec{B}_2$ überlagern, erfährt der Leiter zwei Kräfte $\vec{F}_1$ bzw. $\vec{F}_2$. Beide Kräfte überlagern sich linear zu $\vec{F}_{ges} = \vec{F}_1 + \vec{F}_2$.

Wegen $F_{ges} \sim B_{ges}$ muss für die Flussdichten analog die lineare Überlagerung gelten:

$\vec{B}_{ges} = \vec{B}_1 + \vec{B}_2$.

**36.** Da paramagnetische Stoffe ein äußeres Magnetfeld geringfügig verstärken, werden sie in Richtung wachsender Feldstärke gezogen. Diamagnetische Stoffe werden hingegen in Richtung abnehmender Feldstärke gezogen.

**37. a)** Aus $\omega = \frac{q}{m} \cdot B$ folgt mit $\omega = 2\pi \cdot f$: $f = \frac{q \cdot B}{2\pi \cdot m} \approx \underline{\underline{9{,}9\,\text{MHz}}}$

**b)** $E_{kin} = \frac{m}{2} \cdot v^2 \quad \Rightarrow \quad v_{\max} = \sqrt{\frac{2 \cdot E_{kin}}{m}} \approx \underline{\underline{2{,}2 \cdot 10^7\,\frac{\text{m}}{\text{s}}}} < 0{,}1\,\text{c}$

$q \cdot v \cdot B = \frac{m \cdot v^2}{r} \quad \Rightarrow \quad r_{\max} = \frac{m \cdot v_{\max}}{q \cdot B} = \frac{m \cdot v_{\max}}{e \cdot B} \approx \underline{\underline{35\,\text{cm}}}$

# 8 Elektromagnetische Induktion

## 8.1 Induktionsvorgänge

Ein ebenes Flächenstück $A$ werde von einem homogenen Magnetfeld der Flussdichte $\vec{B}$ durchsetzt, wobei $\vec{B}$ und die Flächennormale einen Winkel $\varphi$ einschließen. Dann ist der **magnetische Fluss $\Phi$** das Produkt: $\Phi = B \cdot A \cdot \cos\varphi$ ► 8.1

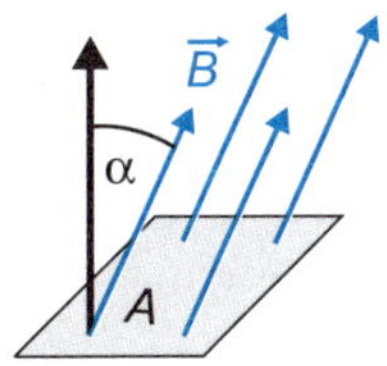


Die zugehörige Einheit ist das WEBER:

$1\,\mathrm{Wb} = 1\,\mathrm{T} \cdot \mathrm{m}^2 = 1\,\mathrm{V} \cdot \mathrm{s}$ ► 8.2

Eine Leiterschleife befinde sich in einem Magnetfeld. Ändert sich der von der Leiterschleife umfasste magnetische Fluss $\Phi$, so misst man zwischen den Enden der Leiterschleife währenddessen eine **Induktionsspannung $U_{ind}$**.

Dabei kann die Änderung $\Delta\Phi$ des magnetischen Flusses aus der Veränderung von $\vec{B}$ und / oder einer Bewegung der Leiterschleife resultieren.

## 8.2 LENZsche Regel und Induktionsgesetz

Fließt unter dem Einfluss einer Induktionsspannung $U_{ind}$ ein Strom, so spricht man von einem Induktionsstrom. Die Richtung des Induktionsstromes ist durch die **LENZsche Regel** festgelegt:

> Die Induktionsspannung bzw. der Induktionsstrom sind so gerichtet, dass sie der Ursache des Induktionsvorganges entgegenwirken.

Würde der Induktionsstrom nicht seiner Ursache entgegenwirken, so würde der Induktionsvorgang sich selbst verstärken. Dies wäre ein Widerspruch zum Energieerhaltungssatz! Mithilfe der LENZschen Regel können wir nun das **Induktionsgesetz** allgemein gültig formulieren:

> Ändert sich der magnetische Fluss $\Phi$, der eine Leiterschleife durchsetzt, so wird dabei eine Spannung $U_{ind}$ induziert:
>
> $$U_{ind} = -\frac{\mathrm{d}\Phi}{\mathrm{d}t}$$ ► 8.3

Oftmals ist es günstig, das Induktionsgesetz als $U_{ind} = -\Delta\Phi / \Delta t$ oder in der integralen Form:

► 8.4 $\int_{t_1}^{t_2} U_{ind}(t)\mathrm{d}t = -\Delta\Phi = \Phi(t_1) - \Phi(t_2)$ zu verwenden.

Das Integral $\int_{t_1}^{t_2} U(t)\mathrm{d}t$ nennt man einen **Spannungsstoß**.

Induktionsspannungen werden durch LORENTZ-Kräfte auf die beweglichen Ladungsträger im Leiterinnern verursacht. Damit ist auch erklärbar, dass an den Enden eines geraden Leiters, der senkrecht zu den Feldlinien durch ein Magnetfeld bewegt wird, eine Induktionsspannung auftritt (→ Aufgabe 38).

**?**

***Musteraufgabe 17***

Eine rechteckige Leiterschleife (Maße: $a = 4\,\text{cm}$, $l = 2\,\text{cm}$) bewege sich mit konstanter Geschwindigkeit ($v = 0{,}5\,\text{cm/s}$) durch ein räumlich begrenztes, homogenes Magnetfeld der Flussdichte $B = 0{,}05\,\text{T}$. Die Feldlinien sollen die Leiterschleife senkrecht durchsetzen; zudem gelte $\vec{v} \perp \vec{B}$. Zur Zeit $t_1 = 2\,\text{s}$ trete die Vorderkante der Leiterschleife aus dem Magnetfeld aus. Geben Sie die Induktionsspannung in Abhängigkeit von der Zeit $t$ an!

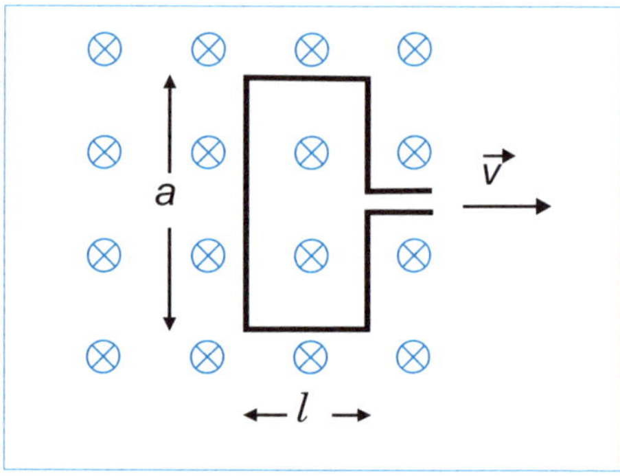


Abb. 8.2: Induktionsversuch mit einer Leiterschleife

**!**

***Lösung***

Für $0\,\text{s} \leq t < 2\,\text{s}$ wird keine Spannung induziert, da sich während dieses Zeitraums der magnetische Fluss $\Phi$, der die Leiterschleife durchsetzt, nicht ändert, also $U_{ind} = \underline{\underline{0\,\text{V}}}$.

Zur Zeit $t_1 = 2\,\text{s}$ beginnt die Leiterschleife, das Magnetfeld zu verlassen. Dieser Vorgang dauert

$$\Delta t = \frac{l}{v} = \frac{2\,\text{cm}}{0{,}5\,\text{cm}\cdot\text{s}^{-1}} = 4\,\text{s}.$$

Währenddessen nimmt die von den Feldlinien senkrecht durchsetzte Leiterfläche gleichmäßig ab.

Es gilt: $\frac{\Delta\Phi}{\Delta t} = \frac{\Delta(B\cdot A)}{\Delta t} = \frac{B\cdot\Delta A}{\Delta t} = B\cdot\left(-\frac{a\cdot\Delta l}{\Delta t}\right) = -B\cdot a\cdot v$

Für $2\,\text{s} \leq t < 6\,\text{s}$ erhält man damit: $U_{ind} = -\frac{\Delta\Phi}{\Delta t} = B\cdot a\cdot v = \underline{\underline{0{,}1\,\text{V}}}$

Zur Zeit $t_2 = 6\,\text{s}$ hat die Leiterschleife das Magnetfeld vollständig verlassen. Für $t > 6\,\text{s}$ wird somit keine Spannung mehr induziert.

## 8.3 Selbstinduktion

Schaltet man eine Glühlampe 1 parallel zur Reihenschaltung einer Glühlampe 2 und einer Spule mit sehr großer Windungszahl und geschlossenen Eisenkern, so kann man beim Einschalten feststellen, dass die Glühlampe 2 zeitlich verzögert aufleuchtet. Der Grund dafür ist eine **Selbstinduktion** innerhalb der Spule: Der Spulenstrom baut ein Magnetfeld auf. Das Anwachsen der Stromstärke wirkt auf dieses Magnetfeld zurück und verursacht eine Induktionsspannung. Allgemein gilt:

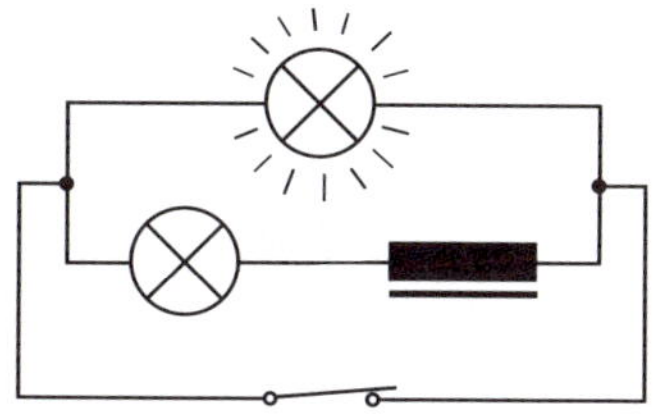

Abb. 8.3: Selbstinduktion beim Einschaltvorgang

In einem beliebigen Leiterkreis bewirkt jede Änderung der Stromstärke eine Selbstinduktionsspannung, die der Stromstärkeänderung entgegenwirkt.

Die Änderung der Stromstärke bewirkt eine Änderung der Flussdichte des Magnetfeldes des Leiterkreises. Da die Flussdichte stets proportional zur Stromstärke ist, gilt auch:

$$\frac{dB}{dt} \sim \frac{dI}{dt} \text{ und somit } \frac{d\Phi}{dt} = \frac{d(A \cdot B)}{dt} \sim \frac{dI}{dt}$$

Aufgrund des Induktionsgesetzes folgt daraus:

$$U_{ind} \sim -\frac{dI}{dt}$$ ▸ 8.5

Die durch Selbstinduktion in einem Leiterkreis induzierte Spannung $U_{ind}$ ist proportional zur momentanen Änderungsrate der Stromstärke. Der zugehörige Proportionalitätsfaktor heißt die **Induktivität *L*** des Leiterkreises.

In Kurzform erhält man: $U_{ind} = -L \cdot \frac{dI}{dt}$ ▸ 8.6

Die Einheit der Induktivität ist das HENRY: $1\,H = 1\,V \cdot s \cdot A^{-1}$ ▸ 8.7

## 8.4 Induktionsvorgänge in Spulen

Eine Spule mit $N$ Windungen lässt sich als Reihenschaltung von $N$ Leiterschleifen auffassen. Wird in solch einer Spule eine Spannung induziert, so beträgt diese:

$$U_{ind} = -N \cdot \frac{d\Phi}{dt}$$ ▸ 8.8

Sind $l$ die Länge, $A$ der Querschnitt der Spule sowie $I$ der Spulenstrom, so beträgt die Flussdichte im Spuleninnern

$$B = \mu_0 \cdot \mu_r \cdot I \cdot \frac{N}{l}$$

Jede Windung wird somit von einem magnetischen Fluss $\Phi = B \cdot A = \mu_0 \cdot \mu_r \cdot \frac{N}{l} \cdot I \cdot A$ durchsetzt.
Ändert sich nun die Stärke des Spulenstromes, so kommt es zu Selbstinduktion. Dabei beträgt die Induktionsspannung:

► 8.9 $$U_{ind} = -N \cdot \frac{d\Phi}{dt} = -N \cdot \frac{d\left(\mu_0 \cdot \mu_r \cdot \frac{N}{l} \cdot I \cdot A\right)}{dt} = -\mu_0 \cdot \mu_r \cdot \frac{N^2}{l} \cdot A \cdot \frac{dI}{dt}$$

Ein Vergleich mit (8.6) liefert eine Formel für die **Induktivität $L$ einer lang gestreckten Zylinderspule**:

► 8.10 $$L = \mu_0 \cdot \mu_r \cdot \frac{N^2}{l} \cdot A$$

Für die Reihen- bzw. Parallelschaltung von n Spulen gelten bei:

| | Reihenschaltung | Parallelschaltung |
|---|---|---|
| Gesamtinduktivität | $L_{ges} = L_1 + L_2 + \ldots + L_n$ | $\frac{1}{L_{ges}} = \frac{1}{L_1} + \frac{1}{L_2} + \ldots + \frac{1}{L_n}$ |

Zum Aufbau eines magnetischen Feldes muss Arbeit verrichtet werden. Die aufgewandte Arbeit wird im Magnetfeld als Energie gespeichert. Beim Zusammenbrechen des Feldes wird diese Energie wieder frei.

Das Magnetfeld eines von einem Strom $I$ durchflossenen Leiters mit einer Induktivität $L$ speichert die Energie:

► 8.12 $$E_{mag} = \frac{1}{2} \cdot L \cdot I^2$$

**?** ***Musteraufgabe 18***
Durch eine Spule ($N = 1500$; $l = 40\,\text{cm}$; $A = 8\,\text{cm}^2$; $\mu_r \approx 250$) fließt ein Strom der Stärke $I = 3\,\text{A}$. Berechnen Sie die Induktivität der Spule sowie die Spannung, die während des Ausschaltvorgangs ($\Delta t \approx 0{,}02\,\text{s}$) induziert wird.

**!** ***Lösung***

$$L = \mu_0 \cdot \mu_r \cdot \frac{N^2}{l} \cdot A = 4\pi \cdot 10^{-7}\,\frac{\text{V}\cdot\text{s}}{\text{A}\cdot\text{m}} \cdot 250 \cdot \frac{1500^2}{0{,}4\,\text{m}} \cdot 8 \cdot 10^{-4}\,\text{m}^2 \approx \underline{\underline{1{,}4\,\text{H}}}$$

$$U_{ind} = -L \cdot \frac{\Delta I}{\Delta t} = -1{,}4\,\frac{\text{V}\cdot\text{s}}{\text{A}} \cdot \frac{-3\,\text{A}}{0{,}02\,\text{s}} \approx \underline{\underline{210\,\text{V}}}$$

## 8.5 Vergleich von elektrischem und magnetischem Feld

| **elektrisches Feld** | **magnetisches Feld** |
|---|---|
| elektrische Kraft $F_{el} = Q \cdot E$ | LORENTZ-Kraft $F_L = Q \cdot v \cdot B \cdot \sin(\vec{v};\, \vec{B})$ |
| elektrische Ladung $Q = D \cdot A$ | magnetischer Fluss $\Phi = B \cdot A \cdot \cos(\vec{B};\, \vec{A})$ |
| elektrische Stromstärke $I = dQ/dt$ | induzierte Spannung $U_{ind} = -d\Phi/dt$ |
| Jede zeitliche Änderung eines elektrischen Feldes verursacht ein magnetisches Wirbelfeld. | Jede zeitliche Änderung eines magnetischen Feldes verursacht ein elektrisches Wirbelfeld. |
| Energie des geladenen Kondensators $E_{el} = \frac{1}{2} \cdot C \cdot U^2$ | Energie der stromdurchflossenen Spule $E_{mag} = \frac{1}{2} \cdot L \cdot I^2$ |
| Ein- und Ausschaltvorgang an einem Kondensator | Ein- und Ausschaltvorgang an einer Spule |
| 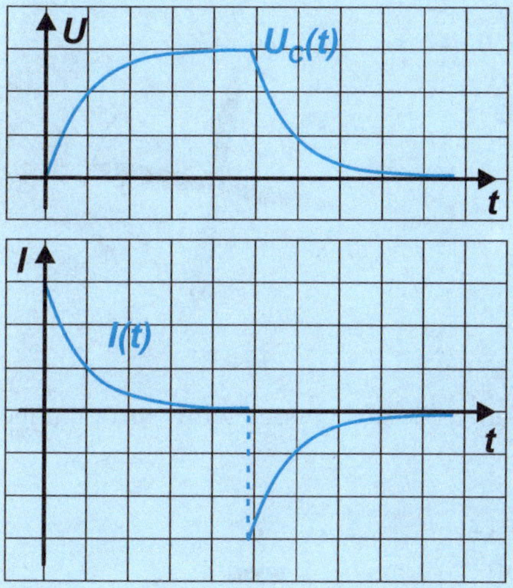 | 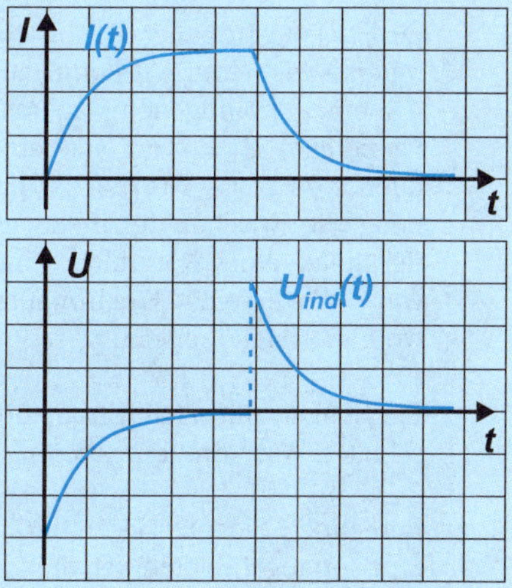 |
| Es kommt zu einem Stromsprung. | Es kommt zu einem Spannungssprung. |

## 8.6 Übungsaufgaben

**38.** Wird ein Metallstab der Länge $l$ senkrecht zu den Feldlinien eines homogenen Magnetfeldes der Flussdichte $\vec{B}$ mit der Geschwindigkeit $\vec{v}$ bewegt, so kann man zwischen den beiden Stabenden eine Induktionsspannung $U_{ind}$ messen. Erläutern Sie die Entstehung dieser Spannung und geben Sie eine quantitative Beziehung für $U_{ind}$ an!

**39.** Im Innern einer lang gestreckten Zylinderspule ($N_1 = 1000$, $l_1 = 15\,\text{cm}$; $A_1 = 5\,\text{cm}^2$) befindet sich eine kleinere Induktionsspule ($N_2 = 400$, $l_2 = 7\,\text{cm}$; $A_2 = 3\,\text{cm}^2$). Beide Spulenachsen verlaufen parallel zueinander. In der äußeren Spule fällt der Strom in 2 s von 0,5 A auf 0 A ab.

**a)** Wie groß ist die in der Induktionsspule induzierte Spannung?

**b)** Verbindet man die beiden Enden der Induktionsspule miteinander, so fließt ein Induktionsstrom. Wie ist dieser gerichtet?

**40.** Eine Aluminiumscheibe schwingt senkrecht zu den Feldlinien durch ein begrenztes, homogenes Magnetfeld hindurch. Erläutern Sie, wie die Bewegung der Scheibe dadurch beeinflusst wird!

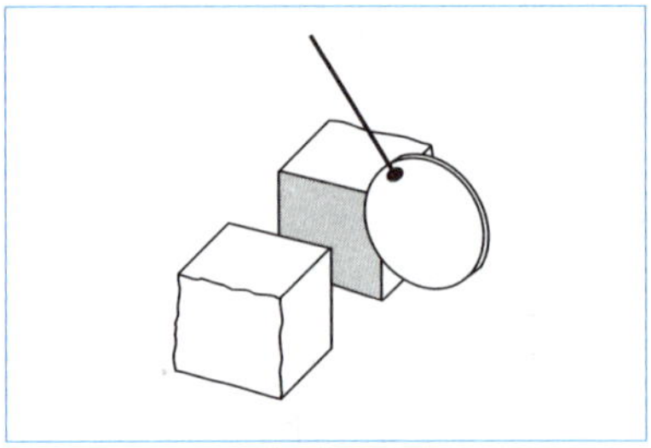

**41.** Ein Flugzeugpropeller (Radius $r = 0{,}6\,\text{m}$) rotiert – wie in der Abbildung zu sehen – in einem homogenen Magnetfeld der Flussdichte $B = 3\,\text{mT}$ mit einer Frequenz von 12 Hz. Wie groß ist die Spannung, die zwischen der Drehachse und der Spitze eines Rotorblattes induziert wird? Wo herrscht Elektronenmangel, wo Elektronenüberschuss?

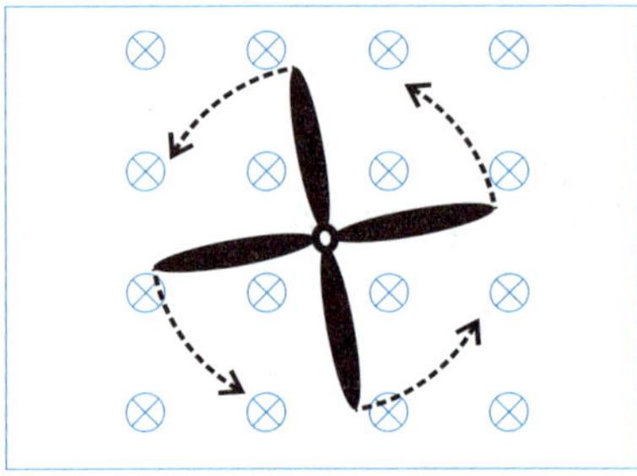

Abb. 8.5: Induktion am rotierenden Propeller

**42.** Ein starker, mit Gleichstrom betriebener Elektromagnet wird abrupt abgeschaltet. Was könnte passieren?

**43.** Berechnen Sie die Gesamtinduktivität $L_{ges}$ der abgebildeten Schaltung, wenn die Induktivitäten im Einzelnen $L_1 = 0{,}6\,\text{H}$; $L_2 = 0{,}3\,\text{H}$ sowie $L_3 = L_4 = 0{,}1\,\text{H}$ betragen.

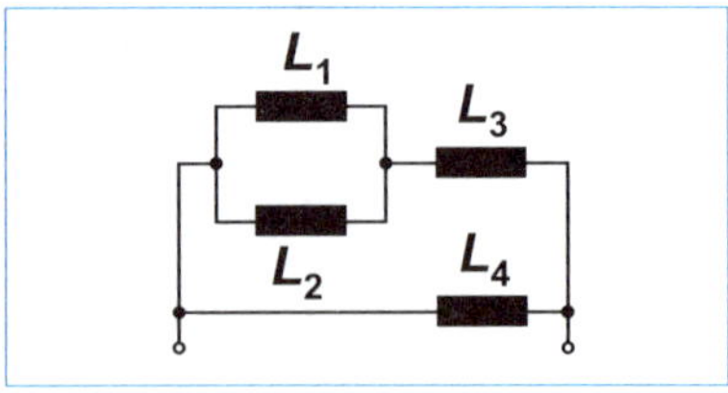


**44.** Wann hat eine Spule eine Induktivität der Größe 1 H?

## Tipps und Hinweise zum Lösen der Übungsaufgaben

**38.** auf Leitungselektronen wirken LORENTZ-Kraft und elektrische Feldkraft; Stillstand der Elektronen bei Kräftegleichgewicht

**39.** Induktionsgesetz auf Induktionsspule anwenden; $\Delta\Phi$ resultiert aus der Änderung des $\vec{B}$-Feldes der äußeren Spule bei Abnahme des Spulenstromes; Richtung des Induktionsstromes über LENZsche Regel

**40.** LENZsche Regel anwenden

**41.** $\Delta\Phi$ aus der in der Zeit $\Delta t$ überstrichenen Fläche $\Delta A$ ermitteln; Bewegungsrichtung der Elektronen: UVW-Regel benutzen

**42.** abruptes Abschalten heißt abrupte Stromstärkeänderung

**43.** Erst die Parallelschaltung von $L_1$ und $L_2$ durch $L_{12}$ ersetzen, dann die Reihenschaltung von $L_{12}$ und $L_3$ durch $L_{123}$ ersetzen.
$L_{ges}$ ergibt sich aus der Parallelschaltung von $L_{123}$ und $L_4$.

## Lösungen der Übungsaufgaben

**38.** Die freien Elektronen des Stabes erfahren eine LORENTZ-Kraft vom Betrag $F_L = e \cdot v \cdot B$. Diese bewirkt, dass die freien Elektronen zu einem Ende des Stabes hin verschoben werden. Entlang des Stabes bildet sich ein elektrisches Feld aus, sodass man zwischen den beiden Enden des Stabes eine Induktionsspannung $U_{ind}$ feststellt.

Die elektrische Feldstärke zwischen den Stabenden beträgt: $E = \dfrac{U_{ind}}{l}$.

Das elektrische Feld verursacht eine elektrische Kraft $\vec{F}_{el} = e{\cdot}\vec{E}$ auf die Elektronen, die der LORENTZ-Kraft $\vec{F}_L$ entgegenwirkt. Die Ladungsverschiebung im Stab stoppt, sobald sich ein Kräftegleichgewicht einstellt. Dann ist $F_L = F_{el}$, also $e \cdot v \cdot B = e \cdot E = e \cdot U_{ind}/l$.

Daraus erhält man schließlich: $\underline{\underline{U_{ind} = l \cdot v \cdot B}}$

**39. a)** $U_{ind} = -N_2 \cdot \dfrac{\Delta\Phi}{\Delta t} = -N_2 \cdot A_2 \cdot \dfrac{\Delta B_1}{\Delta t}$.

Mit $B_1 = \mu_0 \cdot \mu_r \cdot \dfrac{N_1}{l_1} \cdot I_1$ folgt daraus:

$$U_{ind} = -N_2 \cdot A_2 \cdot \mu_0 \cdot 1 \cdot \frac{N_1}{l_1} \cdot \frac{\Delta I_1}{\Delta t} \approx \underline{\underline{2{,}5 \cdot 10^{-4}\,\mathrm{V}}}$$

**b)** Nach der LENZschen Regel muss der Induktionsstrom so gerichtet sein, dass das daraus resultierende Magnetfeld das zusammenbrechende Magnetfeld der äußeren Spule aufrecht zu erhalten versucht.

**40.** Bei der Bewegung in das bzw. aus dem Magnetfeld ändert sich der magnetische Fluss, welcher den Ring durchsetzt. Dadurch werden in der Scheibe Kreisströme (Wirbelströme) induziert. Die Ströme sind nach der LENZschen Regel so gerichtet, dass sie ihrer Ursache – also der Pendelbewegung – entgegenwirken. Die induzierten Kreisströme erzeugen ein Magnetfeld, das beim Hineinpendeln dem äußeren Magnetfeld entgegenwirkt und beim Herauspendeln das äußere Magnetfeld verstärkt. Dadurch wird das Pendel abgebremst.

HINWEIS **Hinweis:** Wirbelstrombremsen beruhen auf dem gleichen Prinzip.

**41.** Man benutzt das Induktionsgesetz in der Form: $U_{ind} = \frac{\Delta\Phi}{\Delta t}$

Jedes Propellerblatt überstreicht in der Umlaufzeit $T$ eine Fläche $\pi \cdot r^2$.

Wegen $B = konstant$, ist $\frac{\Delta\Phi}{\Delta t} = B \cdot \frac{\Delta A}{\Delta t} = B \cdot \frac{\pi \cdot r^2}{T} = B \cdot \pi \cdot r^2 \cdot f$

$$|U_{ind}| = \left|\frac{\Delta\Phi}{\Delta t}\right| = B \cdot \pi \cdot r^2 \cdot f = 0{,}003\,\frac{\mathrm{V \cdot s}}{\mathrm{m^2}} \cdot \pi \cdot (0{,}6\,\mathrm{m})^2 \cdot 12\,\mathrm{s^{-1}} \approx \underline{\underline{0{,}04\,\mathrm{V}}}$$

UVW-Regel: Daumen in Bewegungsrichtung der Propellerblattspitze (U), Zeigefinger in Richtung der magnetischen Feldlinien (V) → Mittelfinger *entgegen* der Bewegungsrichtung der Elektronen (W).
Ergebnis: An der Propellerblattspitze herrscht Elektronenüberschuss, an der Drehachse Elektronenmangel.

**42.** Bei einem abrupten Abschalten ändert sich die Stromstärke in einer sehr kurzen Zeit um einen beträchtlichen Wert. Dies hat eine große Induktionswirkung zur Folge, die das Gerät zerstören könnte.

**43.** Parallelschaltung von $L_1$ und $L_2$: $L_{12} = \frac{L_1 \cdot L_2}{L_1 + L_2} = 0{,}2\,\mathrm{H}$.

Reihenschaltung von $L_{12}$ und $L_3$: $L_{123} = L_{12} + L_3 = 0{,}3\,\mathrm{H}$.

Parallelschaltung von $L_{123}$ und $L_4$: $L_{ges} = \frac{L_{123} \cdot L_4}{L_{123} + L_4} \underline{\underline{= 75\,\mathrm{mH}}}$.

**44.** Eine Spule hat die Induktivität 1 H, wenn in ihr bei einer gleichmäßigen Stromstärkeänderung von 1 A pro Sekunde durch Selbstinduktion eine Spannung von 1 V induziert wird.

# 9 Elektrische Schwingungen

## 9.1 Wechselspannung und Wechselstrom

Eine Wechselspannung (ein Wechselstrom) ist eine Spannung (ein Strom), der Form: $U(t) = \hat{U} \cdot \sin t$ bzw. $I(t) = \hat{I} \cdot \sin \omega t$ ► 9.1

Man nennt die Höchstwerte $\hat{U}$ bzw. $\hat{I}$ die **Scheitelwerte**, $U(t)$ und $I(t)$ die **Momentanwerte** und $\omega$ die Kreisfrequenz.

**Generatorprinzip**: Rotiert eine Leiterschleife (Abb. 9.1) mit konstanter Winkelgeschwindigkeit $\omega$ in einem homogenen Magnetfeld, so wird in ihr eine Wechselspannung induziert.

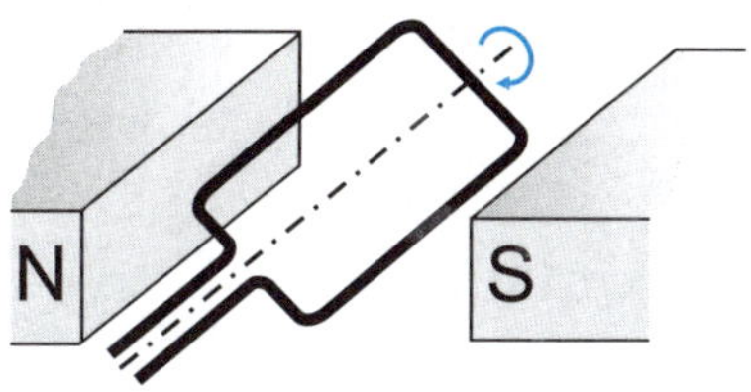


Abb. 9.1: Prinzipskizze zur Erzeugung einer Wechselspannung

Sind $A$ die Fläche der Leiterschleife und $B$ die Flussdichte des Magnetfeldes, so ist:

$$U_{ind} = -\frac{\mathrm{d}\Phi}{\mathrm{d}t} = -B \cdot \frac{\mathrm{d}A_{\perp}}{\mathrm{d}t} = -B \cdot A \cdot \frac{\mathrm{d}}{\mathrm{d}t}(\cos \omega t) = B \cdot A \cdot \omega \cdot \sin \omega t$$

Mit $B \cdot A \cdot \omega = konstant = \hat{U}$ folgt daraus: $U_{ind} = \hat{U} \cdot \sin \omega t$.

Der **Effektivwert** der Stromstärke (der Spannung) eines Wechselstromes ist diejenige Stromstärke $I_{eff}$ (Spannung $U_{eff}$), die ein Gleichstrom haben muss, um (in einem längeren Zeitraum) an einem OHMschen Widerstand dieselbe Leistung umzusetzen wie der Wechselstrom.

Es gelten die Beziehungen: $I_{eff} = \frac{\hat{I}}{\sqrt{2}}$ und $U_{eff} = \frac{\hat{U}}{\sqrt{2}}$ ► 9.2

HINWEIS

**Hinweis:** Spricht man bei Wechselströmen nur von der Spannung $U$ oder der Stromstärke $I$, so sind damit i. Allg. die Effektivwerte gemeint. Unsere Netzspannung ist eine Wechselspannung mit $U_{eff} = 230\,\text{V}$ und $f = 50\,\text{Hz}$.

## 9.2 Wechselstromwiderstände

Legt man eine Wechselspannung an einen rein OHMschen Widerstand an, so erreichen Spannung und Stromstärke jeweils gleichzeitig ihre Maximalwerte; man sagt auch, sie sind phasengleich. Legt man hingegen eine Wechselspannung an eine Spule bzw. einen Kondensator an, so wird der Stromfluss durch Selbstinduktion bzw. begrenzte Kapazität mehr oder weniger behindert. Dadurch ist bei diesen Bauelementen die Spannung gegenüber der Stromstärke um einen Winkel $\varphi$ phasenverschoben. Spulen bzw. Kondensatoren besitzen im Wechselstromkreis einen **Wechselstromwiderstand**. Dieser wird **induktiver Widerstand $X_L$** bzw. **kapazitiver Widerstand $X_C$** genannt:

► 9.3 $$X_L = \frac{\hat{U}_L}{\hat{I}_L} = \omega \cdot L \quad \text{bzw.} \quad X_C = \frac{\hat{U}_C}{\hat{I}_C} = \frac{1}{\omega \cdot C}$$

BEACHTE

**Beachte:** Induktiver und kapazitiver Widerstand sind frequenzabhängig!

| Typ | **OHMscher Widerstand *R* (elektrischer Leiter)** | **Induktiver Widerstand $X_L$ (Spule)** | **Kapazitiver Widerstand $X_C$ (Kondensator)** |
|---|---|---|---|
| Schaltbild | 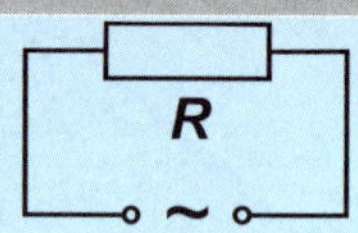  | 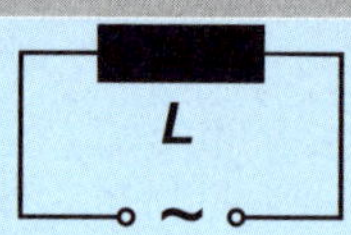  | 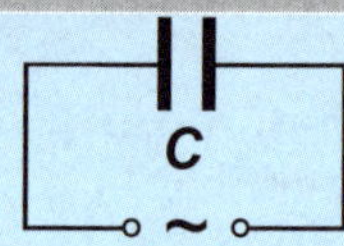  |
| Formel | $R = \sigma \cdot \frac{l}{A}$<br>Wirkwiderstand | $X_L = \omega \cdot L = 2\pi \cdot f \cdot L$<br>frequenzabhängige Blindwiderstände | $X_C = \frac{1}{\omega \cdot C} = \frac{1}{2\pi \cdot f \cdot C}$ |
| *U*/*I*-*t*-Diagramm | 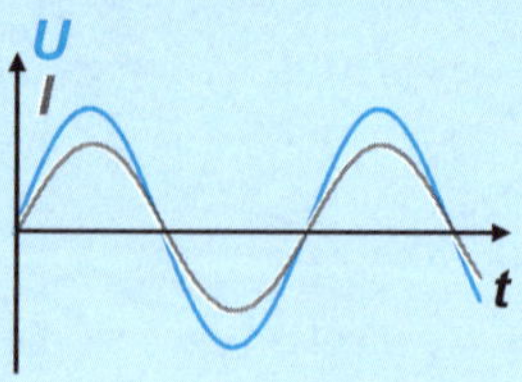  | 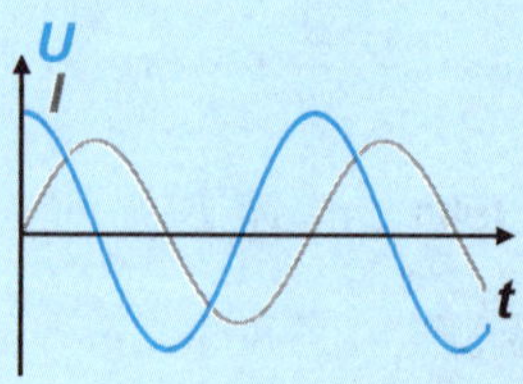  | 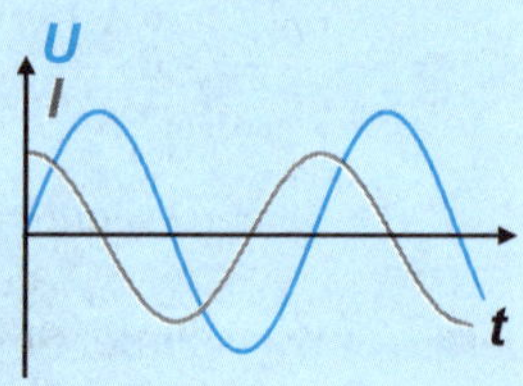  |
| Zeiger | 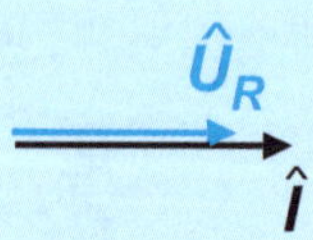  | 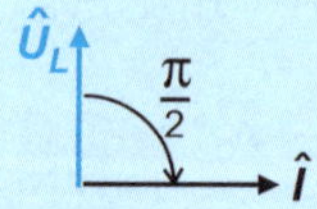  | 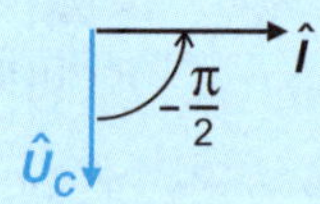  |
| Phase | $\varphi = 0° = 0$ | $\varphi = 90° = +\frac{\pi}{2}$ | $\varphi = -90° = -\frac{\pi}{2}$ |
| TIPP | Spannung und Strom sind phasengleich. | Die Spannung eilt dem Strom um 90° voraus. | Die Spannung bleibt gegenüber dem Strom um 90° zurück. |

Abb. 9.2: Gegenüberstellung verschiedener Widerstände im Wechselstromkreis

Bei einer idealen Spule bzw. einem idealen Kondensator wird keine Energie in Stromwärme umgewandelt, sondern beide Bauteile fungieren nur als Energie(zwischen)speicher. Deshalb nennt man sie auch **Blindwiderstände**.

## 9.3 Wechselstromnetzwerke

Werden Bauteile mit OHMschen, induktiven und/oder kapazitiven Widerständen miteinander verschaltet, so stellt sich zwischen Spannung und Strom eine Phasenverschiebung

$$-\frac{\pi}{2} \leq \varphi \leq +\frac{\pi}{2} \quad \text{ein.}$$

Bei fester Frequenz der Wechselspannung gilt zudem: $\hat{U} \sim \hat{I}$. Dies gibt Anlass zu folgender Festlegung: Die **Impedanz *Z*** (der Scheinwiderstand) ist der Quotient aus den Scheitelwerten von $U$ und $I$:

$$Z = \frac{\hat{U}}{\hat{I}} = \frac{U_{eff}}{I_{eff}}$$ ▸ 9.4

**Tipp:** Zur Ermittlung von Phasenverschiebung $\varphi$ und Impedanz $Z$ einer Wechselstromschaltung eignen sich Zeigerdiagramme sehr gut. TIPP

Von besonderer Bedeutung ist die **Reihenschaltung von *R*, *L* und *C***, die wir im Folgenden analysieren wollen.

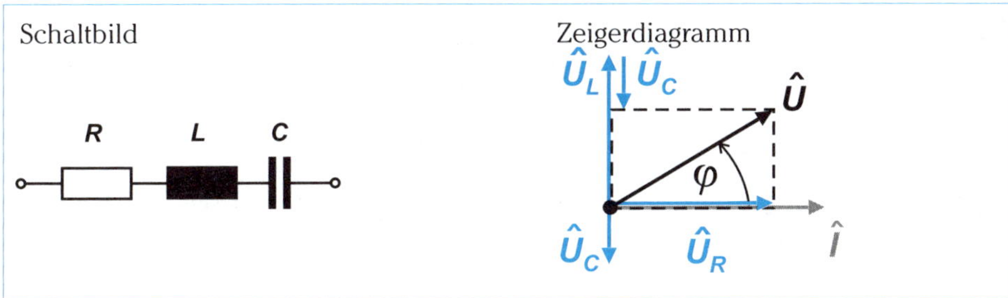


In allen drei Wechselstromwiderständen herrscht stets dieselbe Momentanstromstärke. Deshalb wählt man im Zeigerdiagramm die Stromstärke als Bezugsgröße.

Aus dem Zeigerdiagramm entnimmt man: $\tan\varphi = \dfrac{\hat{U}_L - \hat{U}_C}{\hat{U}_R}$

Dividiert man nun Zähler und Nenner geeignet durch $\hat{I} = \hat{I}_L = \hat{I}_C = \hat{I}_R$, so folgt

$$\tan\varphi = \frac{\hat{U}_L/\hat{I}_L - \hat{U}_C/\hat{I}_C}{\hat{U}_R/\hat{I}_R}, \quad \text{also:} \quad \tan\varphi = \frac{X_L - X_C}{R}$$ ▸ 9.5

Die Anwendung des Satzes von PYTHAGORAS liefert die Gleichung:
$\hat{U}^2 = \hat{U}_R^2 + (\hat{U}_L - \hat{U}_C)^2$. Dividiert man wie oben durch $\hat{I}^2 = \hat{I}_L^2 = \hat{I}_C^2 = \hat{I}_R^2$ und zieht anschließend die Wurzel, so erhält man die Impedanz $Z$ der betrachteten Schaltung:

► 9.6 $$Z = \frac{\hat{U}}{\hat{I}} = \sqrt{R^2 + (X_L - X_C)^2}$$

Diese Impedanz ist frequenzabhängig. Wählt man für die angelegte Wechselspannung die so genannte

**Eigenfrequenz $f_0$** $= \dfrac{1}{2\pi \cdot \sqrt{L \cdot C}}$

so verschwindet der Blindwiderstand $X_L - X_C$. $Z$ wird dann minimal und es kommt zu **(Reihen-)Resonanz**: Die Stromstärke $\hat{I}$ erreicht ein Maximum. Dabei können die Teilspannungen $\hat{U}_L$ und $\hat{U}_C$ über Spule und Kondensator sehr viel größer als die angelegte Spannung $\hat{U}$ werden.

Eine *R-L-C*-Reihenschaltung wird oft auch **Siebkette** genannt: Die Eigenfrequenz $f_0$ wird bevorzugt durchgelassen (herausgesiebt); niedrigere Frequenzen blockiert der Kondensator; höhere Frequenzen drosselt die Spule.

## 9.4 Die Leistung im Wechselstromkreis

Da beim Wechselstromkreis im allgemeinen Fall eine Phasenverschiebung $-\frac{\pi}{2} \leq \varphi \leq \frac{\pi}{2}$ auftritt, kann die Momentanleistung $P(t) = U(t) \cdot I(t)$ positive wie negative Werte annehmen. Negative Werte nimmt $P(t)$ dann an, wenn die im elektrischen Feld des Kondensators bzw. im magnetischen Feld der Spule gespeicherte Energie wieder an die Spannungsquelle abgegeben wird.

Im Wechselstromkreis (die Phasenverschiebung sei $\varphi$) ist die elektrische Leistung auf drei verschiedene Anteile verteilt:

Der Anteil, der in mechanische oder thermische Energie umgewandelt wird, heißt
► 9.7 **Wirkleistung $P_W$**: $P_W = U_{eff} \cdot I_{eff} \cdot \cos\varphi$

Man nennt den Faktor $\cos\varphi$ den **Leistungsfaktor**.

◄ MERKE ► **Merke:** Für die Wirkleistung ist nur die Spannungskomponente entscheidend, die zum Strom phasengleich ist.

Der Anteil, der für den Auf- und Abbau der Felder verwendet wird, heißt **Blindleis-**
► 9.8 **tung $P_B$**: $P_B = U_{eff} \cdot I_{eff} \cdot \sin\varphi$

Das Produkt aus den (gemessenen) Effektivwerten von Spannung und Stromstärke
► 9.9 heißt **Scheinleistung $P_S$**: $P_S = U_{eff} \cdot I_{eff}$

***Musteraufgabe 19***

Eine 20-W-Leuchtstoffröhre (Nennspannung: 60 V) soll mittels einer Drossel-Spule an Netzspannung (230 V, 50 Hz) angeschlossen werden. Wie muss die Spule dimensioniert werden? Berechnen Sie die Phasenverschiebung und die Blindleistung!

***Lösung***

Spule und Leuchtstoffröhre werden in Reihe geschaltet. Dabei ist die Effektivstromstärke durch die Kenndaten der Leuchtstoffröhre festgelegt:

$I_{eff} = \frac{P_{nenn}}{U_{nenn}}$. Damit wird $Z = \frac{U_{eff}}{I_{eff}} = \frac{U_{eff} \cdot U_{nenn}}{P_{nenn}}$

Der OHMsche Widerstand der Leuchtstoffröhre ist: $R = \frac{U_{nenn}^2}{P_{nenn}}$

Gemäß (9.6) gilt: $Z^2 = R^2 + (\omega \cdot L)^2$. Nach $L$ umgestellt ergibt dies mit $U_{eff} = U_{Netz}$:

$$L = \sqrt{\frac{Z^2 - R^2}{\omega^2}} = U_{nenn} \cdot \frac{\sqrt{U_{Netz}^2 - U_{nenn}^2}}{2\pi \cdot f \cdot P_{nenn}} \underline{\underline{\approx 2{,}1\,\mathrm{H}}}$$

Mittels eines Zeigerdiagramms erkennt man: $\cos\varphi = \frac{R}{Z} = \frac{U_{nenn}}{U_{Netz}}$

Daraus ergibt sich: $\underline{\underline{\varphi \approx 74{,}9°}}$. Für die Blindleistung erhält man:

$$P_B = U_{eff} \cdot I_{eff} \cdot \sin\varphi = U_{Netz} \cdot \frac{P_{nenn}}{U_{nenn}} \cdot \sin\varphi \underline{\underline{\approx 74\,\mathrm{W}}}$$

## 9.5 Der Transformator

Werden zwei Spulen in geeigneter Weise (Abb. 9.3) durch einen geschlossenen Eisenkern induktiv gekoppelt, so entsteht ein Transformator. Fließt in der Primärspule (Windungszahl $N_1$) ein Wechselstrom, so entsteht in ihr ein magnetisches Wechselfeld. Über den Eisenkern umfasst auch die Sekundärspule ($N_2$) dieses Wechselfeld, sodass in ihr eine Wechselspannung induziert wird.

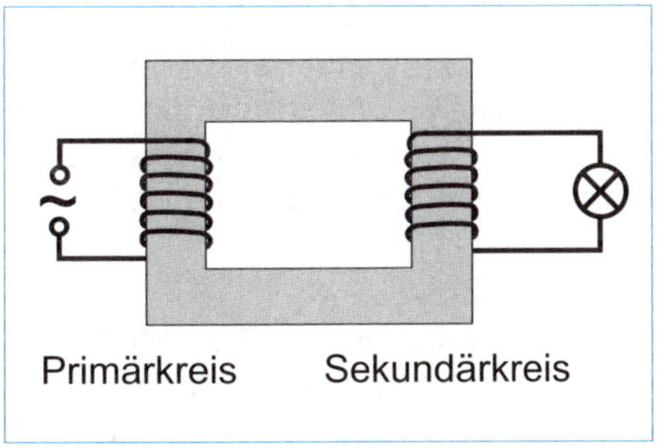


Abb. 9.3: Prinzipieller Aufbau eines Transformators

Man unterscheidet zwei grundlegende Fälle:
a) Der Sekundärkreis ist geöffnet (Leerlauffall; unbelasteter Transformator),
b) der Sekundärkreis ist geschlossen (belasteter Transformator).

► 9.10 Im Leerlauffall ($I_2 = 0$) gelten: $\frac{\hat{U}_1}{\hat{U}_2} = \frac{N_1}{N_2}$ bzw. $\frac{U_{eff,1}}{U_{eff,2}} = \frac{N_1}{N_2}$,

Ist der Transformator belastet und treten keine Streuverluste auf, so gilt die Leistungsbilanz:

► 9.11 $U_{eff,1} \cdot I_{eff,1} \cdot \cos\varphi_1 = U_{eff,2} \cdot I_{eff,2} \cdot \cos\varphi_2$

Im Kurzschlussfall folgt daraus:

► 9.12 $\frac{\hat{I}_2}{\hat{I}_1} = \frac{N_1}{N_2}$ bzw. $\frac{I_{eff,2}}{I_{eff,1}} = \frac{N_1}{N_2}$

**?** ***Musteraufgabe 20***

Aus einer Primärspule mit 750 Windungen soll ein Klingeltrafo gebaut werden, der an Netzspannung angeschlossen eine Sekundärspannung von 6 V liefern soll. Wie ist die Sekundärspule zu dimensionieren?

**!** ***Lösung***

Dem Klingeltrafo wird sekundärseitig nur wenig Energie entnommen, so dass man in guter Näherung vom Leerlauffall ausgehen kann.

Damit ist $N_2 = N_1 \cdot \frac{U_{eff,2}}{U_{eff,1}} = 750 \cdot \frac{6\,\text{V}}{230\,\text{V}} \approx \underline{\underline{20}}$ zu wählen.

## 9.6 Der elektrische Schwingkreis

Wird ein Kondensator aufgeladen und anschließend zu einer Spule parallel geschaltet, so beobachtet man freie gedämpfte elektrische Schwingungen. Ein geschlossener Leiterkreis aus Spule und Kondensator (Abb. 9.4) wird deshalb auch **elektrischer Schwingkreis** genannt.

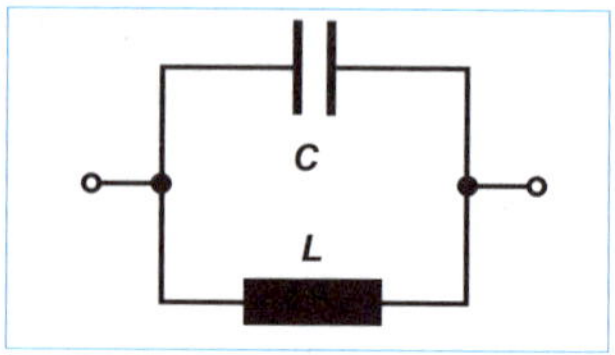


Abb. 9.4: Schwingkreis

Für $R \approx 0$ erfolgt die resultierende Schwingung (nahezu) ungedämpft. In diesem Fall sind Spannung und Strom um $\pi/2$ gegeneinander phasenverschoben. Die Schwingungsdauer ist durch die so genannte **THOMSONsche Schwingungsgleichung** bestimmt:

► 9.13 $T = 2\pi \cdot \sqrt{L \cdot C}$

Analyse des Schwingungsvorganges:

| Zeit | Vorgänge im Kondensator | Vorgänge in der Spule |
|---|---|---|
| 0 | $Q_C$ und $U_C$ sind maximal, die Kondensatorentladung beginnt. | In der Spule beginnt ein Stromfluss. |
| $\frac{1}{8}T$ | Die Kondensatorspannung $U_C$ nimmt ab. | Die Stromstärke $I$ nimmt wegen der Selbstinduktion in der Spule nur allmählich zu. |
| $\frac{1}{4}T$ | Kondensator ist entladen: $Q_C = 0$ und $U_C = 0$. | Die Stromstärke $I$ erreicht ihr Maximum. |
| $\frac{3}{8}T$ | Der Kondensator wird entgegengesetzt aufgeladen, $Q_C$ und $U_C$ nehmen zu. | Das Zusammenbrechen des Stromes wird durch Selbstinduktion verzögert. Die Stromstärke $I$ nimmt nur allmählich ab. |
| $\frac{1}{2}T$ | Kondensator ist entgegengesetzt aufgeladen, $Q_C$ und $U_C$ sind wieder maximal. | Die Stromstärke $I$ ist Null (also minimal). |
| ⋮ | Die Vorgänge wiederholen sich. | |

Ist der OHMsche Widerstand $R$ des Schwingkreises nicht vernachlässigbar klein, so wird durch den Strom JOULEsche Wärme entwickelt und es kommt zu gedämpften Schwingungen. Im Schwingfall (d. h., falls $R$ nicht allzu groß ist) klingt die Amplitude der Schwingung nun mit der Zeit exponentiell ab.

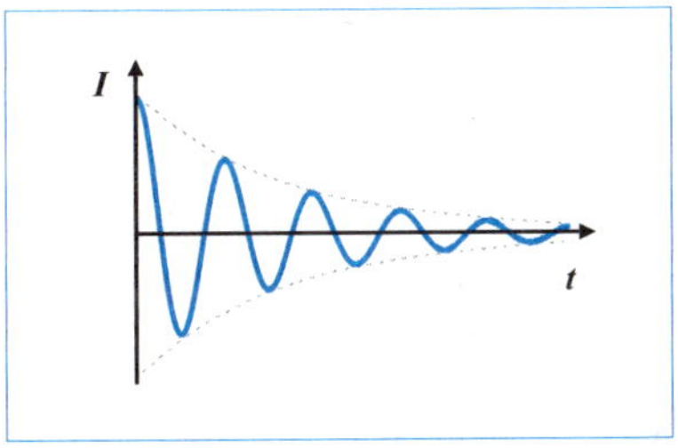


Abb. 9.5: Gedämpfte Schwingungen

Mithilfe einer **Rückkopplungsschaltung nach MEISSNER** (Abb. 9.6) kann durch die induktive Kopplung zweier Spulen ein Schwingkreis zu ungedämpften Eigenschwingungen angeregt werden.

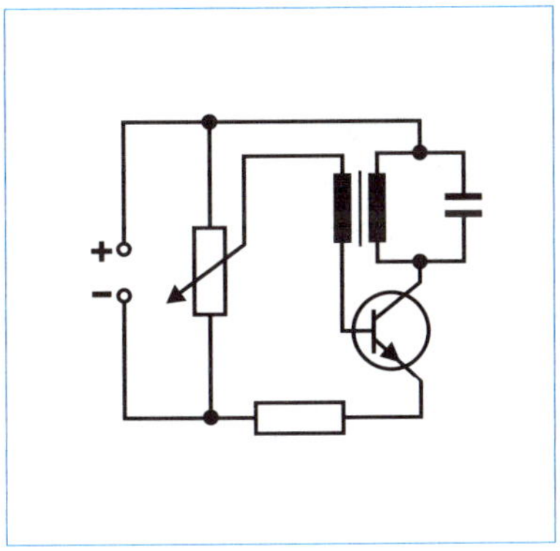


Abb. 9.6: Rückkopplungsschaltung

Im elektrischen Schwingkreis werden ständig Felder auf- und wieder abgebaut, es findet eine periodische Energieumwandlung zwischen elektrischer und magnetischer Feldenergie statt. Im ungedämpften Schwingkreis gilt der Energieerhaltungssatz, d. h. zu jedem Zeitpunkt ist die Summe aus elektrischer und magnetischer Feldenergie konstant. Die Gesamtenergie ist gleich der zu Beginn im Kondensator gespeicherten Energie; es gilt:

▸ 9.14 $$E_{ges} = E_{el} + E_{mag} = \frac{1}{2} \cdot C \cdot U^2 + \frac{1}{2} \cdot L \cdot I^2 = \frac{1}{2} \cdot C \cdot \hat{U}^2 = \frac{1}{2} \cdot L \cdot \hat{I}^2 = konst.$$

## 9.7 Übungsaufgaben

**45.** Zum Elektroschweißen benutzt man Hochspannungstrafos. Ein solcher Trafo besitze primärseitig eine Spule mit 500 Windungen und sekundärseitig 4 Windungen aus starkem Kupferdraht. Wie groß ist der beim Schweißen fließende Strom, wenn der Trafo an Netzspannung eine Leistung von 160 W aufnimmt? (Es sei $\varphi_1 = 0$.)

**46.** Aus einer Spule der Induktivität $L = 0{,}3\,\text{H}$ soll ein Schwingkreis mit der Eigenfrequenz $f = 80\,\text{Hz}$ gebaut werden. Welche Kapazität muss der Kondensator besitzen?

**47.** An eine Reihenschaltung aus $R = 100\,\Omega$ und $C = 4\,\mu\text{F}$ wird Netzspannung angelegt. Wie groß sind die Impedanz $Z$ sowie die maximalen Teilspannungen über $R$ und über $C$? (Umrechnung: $1\,\mu\text{F} = 10^{-6}\,\text{F}$)

**48.** Ein Tiefpassfilter dient dazu, aus einem breiten Frequenzband die hohen Frequenzen herauszufiltern. Erläutern Sie die Funktionsweise der als Tiefpassfilter wirkenden Siebkette (Abb. 9.7)! Wie kann man eine Siebkette als Hochpassfilter konstruieren?

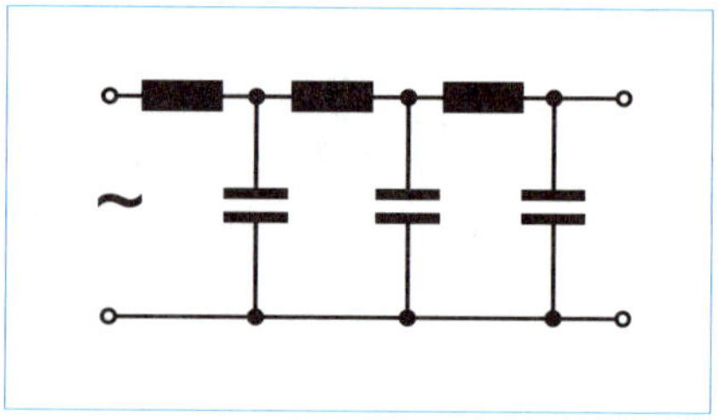


Abb. 9.7: Tiefpassfilter

**49.** An eine Reihenschaltung aus $R = 20\,\Omega$ und $L = 0{,}25\,\text{H}$ wird eine Wechselspannung ($U = 12\,\text{V}$; $f = 50\,\text{Hz}$) angelegt.

**a)** Wie groß ist die Stromstärke $I$?

**b)** Berechnen Sie den Phasenwinkel $\varphi$ und die am OHMschen Widerstand $R$ umgesetzte Leistung!

**c)** Nun soll ein Kondensator in Reihe zu $R$ und $L$ geschaltet werden. Wie groß muss $C$ sein, damit $I$ maximal wird? Wie groß ist $I$ nun?

**50.** Leiten Sie die Gleichung für den kapazitiven Widerstand $X_C$ eines idealen Kondensators der Kapazität $C$ her.

## Tipps und Hinweise zur Lösung der Übungsaufgaben

**45.** belasteter Transformator; Primärstromstärke über die aufgenommene Leistung $P_1$ ermitteln

**46.** THOMSONsche Schwingungsgleichung umformen

**47.** Für Netzspannung gilt: $\hat{U} = \sqrt{2} \cdot 230\,\text{V}$ und $f = 50\,\text{Hz}$.
Die Scheitelwerte der Teilspannungen verhalten sich wie die zugehörigen Teilwiderstände.

**48.** Induktive und kapazitive Widerstände hängen von der Frequenz ab.

**49. a)** Definition von $Z$ benutzen: $Z = \dfrac{\hat{U}}{\hat{I}} = \dfrac{U_{eff}}{I_{eff}}$

**b)** $\varphi$ über $\tan\varphi$ ermitteln, Wirkleistung $P_W$ gemäß Formel

**c)** $I$ wird maximal, falls $Z$ minimal wird.

**50.** Verwenden Sie die Zusammenhänge $I = \dot{Q}$ und $C = Q/U$.

## Lösungen der Übungsaufgaben

**45.** Aus $\dfrac{I_2}{I_1} = \dfrac{N_1}{N_2}$ und $P_1 = U_1 \cdot I_1 \cdot \cos 0 = U_1 \cdot I_1$ folgt

$$I_2 = \frac{N_1}{N_2} \cdot I_1 = \frac{N_1}{N_2} \cdot \frac{P_1}{U_1} = \frac{500}{4} \cdot \frac{160\,\text{W}}{230\,\text{V}} \approx \underline{\underline{87\,\text{A}}}$$

**46.** Aus $T = \dfrac{1}{f} = 2\pi \cdot \sqrt{L \cdot C}$ folgt: $C = \dfrac{1}{4\pi^2 \cdot f^2 \cdot L} \approx \underline{\underline{13\,\text{mF}}}$

**47.** $$Z = \sqrt{R^2 + X_C^2} = \sqrt{R^2 + \left(\frac{1}{2\pi \cdot f \cdot C}\right)^2} \approx \underline{\underline{802\,\Omega}}$$

Die Scheitelwerte der Teilspannungen verhalten sich wie die zugehörigen Widerstände, also:

$$\hat{U}_R = \frac{R}{Z} \cdot \hat{U} \text{ und } \hat{U}_C = \frac{X_C}{Z} \cdot \hat{U}$$

Mit $\hat{U} = \sqrt{2} \cdot U_{eff}$ folgen daraus:

$$\hat{U}_R = \frac{R}{Z} \cdot \sqrt{2} \cdot U_{eff} \approx \underline{\underline{41\,\text{V}}} \quad \text{sowie} \quad \hat{U}_C = \frac{\frac{1}{2\pi \cdot f \cdot C}}{Z} \cdot \sqrt{2} \cdot U_{eff} \approx \underline{\underline{323\,\text{V}}}$$

**48.**

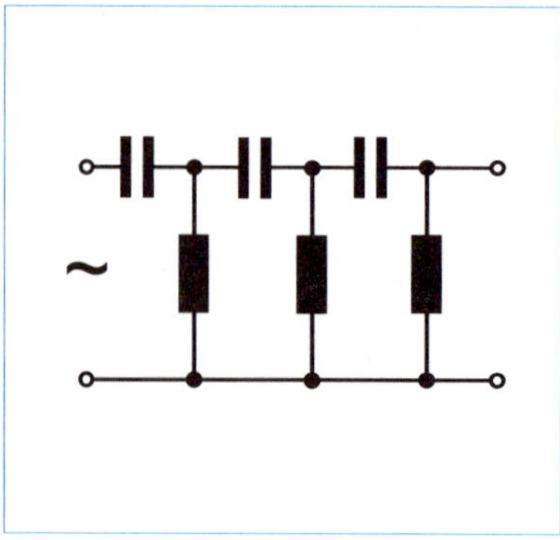

Abb. 9.8: Hochpassfilter

Es gelten $X_L \sim f$ und $X_C \sim \frac{1}{f}$.

Das bedeutet, dass die Kondensatoren die hochfrequenten Wechselströme gut ableiten, während sie die niederfrequenten nahezu sperren. Die Spulen hingegen lassen die niederfrequenten Wechselströme fast ungeschwächt passieren. Vertauscht man in der angegebenen Schaltung die Spulen mit den Kondensatoren, so entsteht ein Hochpassfilter (Abb. 9.8).

**49. a)** Es gilt: $I = \frac{U}{Z} = \frac{U}{\sqrt{R^2 + X_L^2}} = \frac{U}{\sqrt{R^2 + (2\pi \cdot f \cdot L)^2}} \approx \underline{\underline{0{,}15\,\text{A}}}$

**b)** Aus $\tan\varphi = \frac{X_L}{R} = \frac{2\pi \cdot f \cdot L}{R} \approx 3{,}93$ folgt $\underline{\underline{\varphi \approx 76°}}$

$P_W = U \cdot I \cdot \cos\varphi = 12\,\text{V} \cdot 0{,}15\,\text{A} \cdot \cos 76° \approx \underline{\underline{0{,}44\,\text{W}}}$

**c)** $I$ wird maximal, falls $Z$ minimal wird.

Dies geschieht für $X_C = X_L$, also für $\frac{1}{\omega \cdot C} = \omega \cdot L$

Daraus folgt: $C = \frac{1}{\omega^2 \cdot L} = \frac{1}{4\pi^2 \cdot f^2 \cdot L} \approx \underline{\underline{41\,\mu\text{F}}}$

$I_{\text{max}} = \frac{U}{Z_{\text{min}}} = \frac{U}{R} = \frac{12\,\text{V}}{20\,\Omega} = \underline{\underline{0{,}6\,\text{A}}}$

**50.** Die Kondensatorspannung betrage: $U_C = \hat{U}_C \cdot \sin\omega t$

Wegen $C = Q/U$ folgt daraus: $Q_C = C \cdot U_C = C \cdot \hat{U}_C \cdot \sin\omega t$

Mit $I = \dot{Q}$ ergibt sich: $I_C = \dot{Q}_C = \omega \cdot C \cdot \hat{U} \cdot \cos\omega t$

Ein Vergleich mit $I_C = \hat{I}_C \cdot \cos\omega t$ zeigt, dass $\hat{I}_C = \omega \cdot C \cdot \hat{U}_C$ gilt.

$$\Rightarrow \quad X_C = \frac{\hat{U}_C}{\hat{I}_C} = \frac{\hat{U}_C}{\omega \cdot C \cdot \hat{U}_C} = \underline{\underline{\frac{1}{\omega \cdot C} = \frac{1}{2\pi \cdot f \cdot C}}}$$

# 10 Elektromagnetische Wellen

## 10.1 Eigenschaften elektromagnetischer Wellen

Eine fortschreitende **elektromagnetische Welle** (auch **elektromagnetische Strahlung** genannt) ist ein räumlich und zeitlich periodischer Vorgang, bei dem sich elektrische und magnetische Wechselfelder im Raum ausbreiten. Dabei wird Energie transportiert.

Elektromagnetische Wellen weisen typische Welleneigenschaften (Beugung, Brechung, Interferenz etc.) auf. Entgegen mechanischen Wellen pflanzen sie sich auch im Vakuum fort, benötigen also keinen materiellen Träger.

Im Vakuum (in Luft) breiten sich elektromagnetische Wellen geradlinig mit der Vakuumlichtgeschwindigkeit c aus:

$$\mathrm{c} = \frac{1}{\sqrt{\varepsilon_0 \cdot \mu_0}} \approx 3 \cdot 10^8\,\frac{\mathrm{m}}{\mathrm{s}}$$ ▸ 10.1

In einem Stoff (Dielektrizitätszahl $\varepsilon_r$, Permeabilitätszahl $\mu_r$) beträgt die Ausbreitungsgeschwindigkeit:

$$c_{\mathrm{Stoff}} = \frac{1}{\sqrt{\varepsilon_0 \cdot \varepsilon_\mathrm{r} \cdot \mu_0 \cdot \mu_\mathrm{r}}} = \frac{\mathrm{c}}{\sqrt{\varepsilon_\mathrm{r} \cdot \mu_\mathrm{r}}}$$ ▸ 10.2

Beim Übergang elektromagnetischer Wellen vom Vakuum in einen Stoff gilt das Brechungsgesetz. Die (absolute) Brechzahl $n$ gibt dabei an, um wie viel langsamer sich die Welle im Stoff ausbreitet:

$$\frac{\sin\alpha}{\sin\beta} = \frac{\mathrm{c}}{c_{\mathrm{Stoff}}} = n$$ ▸ 10.3

Für die meisten Stoffe gilt $\mu_\mathrm{r} \approx 1$ und damit:

$$n \approx \sqrt{\varepsilon_\mathrm{r}}$$ ▸ 10.4

Bei einer elektromagnetischen Welle schwingen die Vektoren des $\vec{E}$-Feldes und des $\vec{B}$-Feldes stets senkrecht zueinander. Zudem sind elektromagnetische Wellen polarisierbar; es handelt sich somit um Transversalwellen. Dabei bilden $\vec{E}$, $\vec{B}$ und $\vec{c}$ ein Rechtssystem (Abb. 10.1).

Während ruhende elektrische Ladungen elektrische Felder erzeugen, verursachen mit konstanter Geschwindigkeit bewegte Ladungen zudem magnetische Felder. Bewegen sich elektrische Ladungen hingegen beschleunigt, so entstehen elektromagnetische Wellen; beschleunigte Ladungen strahlen also.

## 10.2 Der HERTZsche Dipol

Da jeder Metallstab eine (sehr kleine) Induktivität wie auch eine (sehr kleine) Kapazität besitzt, lässt er sich als **offener Schwingkreis** auffassen. In solch einem Metallstab kann elektrische Ladung hochfrequent hin- und herschwingen – der Metallstab wird dann zu einem **HERTZschen Dipol**.

In der Umgebung des Dipols existieren hochfrequente elektrische und magnetische Felder. Bei jedem Umpolen werden diese Felder abgeschnürt und als elektromagnetische Welle (hierbei auch **HERTZsche Welle** genannt) in den Raum ausgestrahlt. Die Schwingungszustände des $\vec{E}$-Feldes wie des $\vec{B}$-Feldes breiten sich nun im Raum aus, wobei stets $\vec{E} \perp \vec{B}$ gilt. Beim **Nahfeld** (in unmittelbarer Nähe des Dipols) besteht zwischen $\vec{E}$ und $\vec{B}$ eine Phasenverschiebung $\Delta\varphi = \pi/2$, im **Fernfeld** hingegen schwingen $\vec{E}$ und $\vec{B}$ gleichphasig.

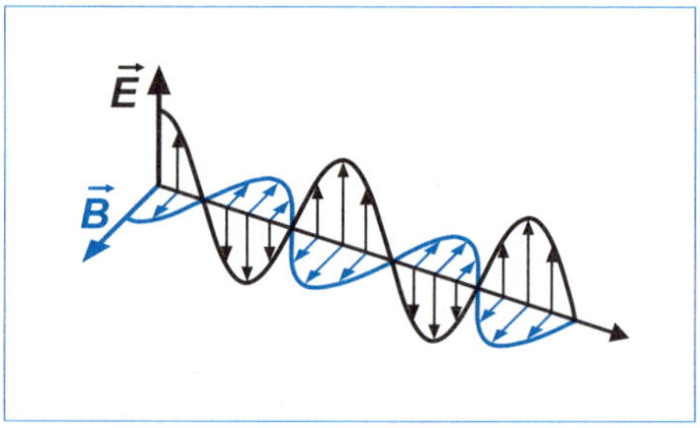


Abb. 10.1: Elektromagnetische Welle im Fernfeld des HERTZschen Dipols

HERTZsche Wellen werden an der Oberfläche elektrischer Leiter reflektiert, während sie Isolatoren durchdringen können. Ferner sind sie linear polarisiert. Treffen die von einem (Sende-)Dipol ausgesandten HERTZschen Wellen auf einen zweiten Dipol (Empfangsdipol), der parallel zum Sendedipol orientiert ist, so rufen sie in diesem erzwungene elektromagnetische Schwingungen hervor. Das wird zur Nachrichtenübermittlung genutzt.

Zunächst wird durch einen selbsterregten Schwingkreis (→ Rückkopplungsschaltung) eine hochfrequente Trägerschwingung erzeugt. Dieser Trägerschwingung wird die Nachricht als niederfrequentes Signal aufmoduliert.

Wichtige Formen der Modulation sind:
a) die **Amplitudenmodulation**:
Die Amplitude der Trägerschwingung wird im Rhythmus des Signals verändert;
und
b) die **Frequenzmodulation**:
Die Frequenz der Trägerschwingung wird im Rhythmus des Signals verändert.

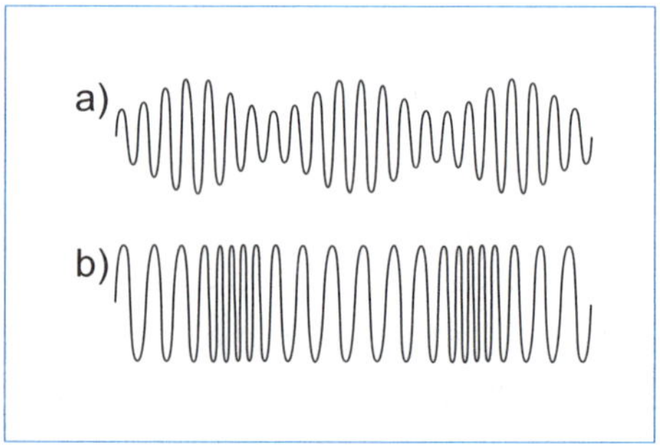


Die so modulierte Schwingung wird als elektromagnetische Welle über den angekoppelten Dipol ausgesendet. Der Empfangsdipol ist mit einem abstimmbaren Schwingkreis verbunden, so dass von allen empfangenen Wellen diejenige mit der gewünschten Trägerfrequenz ausgewählt werden kann. Anschließend erfolgt eine **Demodulation** (z. B. durch Gleichrichten). Danach liegt das Signal wieder in der ursprünglichen Form vor.

Die Eigenschwingungen des Dipols lassen sich als stehende Welle deuten. An den Dipolenden befinden sich Spannungsbäuche sowie Stromknoten, in der Dipolmitte sind die Verhältnisse umgekehrt. Hat der Dipol die Länge $l$, so gilt für die n-te Oberschwingung:

$$\lambda_n = \frac{2}{n+1} \cdot l \quad (n = 0;\ 1;\ 2;\ \ldots)$$

▸ 10.5

***Musteraufgabe 21***

?

Ein HERTZscher Dipol habe ein Länge von 30 cm. Mit welcher minimalen Eigenfrequenz $f_{min}$ kann der Dipol schwingen? Nach welcher Zeit $t$ erreicht eine mit $f_{min}$ ausgesandte Welle einen 100 km entfernten Ort?

***Lösung***

!

Die minimale Frequenz wird in der Grundschwingung angenommen, also

$$f_0 = \frac{c}{2l} = \frac{3 \cdot 10^8\,\text{m} \cdot \text{s}^{-1}}{2 \cdot 0{,}3\,\text{m}} = 5 \cdot 10^8\,\text{s}^{-1} \underline{\underline{= 500\,\text{MHz}}}$$

Aus $v = \frac{s}{t}$ folgt mit $v = c$: $t = \frac{s}{c} = \frac{10^5\,\text{m}}{3 \cdot 10^8\,\text{m} \cdot \text{s}^{-1}} \approx \underline{\underline{3{,}3 \cdot 10^4\,\text{s} = 0{,}33\,\text{ms}}}$

**Hinweis:** Da für die Wellenlänge der Grundschwingung $l = \lambda_0/2$ gilt, wird ein Hertzscher Dipol oft auch als $\lambda/2$-Dipol bezeichnet.

◀ HINWEIS ▶

## 10.3 Licht als elektromagnetische Welle

In vielen Fällen (Beugung, Interferenz etc.) kann das Verhalten von Licht durch das Wellenmodell richtig beschrieben werden.

> Lichtwellen sind elektromagnetische Wellen, welche durch Vorgänge im atomaren Bereich entstehen. Ihr Frequenzbereich (auch optischer Bereich genannt) reicht von ca. $10^{11}$ Hz bis ca. $10^{17}$ Hz, wobei sich der Bereich des sichtbaren Lichts nur von $4 \cdot 10^{14}$ Hz bis $8 \cdot 10^{14}$ Hz erstreckt.

Die (Spektral-)Farbe von sichtbarem Licht wird durch seine Frequenz bestimmt. Weißes Licht ist ein Gemisch aus allen Spektralfarben.

| Spektralbereich | Infrarot | sichtbarer Bereich Rot | Orange | Gelb | Grün | Blau | Violett | Ultraviolett |
|---|---|---|---|---|---|---|---|---|
| $f$ in $10^{14}$ Hz | 0,001...3,9 | 4,7 | 5,0 | 5,4 | 6,2 | 7,0 | | 7,7...1000 |
| $\lambda$ in nm (Vakuum) | $3 \cdot 10^6$...750 | 640 | 600 | 570 | 490 | 430 | | 390...3 |

Weißes Licht kann beim Durchgang durch ein Prisma in seine Spektralfarben zerlegt werden. Die Ursache dafür ist **Dispersion**: Die Ausbreitungsgeschwindigkeit in einem Stoff (und damit auch die Brechzahl des Stoffes) ist frequenzabhängig. Im sichtbaren Bereich tritt i. Allg. **normale Dispersion** auf: Kurzwelliges, violettes Licht wird stärker gebrochen als rotes.

Lichtwellen sind Transversalwellen. In natürlichem Licht findet man alle Schwingungsebenen regellos verteilt. Durch (lineare) **Polarisation** gelingt es, eine bestimmte Schwingungsrichtung (= Richtung von $\vec{E}$) auszuwählen. Dies lässt sich z. B. durch bestimmte Polarisationsfilter bewerkstelligen.

## 10.4 Interferenzerscheinungen von Licht

Viele Interferenzerscheinungen sind bei Licht nur dann zu beobachten, wenn **kohärentes Licht** verwendet wird, d. h. es müssen Wellenzüge gleicher Frequenz und mit zueinander fester Phasenbeziehung zur Überlagerung kommen. Dies lässt sich z. B. realisieren, indem man Licht einen sehr schmalen Spalt durchlaufen lässt oder Laserlicht verwendet.

Ist $\Delta s$ der Gangunterschied der interferierenden Strahlen (Wellenlänge $\lambda$), so ergibt sich Verstärkung für: $\Delta s = k \cdot \lambda$

und Auslöschung für: $\Delta s = (2k + 1) \cdot \frac{\lambda}{2}$ mit $k = 0;\ 1;\ 2;\ \ldots$

Sind Reflexionen an der Entstehung von Interferenzen beteiligt, so ist zu beachten, dass bei **Reflexion an einem optisch dichteren Medium** ($n_2 > n_1$) ein Phasensprung $\Delta\varphi = \pi$ bzw. ein Gangunterschied $\Delta s = \lambda/2$ auftreten. Durchläuft Licht verschiedene Stoffe, so ist zur Berechnung des Gangunterschiedes die **optische Weglänge** zu verwenden.

Wird in einem Stoff der Brechzahl $n$ der geometrische Weg $s$ durchlaufen, so beträgt die zugehörige optische Weglänge

► 10.6 $s_{op} = n \cdot s$.

Beispiele für Interferenzen durch Beugung sind:

| **Bezeichnung** | **Grundlegende Formeln** | |
|---|---|---|
| Beugung am Einzelspalt<br>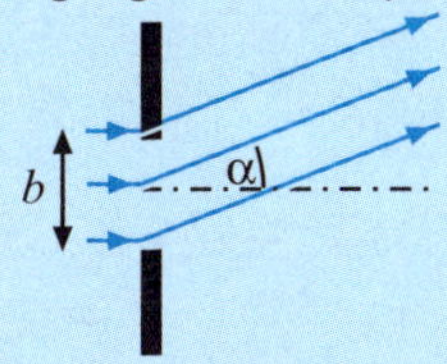<br>$b$ ... Spaltbreite | Neben-Maxima: $\sin\alpha_k = \frac{2k+1}{b} \cdot \frac{\lambda}{2}$<br>Neben-Minima: $\sin\alpha_k = \frac{k}{b} \cdot \lambda$<br>mit $k = 1;\ 2;\ 3;\ \ldots < b/\lambda$<br>Intensitätsverteilung bei monochromatischem Licht:<br>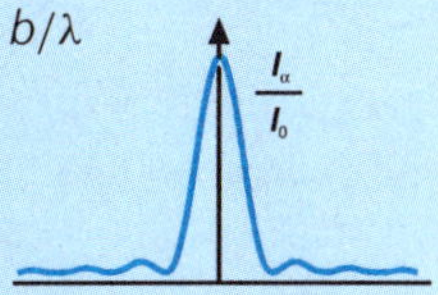 | ▸ 10.7 |
| Beugung am Doppelspalt<br>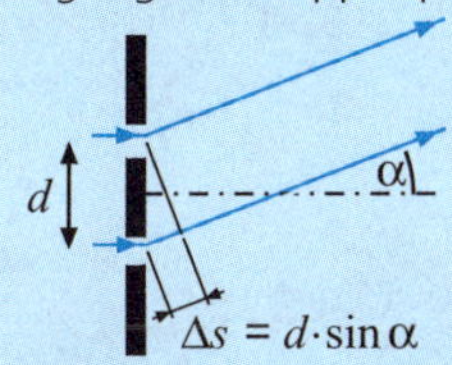<br>$d$ ... Spaltabstand | Maxima: $\sin\alpha_k = \frac{k}{d} \cdot \lambda$<br>Minima: $\sin\alpha_{k+1} = \frac{2k+1}{d} \cdot \frac{\lambda}{2}$<br>mit $k = 0;\ 1;\ 2;\ 3;\ \ldots < d/\lambda$<br>Intensitätsverteilung bei monochromatischem Licht:<br>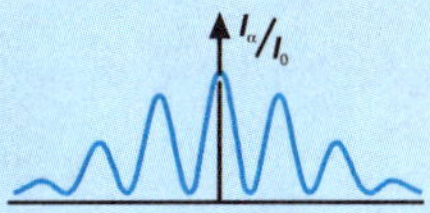 | ▸ 10.8 |
| Beugung am Gitter<br>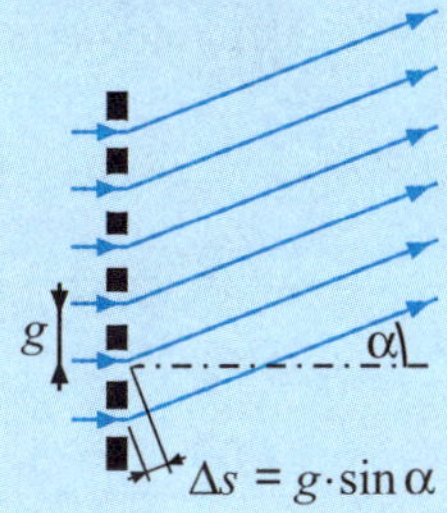<br>$g$ ... Gitterkonstante | Haupt-Maxima: $\sin\alpha_k = \frac{k}{g} \cdot \lambda$<br>mit $k = 0;\ 1;\ 2;\ 3;\ \ldots < g/\lambda$<br>Bei N Gitterspalten gibt es zwischen zwei Hauptmaxima je N – 1 Nebenminima und N – 2 Nebenmaxima.<br>Intensitätsverteilung bei monochromatischem Licht:<br>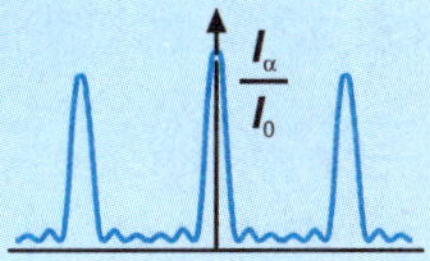 | ▸ 10.9 |

***Musteraufgabe 22***

?

Auf einen $b = 0{,}40\,\text{mm}$ breiten Spalt fällt Licht der Wellenlänge $700\,\text{nm}$. Welchen Abstand $a$ haben die ersten dunklen Streifen links und rechts des Hauptmaximums auf einem $e = 1{,}8\,\text{m}$ entfernten Schirm?

***Lösung***

!

Der erste dunkle Streifen entspricht dem 1. Neben-Minimum und wird unter dem Winkel $\alpha_1$ mit $\sin\alpha_1 = \lambda/b$ beobachtet $\Rightarrow \quad \alpha_1 \approx 0{,}10°$

$$\tan\alpha_1 = a/2e \quad \Rightarrow \quad a = 2 \cdot e \cdot \tan\alpha_1 = 2 \cdot 1{,}8\,\text{m} \cdot \tan 0{,}10° \approx \underline{\underline{6{,}3\,\text{mm}}}$$

## 10.5 Temperaturstrahlung und Röntgenstrahlung

Die Wärmebewegung der Moleküle (Atome, Ionen) eines jeden Körpers bewirkt eine elektromagnetische Strahlung – die so genannte Wärmestrahlung (Temperaturstrahlung, Infrarotstrahlung). Ihr Frequenzbereich erstreckt sich von ca. $10^{11}$ Hz bis ca. $10^{14}$ Hz.

Körper senden Wärmestrahlung nicht nur aus; sie absorbieren sie auch mehr oder weniger gut. Dunkle und raue Flächen emittieren und absorbieren Strahlung besser als helle und glatte Flächen bei der gleichen Temperatur $T$.

Röntgenstrahlen sind elektromagnetische Wellen im Bereich von $10^{16}$ bis $10^{20}$ Hz. Sie entstehen, wenn schnelle Elektronen auf (Metall-)Atome mittlerer bzw. hoher Ordnungszahl treffen und dadurch abgebremst werden.

| Eigenschaft der Röntgenstrahlung | Anwendung / Schlussfolgerung |
|---|---|
| hohes Durchdringungsvermögen (auch bei Metallen) | Abschirmung durch Bleiplatten möglich, Plattendicke je nach Strahlungsintensität |
| Schwärzung fotografischer Schichten | Röntgenfilmaufnahmen, insbesondere in der Medizin und bei Materialprüfung |
| Anregung bestimmter Materialien zum Leuchten (Fluoreszieren) | Schirmbildaufnahmen |
| ionisierende Wirkung, insbesondere Ionisation von Gasen | Schädigung von lebendem Gewebe bei entsprechender Intensität der Strahlung |

Die Wellenlänge von Röntgenstrahlung liegt in der Größenordnung der Atom-Abstände von Kristallen. Deshalb wirken die regelmäßig angeordneten Bausteine eines Kristalls für Röntgenstrahlen wie ein **Raumgitter**. Trifft Röntgenlicht unter einem bestimmten **Glanzwinkel $\alpha$** auf ein Kristall, so lassen sich Interferenzen beobachten – man spricht von **BRAGG-Reflexion**.

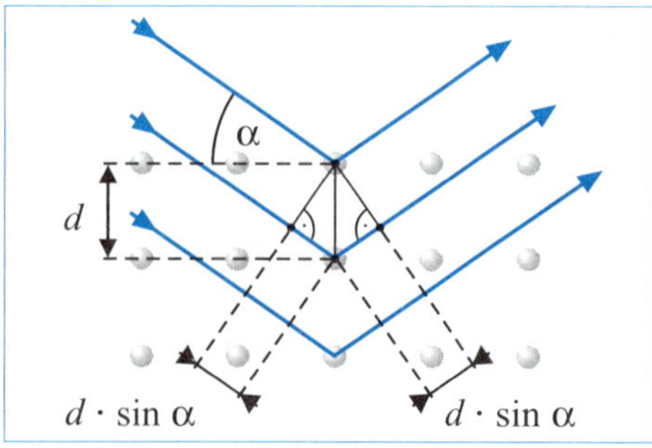

Abb. 10.3: BRAGG-Reflextion

Ein Maximum beobachtet man für $\Delta s = \mathrm{k} \cdot \lambda$, also wenn die **BRAGGsche Beziehung** erfüllt ist:

► 10.10 $2 \cdot d \cdot \sin \alpha_{\mathrm{k}} = \mathrm{k} \cdot \lambda$ mit k = 1; 2; 3; …

In der Technik wird Röntgenstrahlung mithilfe von Röntgenröhren erzeugt: Elektronen durchlaufen hierin eine hohe Beschleunigungsspannung ($U > 10\,\text{kV}$) und treffen auf eine gekühlte Anode (z. B. aus Kupfer).
Etwa 99 % der kinetischen Energie werden dabei in thermische Energie umgewandelt, die restliche Energie entfällt auf zwei Prozesse:

1. Elektronen werden beim Eindringen in die Atomhülle durch dessen elektrisches Feld abgebremst. Ihre kinetische Energie wird dabei teilweise oder vollständig in **Röntgen-Bremsstrahlung** umgewandelt.

2. Elektronen versetzen einzelne Atome in einen angeregten Zustand. Die Atome gehen wieder in den Grundzustand über und senden dabei eine für das jeweilige Anodenmaterial **charakteristische Strahlung** aus.

## 10.6 Übungsaufgaben

**51.** Wie groß sind die Lichtgeschwindigkeit in Wasser ($n \approx 1{,}33$) und der Grenzwinkel $\alpha_T$ der Totalreflexion für den Übergang Wasser → Luft?

**52.** Erläutern Sie, wodurch HERTZsche Wellen in einem geeignet orientierten Empfangsdipol elektromagnetische Schwingungen erzwingen.

**53.** Gelbes Licht ($\lambda = 590\,\text{nm}$) wird an einem Doppelspalt gebeugt. Auf einem $e = 4{,}0\,\text{m}$ entfernten Schirm misst man für den Abstand zweier heller Streifen $a = 5\,\text{mm}$. Berechnen Sie den Spaltabstand $d$!

**54.** Weißes Licht kann sowohl mithilfe eines Prismas als auch mittels Beugung am Gitter in seine Spektralfarben zerlegt werden. Welcher wesentliche Unterschied besteht zwischen beiden Spektren?

**55.** Begründen Sie, dass die Welleneigenschaften des Lichtes das Auflösungsvermögen optischer Instrumente begrenzen!

**56.** NaCl-Kristalle werden mit Röntgenlicht der Wellenlänge 130 pm untersucht. Als minimalen Glanzwinkel misst man 13,5°. Schätzen Sie damit den Netzebenenabstand von NaCl ab.

## Tipps und Hinweise zum Lösen der Übungsaufgaben

**51.** Gleichung (10.3) zum Brechungsgesetz anwenden

**52.** Die Wechselfelder wirken auf die Elektronen im Empfangsdipol.

**53.** Wegen $e \gg a$ liegen kleine Beugungswinkel $\alpha$ vor. $\Rightarrow$ $\sin\alpha \approx \tan\alpha$

**54.** Abhängigkeit des Brechungs- bzw. Beugungswinkels von $\lambda$ beachten

**55.** einander überlagernde Beugungserscheinungen

## Lösungen der Übungsaufgaben

**51.** Aus $\dfrac{c}{c_{\text{Stoff}}} = n$ folgt: $c_{\text{Wasser}} = \dfrac{c}{n} = \dfrac{3 \cdot 10^8\,\text{m} \cdot \text{s}^{-1}}{1{,}33} \approx \underline{\underline{2{,}26 \cdot 10^8\,\frac{\text{m}}{\text{s}} \approx \frac{3}{4}\,c}}$

Wegen $c_{\text{Luft}} \approx c$ gilt: $\sin\alpha_T = \dfrac{c_{\text{Wasser}}}{c_{\text{Luft}}} \approx \dfrac{c_{\text{Wasser}}}{c} = \dfrac{1}{n} \approx 0{,}75 \quad \Rightarrow \quad \underline{\underline{\alpha_T \approx 49°}}$

**52.** Das elektrische Wechselfeld trifft auf den Empfangsdipol und übt dabei periodisch Kräfte auf dessen (freie) Elektronen aus, die dadurch hin und her schwingen. Das gleichzeitig vorhandene magnetische Wechselfeld unterstützt diesen Vorgang durch elektromagnetische Induktion.

**53.** Für das Maximum 1. Ordnung ist: $\sin\alpha_1 = \dfrac{\lambda}{d}$. Zudem gilt: $\tan\alpha_1 = \dfrac{a}{e}$.

Wegen $e \gg a$ ist $\alpha_1$ klein und es gilt die Näherung: $\sin\alpha_1 \approx \tan\alpha_1$

Demnach ist: $\dfrac{\lambda}{d} \approx \dfrac{a}{e}$ und also: $d \approx \dfrac{e \cdot \lambda}{a} = \dfrac{5{,}5\,\text{m} \cdot 5{,}9 \cdot 10^{-7}\,\text{m}}{4 \cdot 10^{-3}\,\text{m}} \approx \underline{\underline{0{,}8\,\text{mm}}}$

**54.** Das Prismenspektrum entsteht durch Dispersion, wobei das kurzwellige, violette Licht stärker als das langwellige, rote Licht gebrochen wird. Beim Gitterspektrum hingegen gilt $\sin\alpha \sim \lambda$, weshalb dort Violett am geringsten und Rot am stärksten gebeugt wird.

**55.** Das Licht eines jeden beobachteten Objektpunktes wird an Öffnungen (z. B. Linsenfassungen) gebeugt. Somit werden Objektpunkte als kleine »Beugungsscheibchen« gesehen. Rücken die Objektpunkte näher zusammen, so überlappen sich die Beugungsscheibchen schließlich und können nicht mehr als getrennt wahrgenommen werden.

**56.** Aus der BRAGGschen Beziehung $2 \cdot d \cdot \sin\alpha_k = k \cdot \lambda$ folgt mit $k = 1$ für den Netzebenenabstand:

$$d = \frac{\lambda}{2 \cdot \sin\alpha_1} = \frac{130\,\text{pm}}{2 \cdot \sin 13{,}5°} \approx \underline{\underline{278\,\text{pm}}}$$

# 11 Effekte der Quantenphysik

## 11.1 Der Photoeffekt und die Lichtquantenhypothese

Wird eine frisch geschmirgelte, negativ geladene Zinkplatte mit UV-Licht einer Quecksilber-Dampflampe bestrahlt, so verliert sie mit der Zeit ihre Ladung. Ursache dafür ist der **Photoeffekt (lichtelektrischer Effekt)**:

> Wird ein Metall mit Licht genügend großer Frequenz bestrahlt, so werden dadurch Elektronen von der Metalloberfläche abgelöst.

Je nach Art des Metalls tritt der Photoeffekt erst oberhalb einer bestimmten Grenzfrequenz $f_G$ des verwendeten Lichts ein. Die Intensität des Lichts beeinflusst *nicht*, ob der Effekt eintritt oder nicht. Dies widerspricht dem Wellenmodell des Lichts, bei dem die Intensität des Lichts an einer Stelle ein Maß für die bereitgestellte Energie ist. Wird $f_G$ überschritten, so tritt der Effekt ohne Verzögerung ein, wobei die Anzahl der abgelösten Elektronen proportional zur Intensität des verwendeten Lichts ist.

Zur quantitativen Untersuchung des Photoeffekts benutzt man die **Gegenfeldmethode**. Dazu wird eine Photozelle mit Licht bestrahlt. Man variiert die Frequenz des Lichts und misst zu jeder Frequenz die Gegenspannung $U_g$, für die der Photostrom Null wird. $U_g$ ist ein Maß für die maximale kinetische Energie $E_{kin,\,\max}$ der abgelösten Elektronen: $e \cdot U_g = E_{kin,\,\max}$. Diese Energie nimmt oberhalb von $f_G$ linear mit der Frequenz $f$ des verwendeten Lichts zu.

Es gilt die EINSTEIN-Gleichung: $E_{kin,\,\max} = h \cdot f - W_A$ ► 11.1

Darin ist $h \cdot f$ die vom Licht der Frequenz $f$ bereitgestellte Energie und $W_A$ die für den Austritt aus der Metalloberfläche benötigte Energie (**Austrittsarbeit**), die vom jeweiligen Metall abhängt. Die Konstante $h$ heißt das **PLANCKsche Wirkungsquantum**:

$h = 6{,}626 \cdot 10^{-34}\ \mathrm{J \cdot s}$ ► 11.2

EINSTEIN formulierte daraufhin folgende **Lichtquantenhypothese**:

> Bei Licht (bzw. allgemein bei elektromagnetischer Strahlung) der Frequenz $f$ steht die Energie nur in bestimmten Portionen $h \cdot f$, den so genannten **Lichtquanten** (bzw. allgemein **Photonen** oder **$\gamma$-Quanten**), zur Verfügung.

Aufgrund des Photoeffekts lassen sich den Photonen gewisse Teilcheneigenschaften zuschreiben.

Mittels der Masse-Energie-Beziehung $E = m \cdot c^2$ kann man ihnen eine Masse $m$ sowie einen Impuls $\vec{p}$ zuordnen:

► 11.3 $$m = \frac{E}{c^2} = \frac{h \cdot f}{c^2} \quad \text{und} \quad p = m \cdot c = \frac{h \cdot f}{c} = \frac{h}{\lambda}$$

Die Ruheenergie der Photonen ist wie ihre Ruhemasse gleich Null.

Die Entstehung von Röntgen-Bremsstrahlung (→ Kap. 10) lässt sich als Umkehrung des Photoeffekts deuten: Die in der Röntgenröhre von der Anodenspannung $U$ beschleunigten Elektronen werden beim Auftreffen auf die Anode abgebremst. Ihre kinetische Energie $e \cdot U$ wird dabei teilweise oder vollständig in Energie der Photonen (Röntgen-Quanten) umgewandelt.

Die Röntgen-Bremsstrahlung weist ein kontinuierliches Spektrum auf, das bei einer unteren Grenzwellenlänge abrupt abbricht. Die zugehörige obere Grenzfrequenz $f_G$ wird allein durch die Energie $e \cdot U$ bestimmt, welche den Elektronen in der Röntgenröhre zugeführt wurde:

► 11.4 $$f_G = \frac{e \cdot U}{h}$$

**?**

***Musteraufgabe 23***

Aus einer Kupfer-Oberfläche werden durch Bestrahlung mit Licht der Frequenz $f = 1{,}3 \cdot 10^{15}$ Hz Elektronen der Maximalenergie 0,9 eV ausgelöst.

a) Wie groß ist die Austrittsarbeit $W_A$ für Kupfer?

b) Bei welcher Grenzfrequenz $f_G$ setzt der Photoeffekt bei Kupfer ein?

**!**

***Lösung***

a) Aus $E_{kin,\,max} = h \cdot f - W_A$ folgt mit $E_{kin,\,max} = 0{,}9\,\text{eV} = 1{,}4418 \cdot 10^{-19}\,\text{J}$:

$$W_A = h \cdot f - E_{kin,\,max} \underline{\underline{\approx 7{,}17 \cdot 10^{-19}\,\text{J} \approx 4{,}47\,\text{eV}}}$$

b) Im Falle der Grenzfrequenz $f_G$ gilt: $E_{kin,\,max} = 0$.

Damit ergibt sich: $$f_G = \frac{W_A}{h} = \frac{7{,}17 \cdot 10^{-19}\,\text{J}}{6{,}626 \cdot 10^{-34}\,\text{J} \cdot \text{s}} \underline{\underline{\approx 1{,}08 \cdot 10^{15}\,\text{Hz}}}$$

## 11.2 Doppelspalt-Experiment und Welle-Teilchen-Dualismus

TAYLOR wandelte den Doppelspaltversuch wie folgt ab: Er verringerte die Lichtintensität so weit, dass die Photonen *einzeln* und *nacheinander* den Doppelspalt passierten und anschließend auf einen Film trafen. Wie es bei Teilchen zu erwarten war, zeigten sich nach sehr kurzer Belichtungsdauer einzelne Treffer in Form von schwarzen Punkten. Nach längerer Belichtung kam es jedoch zu einem unerwarteten Ergebnis: Die einzelnen Treffer verteilten sich nicht, wie man es von Teilchen erwartet hätte (a), sondern es entstand wieder das von der Lichtbeugung her bekannte Interferenzbild (b) als Mosaik sehr vieler Treffer. Dies war aus klassischer Sicht völlig unverständlich und führte zur Entwicklung einer neuen Mechanik, der **Quantenmechanik**.

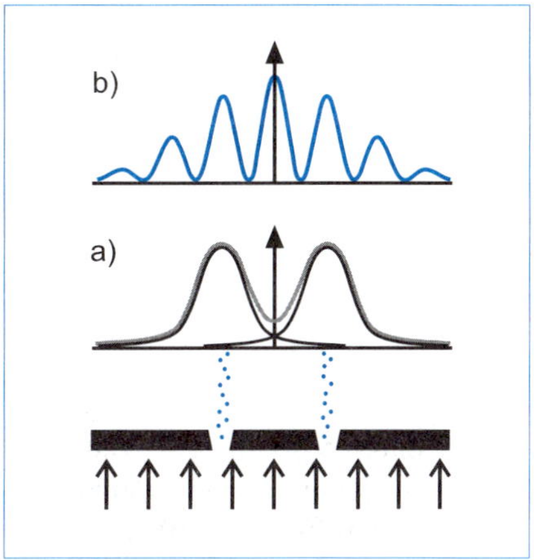


Abb. 11.1: a) erwartetes und b) beobachtetes Verhalten der Photonen

> Das Verhalten (der Auftreffort) eines einzelnen Photons kann nicht vorhergesagt werden, sondern man kann darüber nur Wahrscheinlichkeitsaussagen machen. Die Wahrscheinlichkeitsdichte der Photonen hingegen lässt sich exakt ermitteln; sie ist proportional zur Intensität und damit proportional zum Amplitudenquadrat der Lichtwelle.

Einige Erscheinungen des Lichts (Beugung, Interferenz, Polarisation) lassen sich durch das Wellenmodell erklären, in anderen Situationen hingegen (Photoeffekt, COMPTON-Effekt) kann man dem Licht Teilcheneigenschaften zuschreiben. Doch weder das eine noch das andere Modell gelten uneingeschränkt, wie das Doppelspalt-Experiment zeigt. Dem Licht kommt scheinbar ein Doppelcharakter zu – man spricht vom **Welle-Teilchen-Dualismus**.

## 11.3 Materiewellen

Nicht nur Photonen weisen einen Dualismus auf, auch bei anderen Mikroobjekten kann man Teilchen- wie Welleneigenschaften feststellen.

Der folgende Versuch untermauert diese Behauptung: In einer Elektronenstrahlröhre durchlaufen Elektronen eine Spannung von ca. 5 kV. Wird eine dünne Grafit-Folie in den Weg des Elektronenstrahls gebracht, so erkennt man auf dem Leuchtschirm der Röhre helle und dunkle Ringe. Diese so genannten **DEBYE-SCHERRER-Ringe** sind qualitativ dieselben Interferenzerscheinungen, wie sie bei der Beugung von Röntgenstrahlen an Kristallen entstehen. Die Elektronen zeigen in diesem Fall also Welleneigenschaften.

Eine Verallgemeinerung der beobachtbaren Phänomene gelang DE BROGLIE mit seiner Theorie der **Materiewellen**, die Folgendes besagt:

Jedem bewegten Teilchen (Masse $m$, Geschwindigkeit $\vec{v}$, Impuls $\vec{p} = m \cdot \vec{v}$) ist eine Materiewelle mit der **DE-BROGLIE-Wellenlänge λ** und der Frequenz $f$ zugeordnet. Es gelten:

► 11.5 $$\lambda = \frac{h}{p} = \frac{h}{m \cdot v} \quad \text{und} \quad f = \frac{E}{h} = \frac{m \cdot c^2}{h}$$

Die Ausbreitungsgeschwindigkeit $u$ (Phasengeschwindigkeit) einer Materiewelle ist von der zugehörigen Teilchengeschwindigkeit $v$ zu unterscheiden. Mit $u = \lambda \cdot f$ folgt
► 11.6 aus (11.5) der Zusammenhang: $u \cdot v = c^2$

**?**

***Musteraufgabe 24***
Welche DE-BROGLIE-Wellenlänge haben Elektronen, die eine Spannung von 2 kV durchlaufen haben? (Hinweis: Keine relativistische Rechnung nötig!)

**!**

***Lösung***
Aus $\lambda = \frac{h}{p}$ folgt mit $p = m_e \cdot v$ und $v = \sqrt{\frac{2 \cdot e \cdot U}{m_e}}$:

$$\lambda = \frac{h}{\sqrt{2 \cdot e \cdot m_e \cdot U}} = \frac{6{,}626 \cdot 10^{-34}\,\text{J} \cdot \text{s}}{\sqrt{2 \cdot 1{,}609 \cdot 10^{-19}\,\text{A} \cdot \text{s} \cdot 9{,}109 \cdot 10^{-31}\,\text{kg} \cdot 2 \cdot 10^{3}\,\text{V}}} \approx \underline{\underline{2{,}7 \cdot 10^{-11}\,\text{m}}}$$

## 11.4 Die HEISENBERGsche Unschärferelation

Wie wir gesehen haben, weisen Mikroobjekte einen Welle-Teilchen-Dualismus auf. Das führt dazu, dass über das Verhalten einzelner Teilchen nur Wahrscheinlichkeitsaussagen möglich sind. Bei Messungen an Mikroobjekten wird dieses statistische Verhalten deutlich. Will man gleichzeitig zwei komplementäre Größen, z. B. Ort $x$ und Impuls $p_x$ eines Teilchens, messen, so sind die Messergebnisse mit Unsicherheiten, den so genannten Unschärfen behaftet, deren Ursachen nicht im Messprozess begründet sind.

Die **HEISENBERGsche Unschärferelation** präzisiert diese Feststellung:
Es ist unmöglich, gleichzeitig Ort und Impuls eines Mikroobjektes beliebig genau zu bestimmen.

Die HEISENBERGsche Unschärferelation hat weitreichende Konsequenzen in der Mikrophysik zur Folge. So führt sie z. B. dazu, dass man für bewegte Mikroobjekte den klassischen Bahnbegriff aufgeben muss, da dieser die genaue Kenntnis von Ort und Impuls voraussetzt.

Für die Unschärfen der komplementären Größen Energie $E$ und Zeit $t$ gilt eine analoge Energie-Zeit-Beziehung. Sie besagt, dass bei Quanteneffekten auch die Energie mit einer Unschärfe behaftet ist, die von der Unschärfe $\Delta t$ der Dauer des Effektes abhängt. Dies macht sich bei Spektralanalysen zum Beispiel in einer Frequenzunschärfe bemerkbar. Für Mikroobjekte kann der Energieerhaltungssatz also durchaus kurzzeitig verletzt erscheinen.

## 11.5 Übungsaufgaben

**57.** Elektronenmikroskope zeigen einen analogen Aufbau wie Lichtmikroskope. Eine Elektronenquelle übernimmt die Rolle der Lichtquelle, die Fokussierung erfolgt durch geeignete Magnetfelder (Magnetlinsen). Worin liegt der entscheidende Vorteil der Elektronenmikroskope?

**58.** Skizzieren Sie eine Versuchsschaltung zur quantitativen Untersuchung des Photoeffekts mithilfe der Gegenfeldmethode und stellen Sie die Abhängigkeit der Gegenspannung $U_g$ von der Frequenz $f$ des verwendeten Lichts grafisch dar!

**59.** Wie groß sind Gesamtenergie $E$ und kinetische Energie $E_{kin}$ (jeweils in der Einheit eV) von Photonen der Wellenlänge $10^{-10}$ m?

**60.** Wie groß sind der Impuls $p$ und die Gesamtenergie $E$ (in eV) von Elektronen der Wellenlänge $10^{-10}$ m?

**61.** Warum wird der Wellencharakter der Materie nicht an makroskopischen Körpern beobachtet?

## Tipps und Hinweise zum Lösen der Übungsaufgaben

**57.** Die Wellenlänge bestimmt das Auflösungsvermögen.

**58.** an Photo-Kathode liegt positive Spannung an

**59.** Gesamtenergie ist durch die Frequenz bestimmt; keine Ruheenergie

**60.** DE-BROGLIE-Beziehung und Energie-Impuls-Beziehung anwenden

**61.** DE-BROGLIE-Wellenlängen beachten

## Lösungen der Übungsaufgaben

**57.** Bewegte Elektronen zeigen Welleneigenschaften. Durch eine genügend große Beschleunigungsspannung kann die zugehörige DE-BROGLIE-Wellenlänge $\lambda$ jedoch sehr viel kleiner werden als die Wellenlängen von sichtbarem Licht. Dadurch können mit Elektronenmikroskopen viel kleinere Objekte aufgelöst werden als mit Lichtmikroskopen.

**58.**

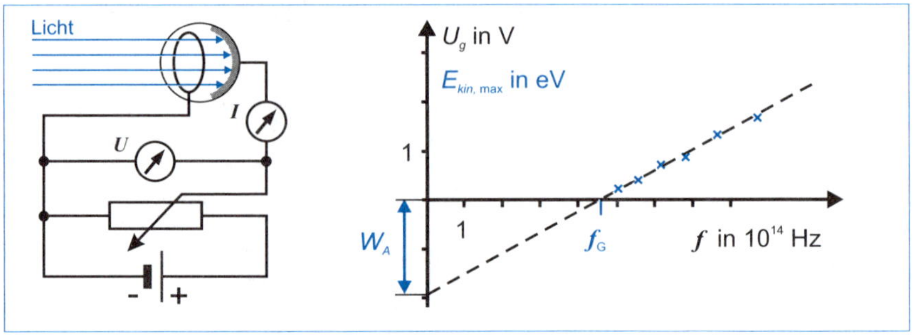


**59.** $E = h \cdot \frac{c}{\lambda} = 6{,}626 \cdot 10^{-34}\,\text{J} \cdot \text{s}\,\frac{3 \cdot 10^{8}\,\text{m} \cdot \text{s}^{-1}}{10^{-10}\,\text{m}} \approx \underline{\underline{1{,}99 \cdot 10^{-15}\,\text{J} \approx 1{,}24 \cdot 10^{4}\,\text{eV}}}$

Für Photonen ist $E_0 = 0$ und also: $E_{kin} = E \approx \underline{\underline{1{,}99 \cdot 10^{-15}\,\text{J} \approx 1{,}24 \cdot 10^{4}\,\text{eV}}}$

**60.** Aus $\lambda = \frac{h}{p}$ folgt: $p = \frac{h}{\lambda} = \frac{6{,}626 \cdot 10^{-34}\,\text{J} \cdot \text{s}}{10^{-10}\,\text{m}} \approx \underline{\underline{6{,}6 \cdot 10^{-24}\,\frac{\text{kg} \cdot \text{m}}{\text{s}}}}$

Aufgrund der Energie-Impuls-Beziehung $E^2 = E_0^2 + (c \cdot p)^2$ gilt:

$$E = \sqrt{E_0^2 + c^2 \cdot p^2} = \sqrt{(m_{0,e} \cdot c^2)^2 + c^2 \cdot p^2} \approx \underline{\underline{8{,}2 \cdot 10^{-14}\,\text{J} \approx 5{,}1 \cdot 10^{5}\,\text{eV}}}$$

**61.** Mit wachsender Masse nimmt die DE-BROGLIE-Wellenlänge $\lambda$ ab. Deshalb bleibt der Wellencharakter der Materie in der Makrophysik verborgen.

# 12 Atom- und Kernphysik

## 12.1 RUTHERFORDs Streuexperimente

Um Kenntnisse über den inneren Aufbau der Atome zu erhalten, führten LENARD (mit Elektronen) und RUTHERFORD **Streuexperimente** durch.

RUTHERFORD schoss ein schmales Bündel $\alpha$-Teilchen auf eine sehr dünne Goldfolie. Hinter der Folie befand sich ein beweglich angeordneter Szintillationsschirm, der jedes Auftreffen eines $\alpha$-Teilchens durch einen Lichtblitz anzeigte. Bei den Streuexperimenten wurde Folgendes festgestellt:

1) Fast alle $\alpha$-Teilchen durchdringen die Folie, ohne abgelenkt zu werden.
2) Wenige $\alpha$-Teilchen werden abgelenkt, wobei kleine Ablenkwinkel öfter auftreten als große. Vereinzelt kommt es sogar zu Rückstreuung.
3) Die relative Häufigkeit bestimmter Ablenkwinkel hängt vom verwendeten Material (der Ordnungszahl $Z$) der Folie ab.
4) Durch die Streuung verlieren die $\alpha$-Teilchen kaum an Energie.

Wegen $m_\alpha \gg m_e$ und (4) konnten die $\alpha$-Teilchen nicht an Elektronen gestreut worden sein. Mit dem **RUTHERFORDschen Atommodell** wurden die beobachteten Phänomene schließlich auf COULOMB-Kräfte zwischen den $\alpha$-Teilchen und einem positiv geladenen Kern zurückgeführt:

Der größte Teil der Masse eines Atoms ist in einem positiv geladenen Atomkern konzentriert, dessen Ausdehnung im Bereich von $10^{-14}$ m liegt. Elektronen bewegen sich auf Kreisbahnen um diesen Kern und bilden so die Atomhülle, deren Größenordnung im Bereich von $10^{-10}$ m liegt.

Ein Element mit der Ordnungszahl $Z$ trägt im Atomkern die Ladung $Z \cdot e$.

RUTHERFORDs Atommodell weist einige Unzulänglichkeiten auf: Für die kreisenden Elektronen lässt es theoretisch beliebige Bahnradien zu; Atome zeigen aber stets dieselbe Größe. Ein kreisendes Elektron stellt eine beschleunigte Ladung dar, welche elektromagnetische Strahlung aussenden müsste. Dies hätte aber eine Abnahme der kinetischen Energie zur Folge, so dass das Elektron schließlich in den Kern fallen würde. Wasserstoff-Atome besitzen nur ein Hüllenelektron und müssten somit scheibchenförmig sein.

## 12.2 Quantenhafte Absorption und Emission

Beim **FRANCK-HERTZ-Versuch** werden Elektronen in einer mit Quecksilberdampf ($\upsilon \approx 200\,°C$; $p \approx 200\,Pa$) gefüllten Dreielektrodenröhre zwischen Kathode K und Gitter G durch eine variable Spannung $U_b$ beschleunigt. Anschließend müssen sie eine geringe Gegenspannung $U_g$ zwischen G und der Anode A überwinden. Der resultierende Anodenstrom $I_A$ wird in Abhängigkeit von $U_b$ gemessen und abgetragen. Zunächst steigt $I_A$ mit wachsender Spannung $U_b$ an, bei einem Wert $U_{b1}$ fällt $I_A$ jedoch steil ab. Wird $U_b$ weiter erhöht, so nimmt $I_A$ wieder zu, um bei $U_{b2} = U_{b1} + 4{,}9\,V$ erneut abzufallen. Dies geht so weiter, jeweils in Abständen von $\Delta U_b = 4{,}9\,V$.

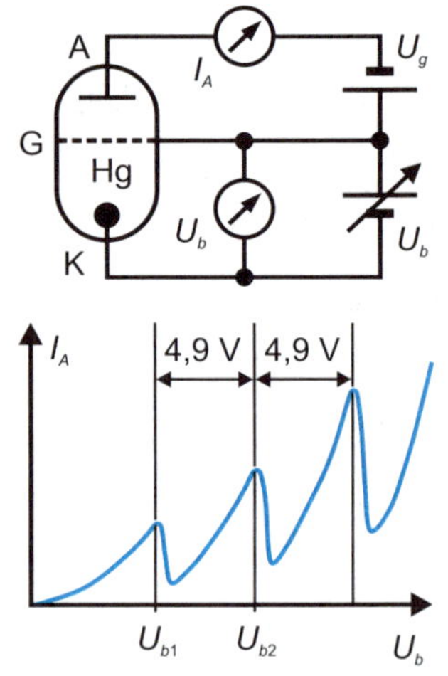


Abb. 12.1: Schaltbild und Messkurve des Versuchs

Das Resultat lässt sich folgendermaßen deuten:

Die Stöße der Elektronen mit den Hg-Atomen erfolgen zunächst vollkommen elastisch, die Elektronen geben dabei keine Energie ab. Bei $U_{b1}$ jedoch erfolgen die Stöße unelastisch; die stoßenden Elektronen geben dabei so viel Energie ab, dass sie A nicht mehr erreichen können. Bei weiterem Erhöhen von $U_b$ verbleibt den stoßenden Elektronen wieder genügend Energie, um A zu erreichen. Erst bei $U_{b2}$ sinkt $I_A$ erneut ab. Die Elektronen geben ihre Energie nun durch zwei unelastische Stöße ab. Die Hg-Atome können Energie scheinbar nur in Portionen von $4{,}9\,eV$ absorbieren. Benutzt man andere Gase, so findet man andere charakteristische Energieportionen.

Atome können Energie nur in bestimmten Quanten absorbieren, deren Größe charakteristisch für die jeweilige Atomart ist.

Die **Anregung von Atomen** ist außer durch Elektronenstoß auch durch Erwärmung oder durch Bestrahlung mit Licht genügend hoher Frequenz möglich. Alle Absorptions wie Emissionsspektren von Gasen weisen diskrete, für das jeweilige Gas charakteristische Linien auf. Dies belegt auch, dass Atome Energie nur gequantelt aufnehmen oder abgeben können.

## 12.3 Das BOHRsche Atommodell und die Spektralserien

Bohr fügte dem RUTHERFORDschen Atommodell weitere Grundannahmen, die **BOHRschen Postulate**, hinzu, durch welche die gequantelte Absorption bzw. Emission der Energie erstmals erklärt werden konnten.

**1. Postulat**: Elektronen können nur auf ganz bestimmten (diskreten) Bahnen strahlungsfrei um den Kern kreisen. Die Energie eines Elektrons kann entsprechend nur ganz bestimmte Werte $E_i$ annehmen. ▸ 12.1

**2. Postulat**: Der Übergang eines Elektrons von einer erlaubten Bahn n zu einer anderen Bahn m erfolgt sprunghaft unter Abgabe oder Aufnahme eines Energiequants $\Delta E = E_{\mathrm{m}} - E_{\mathrm{n}} = h \cdot f$ ▸ 12.2

Diese Postulate werden durch die **BOHRsche Quantenbedingung** ergänzt:

Der Bahndrehimpuls eines kreisenden Elektrons ist ein ganzzahliges Vielfaches von $h/2\pi$, also:
$2\pi \cdot r_{\mathrm{n}} \cdot m_{\mathrm{e}} \cdot v_{\mathrm{n}} = \mathrm{n} \cdot h$ mit n = 1; 2; 3; ... ▸ 12.3

Das BOHRsche Atommodell liefert für das Wasserstoff-Atom recht genaue Resultate. Für das Elektron betragen Bahnradius und Bahngeschwindigkeit der n-ten Bahn hierbei:

$$r_{\mathrm{n}} = \frac{h^2 \cdot \varepsilon_0}{\pi \cdot m_{\mathrm{e}} \cdot e^2} \cdot \mathrm{n}^2 \quad \text{und} \quad v_{\mathrm{n}} = \frac{e^2}{2 \cdot h \cdot \varepsilon_0} \cdot \frac{1}{\mathrm{n}}$$ ▸ 12.4

Die Energiestufen sind: $E_{\mathrm{n}} = \dfrac{-e^2}{8\pi \cdot \varepsilon_0 \cdot r_{\mathrm{n}}} = \dfrac{-m_{\mathrm{e}} \cdot e^4}{8 \cdot \varepsilon_0^2 \cdot h^2} \cdot \dfrac{1}{\mathrm{n}^2} = -R_{\mathrm{H}} \cdot h \cdot \mathrm{c} \cdot \dfrac{1}{\mathrm{n}^2}$ ▸ 12.5

Dabei ist $R_{\mathrm{H}} = \dfrac{e^4 \cdot m_{\mathrm{e}}}{8 \cdot \varepsilon_0^2 \cdot h^3 \cdot \mathrm{c}} \approx 1{,}097 \cdot 10^7\,\mathrm{m}^{-1}$ die **RYDBERG-Konstante** ▸ 12.6

Das niedrigste Energieniveau $E_1$ beschreibt den **Grundzustand** des Atoms und ist hier durch die Energie $E_1 \approx -13{,}6\,\mathrm{eV}$ gegeben. Um das Atom in einen **angeregten Zustand** zu versetzen, muss das Elektron auf eine höhere, d. h. eine energiereichere Bahn gelangen. Dazu muss ihm ein »passendes« Energiequant zugeführt werden. Zur Ionisation des H-Atoms ist gerade die Energie $E_{Ion} = |E_1| \approx 13{,}6\,\mathrm{eV}$ aufzuwenden.

Kehrt das Elektron von einer Bahn m auf eine niedrigere Bahn n zurück, so wird die zugehörige Energiedifferenz $\Delta E = E_{\mathrm{m}} - E_{\mathrm{n}} = h \cdot f$ als Photon abgestrahlt. Auf diese Weise ergibt sich zu jeder unteren Bahn n eine ganze Serie von Spektrallinien, die oft nach ihrem jeweiligen Entdecker benannt ist.

Mittels (12.2) und (12.5) kann man für die zugehörigen Frequenzen $f$ und **Wellenzahlen $1/\lambda$** der Spektrallinien folgende **Serienformeln** angeben:

▸ 12.7 $$f = \frac{\Delta E}{h} = R_\mathrm{H} \cdot \mathrm{c} \cdot \left(\frac{1}{\mathrm{n}^2} - \frac{1}{\mathrm{m}^2}\right) \quad \text{und} \quad \frac{1}{\lambda} = R_\mathrm{H} \cdot \left(\frac{1}{\mathrm{n}^2} - \frac{1}{\mathrm{m}^2}\right) \quad \text{mit m} > \text{n}$$

Mit wachsendem m rücken die Linien immer enger zusammen und streben für $\mathrm{m} \to \infty$ schließlich der **Seriengrenze** mit

▸ 12.8 $$f_\mathrm{G} = R_\mathrm{H} \cdot \mathrm{c} \cdot \frac{1}{\mathrm{n}^2} \text{ zu:}$$

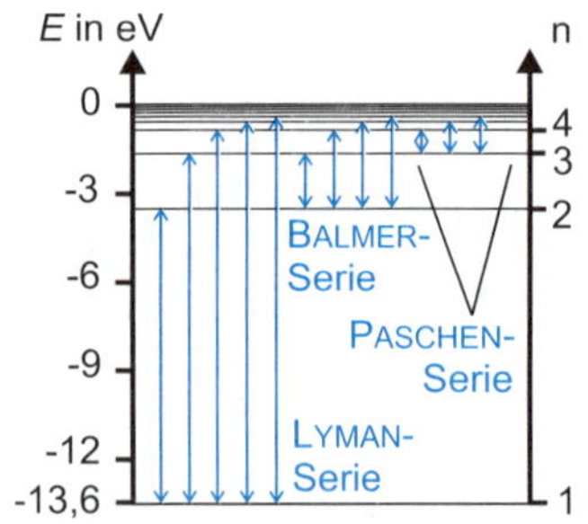


| Serienname | n | m | Spektralbereich |
|---|---|---|---|
| LYMAN-Serie | 1 | 2; 3; ... | ultraviolett |
| BALMER-Serie | 2 | 3; 4; ... | sichtbares Licht |
| PASCHEN-Serie | 3 | 4; 5; ... | infrarot |
| BRACKETT-Serie | 4 | 5; 6; ... | infrarot |
| PFUND-Serie | 5 | 6; 7; ... | infrarot |

Abb. 12.2: Energieniveau-schema (Termschema) und bekannte Serien des Wasserstoffs

?

***Musteraufgabe 25***

Geben Sie die Serienformel für die Wellenzahlen der BALMER-Serie an und berechnen Sie die Wellenlängen der ersten vier Linien dieser Serie!

!

***Lösung***

BALMER-Serienformel: $\frac{1}{\lambda} = R_\mathrm{H} \cdot \left(\frac{1}{2^2} - \frac{1}{\mathrm{m}^2}\right)$ mit $\mathrm{m} = 3;\ 4;\ 5;\ \ldots$

Bezeichnungen und Wellenlängen der ersten vier Spektrallinien:
$\mathrm{H}_\alpha$: $\lambda \approx 656\,\mathrm{nm}$; $\mathrm{H}_\beta$: $\lambda \approx 486\,\mathrm{nm}$; $\mathrm{H}_\gamma$: $\lambda \approx 434\,\mathrm{nm}$; $\mathrm{H}_\delta$: $\lambda \approx 410\,\mathrm{nm}$

## 12.4 Schalenaufbau und charakteristische Röntgenstrahlung

Ein H-Atom besitzt nur ein Hüllenelektron. Zur Angabe der Energiestufen dieses Elektrons genügte die Kenntnis der Bahnnummer n, auch **Hauptquantenzahl *n*** genannt. Für Atome mit mehr als einem Hüllenelektron werden vier Quantenzahlen benötigt, um alle möglichen Energiestufen zu beschreiben. Dabei denkt man sich sämtliche Elektronen mit der gleichen Hauptquantenzahl $n$ auf einer gemeinsamen Schale befindlich. Auf solch einer Schale haben maximal $2n^2$ Elektronen Platz. Die zu $n = 1;\ 2;\ 3;\ \ldots$ gehörende Schale nennt man die K-; L-; M-; ...-Schale.

Mit dieser Vorstellung wird auch die charakteristische RÖNTGEN-Strahlung verständlich, welche das kontinuierliche Bremsspektrum überlagert. Bei Elementen hoher Ordnungszahl sind die inneren Schalen vollständig besetzt. Werden die Elektronen in der RÖNTGEN-Röhre genügend beschleunigt, so schlagen sie Elektronen aus der K- oder der L-Schale des Anodenmaterials heraus. Die entstandenen Lücken werden durch Elektronen aus höheren Bahnen wieder aufgefüllt, wobei RÖNTGEN-Quanten emittiert werden. Auf diese Weise ergeben sich für das jeweilige Anodenmaterial charakteristische Frequenzen. Auch hierfür kennt man Serienformeln. Wird in einem Atom der Ordnungszahl $Z$ eine Lücke in der K-Schale wieder aufgefüllt, so sind folgende Wellenzahlen möglich:

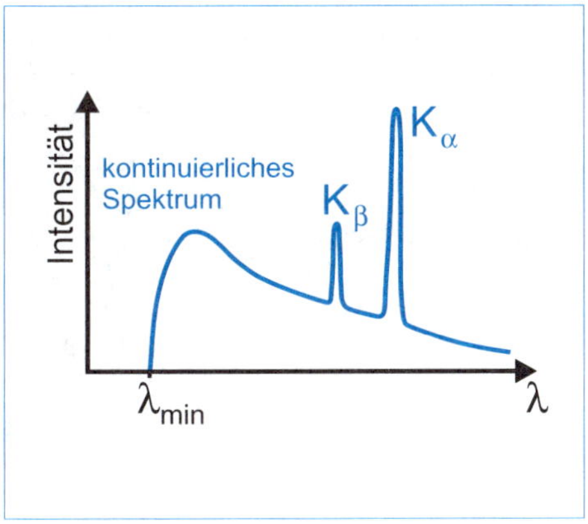


Abb. 12.3: RÖNTGEN-Spektrum

$$\frac{1}{\lambda} = R_\mathrm{H} \cdot (Z-1)^2 \cdot \left(\frac{1}{1^2} - \frac{1}{\mathrm{m}^2}\right) \quad \text{mit} \quad \mathrm{m} = 2;\ 3;\ \ldots$$ ► 12.9

Die **$K_\alpha$-Linie** ergibt sich, wenn eine Lücke in der K-Schale durch ein Elektron der L-Schale wieder aufgefüllt wird. Das **MOSELEY-Gesetz** gibt die zugehörige Wellenzahl an:

$$\frac{1}{\lambda_{K_\alpha}} = \frac{3}{4} \cdot R_\mathrm{H} \cdot (Z-1)^2$$ ► 12.10

## 12.5 Die Kernbausteine

Atomkerne sind aus **Protonen** (p) und **Neutronen** (n) aufgebaut, die man unter dem Begriff **Nukleonen** zusammenfasst. Die **Protonenzahl *Z*** (Kernladungszahl) wird auch Ordnungszahl genannt, da sie die Elementzugehörigkeit und somit den Platz im Periodensystem der Elemente (PSE) bestimmt. Die **Neutronenzahl *N*** kann für ein bestimmtes Element verschiedene Werte haben. Für die **Massenzahl *A*** (Nukleonenzahl) gilt: $A = N + Z$ ► 12.11

Protonen haben die Masse $m_\mathrm{p} \approx 1{,}673 \cdot 10^{-27}\,\mathrm{kg} \approx 1{,}0073\,\mathrm{u}$ und tragen die

Ladung $+e$, für Neutronen ist $m_\mathrm{n} \approx 1{,}675 \cdot 10^{-27}\,\mathrm{kg} \approx 1{,}0087\,\mathrm{u}$. ► 12.12

Man kann Atomkernen einen Radius $r$ zuschreiben: $r \approx r_0 \cdot \sqrt[3]{A}$ ► 12.13

Dabei ist $r_0 = 1{,}46 \cdot 10^{-15}\,\mathrm{m}$ etwa der Radius eines Protons.

Zwischen den Protonen des Kerns herrschen abstoßende COULOMB-Kräfte. Trotzdem werden die Nukleonen des Kerns durch eine anziehende **starke Kernkraft** (auch **starke Wechselwirkung** genannt) zusammen gehalten. Diese Kernkraft wirkt ladungsunabhängig zwischen den Protonen und Neutronen des Kerns. Ihre Reichweite beträgt jedoch nur ca. $1{,}5 \cdot 10^{-15}$ m; bei größeren Distanzen überwiegt die COULOMB-Abstoßung.

Atome, die in $Z$ sowie in $N$ übereinstimmen, heißen **Nuklide**. Nuklide mit gleichem $A$, aber verschiedenen Werten von $N$ und $Z$ heißen **Isobare**; Nuklide mit gleichem $Z$, aber verschiedenem $N$ nennt man **Isotope**. Chemische Elemente bestehen meistens aus einem Gemisch von Isotopen.

Zur eindeutigen Kennzeichnung eines Nuklids trägt man $A$ (und oft auch $Z$) an das Elementsymbol X an: ${}^{A}_{Z}\mathrm{X}$. Auf gleiche Weise können auch Protonen, Neutronen und Elektronen geschrieben werden als: ${}^{1}_{1}\mathrm{p}$, ${}^{1}_{0}\mathrm{n}$ und ${}^{0}_{-1}\mathrm{e}$.

## 12.6 Radioaktive Strahlung

Die Werte von $Z$ und $N$ bestimmen, ob ein Kern stabil oder instabil ist.

Instabile Kerne wandeln sich spontan unter Aussendung ionisierender Strahlung in neue Kerne um; man spricht von (natürlicher) **Radioaktivität**.

Der Zerfall eines Nuklids führt i. Allg. erst über eine Reihe weiterer instabiler Zwischenprodukte zu einem stabilen Nuklid. Auf diese Weise erfolgt jeder Zerfall auf einer der vier **Zerfallsreihen**, die jeweils durch $A$ bestimmt sind.

| Name der Zerfallsreihe | Bedingung für $A$ | Ausgangsnuklid | stabiles Endnuklid |
|---|---|---|---|
| Thorium-Reihe | 4n | Thorium ${}^{232}_{90}\mathrm{Th}$ | Blei ${}^{208}_{82}\mathrm{Pb}$ |
| Neptunium-Reihe | 4n + 1 | Plutonium ${}^{241}_{94}\mathrm{Pu}$ | Wismut ${}^{209}_{83}\mathrm{Bi}$ |
| Uran-Radium-Reihe | 4n + 2 | Uran ${}^{238}_{92}\mathrm{U}$ | Blei ${}^{206}_{82}\mathrm{Pb}$ |
| Uran-Actinium-Reihe | 4n + 3 | Uran ${}^{235}_{92}\mathrm{U}$ | Blei ${}^{207}_{82}\mathrm{Pb}$ |

Die Zerfallsprozesse sind von **radioaktiver Strahlung** begleitet:

**$\alpha$-Strahlung** besteht aus zweifach positiv geladenen Heliumkernen ${}^{4}_{2}\mathrm{He}$. Zerfällt ein Mutterkern X unter Aussendung von $\alpha$-Strahlung zu einem Tochterkern Y, so gilt folgende Bilanz:

► 12.14 $${}^{Z}_{A}\mathrm{X} \rightarrow {}^{Z-4}_{A-2}\,\mathrm{Y} + {}^{4}_{2}\alpha$$

Bei **$\beta$-Strahlung** unterscheidet man zwei Arten: Geht ein Neutron in ein Proton über, so werden dabei ein Elektron $^{0}_{-1}e$ ($\beta^-$-Teilchen) sowie ein ungeladenes Teilchen ohne Ruhemasse, das **Antineutrino** $\overline{\upsilon}$ emittiert. Es gelten die Bilanzen:

$$^{1}_{0}n \rightarrow {}^{1}_{1}p + {}^{0}_{-1}e + {}^{0}_{0}\overline{\upsilon} \quad \text{sowie} \quad {}^{A}_{Z}X \rightarrow {}^{A}_{Z+1}Y + {}^{0}_{-1}e + {}^{0}_{0}\overline{\upsilon}$$ ► 12.15

Geht ein Proton in ein Neutron über, so werden dabei ein Positron $^{0}_{+1}e$ ($\beta^+$-Teilchen) sowie ein **Neutrino** $\upsilon$ emittiert. Hierfür gelten die Bilanzen:

$$^{1}_{1}n + {}^{1}_{0}n + {}^{0}_{+1}e + {}^{0}_{0}\upsilon \quad \text{sowie} \quad {}^{A}_{Z}X \rightarrow {}^{A}_{Z-1}Y + {}^{0}_{+1}e + {}^{0}_{0}\upsilon$$ ► 12.16

**$\gamma$-Strahlung** ist kurzwellige elektromagnetische Strahlung. Sie besteht aus energiereichen Photonen, die ausgesandt werden, wenn ein Kern aus einem angeregten in einen energieärmeren Zustand übergeht. Dabei ändern sich $Z$ und $A$ nicht. Oft tritt $\gamma$-Strahlung gemeinsam mit $\alpha$- oder $\beta$-Strahlung auf. Für $\gamma$-Strahlung gilt folgende Bilanz:

$$^{A}_{Z}X^{*} = {}^{A}_{Z}X + {}^{0}_{0}\gamma$$ ► 12.17

| **Strahlungsart** | **$\alpha$-Strahlung** | **$\beta$-Strahlung** | **$\gamma$-Strahlung** |
|---|---|---|---|
| *magnetische und elektrische Felder* | wird dadurch abgelenkt | wird dadurch abgelenkt | wird nicht dadurch abgelenkt |
| *Reichweite in Luft* | einige cm | bis zu 10 m | oft sehr groß |
| *Durchdringungsvermögen* | gering | groß | sehr groß |
| *Möglichkeit der Abschirmung* | durch ein Blatt Papier | einige mm dickes Aluminiumblech | Bleiplatten, Dicke je nach Energiegehalt |
| *Energiespektrum* | charakteristische, diskrete Energien (einige MeV) | kontinuierlich, jedoch mit scharfer Obergrenze | charakteristische, diskrete Energien |
| *Ionisationsvermögen* | sehr groß | groß | unterschiedlich |

Die WILSONsche **Nebelkammer** ist ein Gerät zur Untersuchung radioaktiver Strahlung. In einer abgeschlossenen Dose mit Sichtfenster F befindet sich mit Wasser- und Alkoholdampf gesättigte Luft. Durch schnelles Ziehen am Kolben K kühlt die Luft adiabatisch ab, sodass Übersättigung eintritt. Die radioaktive Strahlung des Präparates P hinterlässt eine Spur ionisierter Gasatome; die in der übersättigten Luft als Kondensationskeime wirken und eine Tröpfchenbildung verursachen. Durch seitliche Beleuchtung B können die Bahnen gut beobachtet werden.

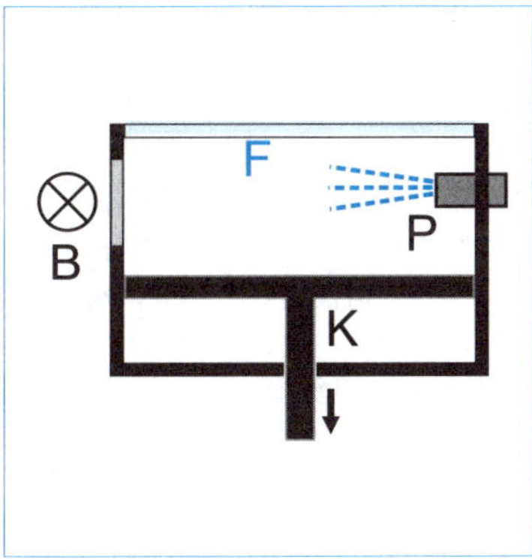


Abb. 12.4: Nebelkammer

## 12.7 Das Zerfallsgesetz

Die spontane Umwandlung instabiler Kerne ist ein statistischer Vorgang, der durch äußere Einwirkung nicht beeinflusst wird. Zerfallen $\Delta N$ Kerne im Zeitintervall $\Delta t$, so nennt man den Quotienten $\Delta N/\Delta t$ die **Zerfallsrate**.

▸ 12.18 Ihr Momentanwert $A = -\frac{dN}{dt}$ heißt **Aktivität *A*** des Nuklids

Die Einheit der Aktivität ist das BECQUEREL: $1\,\text{Bq} = 1\,\text{s}^{-1}$

Untersuchungen zeigen: Die Aktivität ist zur Anzahl N der unzerfallenen Kerne (N sehr groß!) proportional:

▸ 12.19 $$A(t) = -\frac{dN(t)}{dt} = \lambda \cdot N(t)$$

Die **Zerfallskonstante λ** ist für das jeweilige Nuklid charakteristisch.

▸ 12.20 Durch Integration ergibt sich das **Zerfallsgesetz**: $N(t) = N_0 \cdot e^{-\lambda \cdot t}$
Dabei ist $N_0$ die Anzahl der zur Zeit $t_0 = 0$ unzerfallenen Kerne.

Die Zeit, innerhalb der die Hälfte der anfänglich vorhandenen Kerne zerfällt, heißt **Halbwertszeit $t_H$**.

▸ 12.21 Es gilt: $t_H = \frac{\ln 2}{\lambda}$

Diese Zeit ist wie $\lambda$ eine für das jeweilige Nuklid charakteristische Größe.

Der radioaktive Zerfall verläuft statistisch, d. h. man kann für einen einzelnen Kern nicht vorhersagen, wann er zerfällt, sondern nur, mit welcher Wahrscheinlichkeit er innerhalb einer bestimmten Zeitspanne zerfallen wird. Seine **mittlere Lebensdauer τ**
▸ 12.22 beträgt: $\tau = 1/\lambda$

Während $\alpha$-Strahlung sehr dünne (Metall-)Schichten bereits nicht mehr zu durchdringen vermag, werden $\beta$- und $\gamma$-Strahlung je nach Schichtdicke und Material durch Absorption mehr oder weniger stark geschwächt.

Sind $Z_0$ die Zählrate vor und $Z$ die Zählrate nach dem Durchgang durch eine Schicht
▸ 12.23 der Dicke $d$, so gilt: $Z = Z_0 \cdot e^{-\mu \cdot d}$

Dabei kennzeichnet der **Schwächungskoeffizient μ** das spezifische Absorptionsvermögen des verwendeten Materials. Eine weitere materialspezifische Größe ist die **Halbwertsdicke $d_H$**. Das ist diejenige Schichtdicke, welche die Zählrate auf die Hälfte reduziert:

▸ 12.24 $$d_H = \frac{\ln 2}{\mu}$$

***Musteraufgabe 26***

Die Altersbestimmung mit der **C-14-Methode** beruht darauf, dass in lebenden Organismen pro 1 g Kohlenstoff ca. $7{,}5 \cdot 10^{10}$ radioaktive C-14-Nuklide vorhanden sind. Nach dem Absterben sinkt der C-14-Gehalt mit einer Halbwertszeit von 5730 Jahren. In einer Holzprobe (Kohlenstoffanteil 10 g) misst man eine Aktivität $A = 1{,}65\,\text{Bq}$. Wann wurde das Holz geschlagen?

***Lösung***

Aus $A(t) = \lambda \cdot \mathrm{N}(t)$ und $\mathrm{N}(t) = \mathrm{N}_0 \cdot \mathrm{e}^{-\lambda \cdot t}$ folgt: $A(t) = \lambda \cdot N_0 \cdot \mathrm{e}^{-\lambda \cdot t}$ und somit

$t = \frac{1}{-\lambda} \cdot \ln \frac{A(t)}{\lambda \cdot N_0}$. Mit $N_0 = 10\,\text{g} \cdot 7{,}5 \cdot 10^{10}\,\text{g}^{-1} = 7{,}5 \cdot 10^{11}$ und $\lambda = \ln 2 / t_\mathrm{H}$ ergibt sich:

$$t = \frac{-t_\mathrm{H}}{\ln 2} \cdot \ln \frac{A(t) \cdot t_\mathrm{H}}{\ln 2 \cdot N_0} = \frac{-5730\,\text{a}}{\ln 2} \cdot \ln \frac{1{,}65\,\text{s}^{-1} \cdot 1{,}81 \cdot 10^{11}\,\text{s}}{\ln 2 \cdot 7{,}5 \cdot 10^{11}} \approx \underline{\underline{4600\,\text{a}}}$$

## 12.8 Kernmodelle

Die starke Kernkraft wirkt im Prinzip nur zwischen benachbarten Nukleonen und ähnelt somit den Kohäsionskräften in einer Flüssigkeit. Dies führt zum **Tröpfchenmodell**, bei dem der Atomkern mit einem Flüssigkeitstropfen verglichen wird. Damit lassen sich die Werte für Kernradien, Kerndichte und Kernmasse sowie die Bindungsenergie der Kerne recht gut vorhersagen.

Kerne, bei denen die Protonen- oder die Neutronenzahl eine der **magischen Zahlen** 2, 8, 20, 28, 50, 82 oder 126 beträgt, sind besonders stabil. Dem trägt das **Schalenmodell** Rechnung. Hierbei wird davon ausgegangen, dass sich die Nukleonen eines Kerns auf verschiedenen Schalen (Energieniveaus) befinden. Jeweils dann, wenn die äußere Schale voll besetzt ist, liegt eine magische Zahl vor und es wird eine besondere Stabilität erreicht.

Wegen der Existenz diskreter Energieniveaus kann man Zerfallsprozesse auch durch ein Energieniveauschema (Zerfallsschema) darstellen. Dabei werden neben den Ausgangs- und den Endkernen auch die Zwischenstufen sowie die zugehörigen Umwandlungsprozesse und deren Energien vermerkt. Zudem ist es möglich, die relative Häufigkeit einzelner Prozesse sowie die Halbwertszeiten der instabilen Nuklide anzugeben.

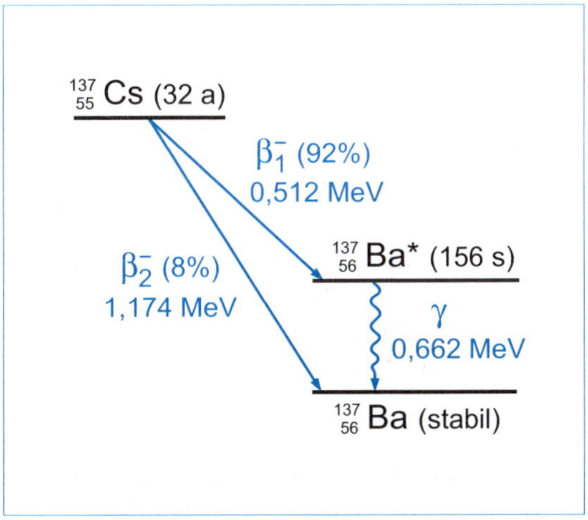


Abb. 12.5: Zerfallsschema von Cs-137

HINWEIS **Hinweis:** Beim $\beta$-Zerfall wird jeweils die maximale Energie angegeben.

## 12.9 Künstliche Kernumwandlungen

Durch Beschießen von Kernen mit Protonen, Deuteronen ($^2_1H$), $\alpha$-Teilchen oder Neutronen lassen sich **künstliche Kernumwandlungen** hervorrufen.

Der beschossene Kern (**Target**) nimmt das geschossene Teilchen auf; es entsteht ein instabiler Zwischenkern, der sich (meist unmittelbar) durch Ausstoßen eines anderen Teilchens in einen neuen Kern umwandelt. Sind die neuen Kerne selbst instabil, so liegt **künstliche Radioaktivität** vor.

Die erste künstliche Kernreaktion wurde 1919 von RUTHERFORD entdeckt, als dieser Stickstoff mit $\alpha$-Teilchen beschoss:

$$^{14}_{7}\mathrm{N} + ^{4}_{2}\alpha \rightarrow ^{18}_{9}\mathrm{F}^* \rightarrow ^{17}_{8}\mathrm{O} + ^{1}_{1}\mathrm{p}$$

Oft benutzt man eine verkürzte Schreibweise, hier z. B. $^{14}_{7}\mathrm{N}(\alpha, \mathrm{p})^{17}_{8}\mathrm{O}$

> Bei Kernreaktionen gelten die Erhaltungssätze der Ladung, der Nukleonenzahl, des Drehimpulses, des Impulses und der Energie (relativistisch).

Werden Kerne mit geladenen Teilchen beschossen, so müssen diese Teilchen genügend kinetische Energie besitzen, um den COULOMB-Wall zu überwinden. Neutronen hingegen erfahren keine Abstoßung und können somit leichter zum Target gelangen. Hier unterscheidet man schnelle Neutronen und **thermische Neutronen**. Letztere haben nur eine geringe kinetische Energie ($E_{kin} < 1\,\mathrm{eV}$) und halten sich somit länger in Kernnähe auf, sodass die Wahrscheinlichkeit für das Einfangen hier viel größer ist.

Die Masse $m_\mathrm{K}$ eines Atomkerns ist etwas kleiner als die Summe der Massen seiner Nukleonen. Die zugehörige Differenz $\Delta m$ nennt man **Massendefekt**.

► 12.25 Es gilt: $\Delta m = Z \cdot m_\mathrm{p} + N \cdot m_\mathrm{n} - m_\mathrm{K}$

Der Massendefekt $\Delta m$ entspricht der **Bindungsenergie $E_\mathrm{B}$ des Kerns**.

Nach der Masse-Energie-Beziehung $E = m \cdot \mathrm{c}^2$ gilt:

► 12.26 $E_\mathrm{B} = \Delta m \cdot \mathrm{c}^2$

Dieser Energiebetrag wird beim Kernaufbau freigesetzt und muss umgekehrt wieder aufgebracht werden, um den Kern in seine Nukleonen zu zerlegen.

Die mittlere **Bindungsenergie** pro Nukleon $E_B/A$ liegt in der Größenordnung einiger MeV und hat für mittelschwere Kerne ($A \approx 60$) ein Maximum. Kernenergie kann folglich durch Verschmelzung zweier leichter oder die Spaltung schwerer Atomkerne gewonnen werden.

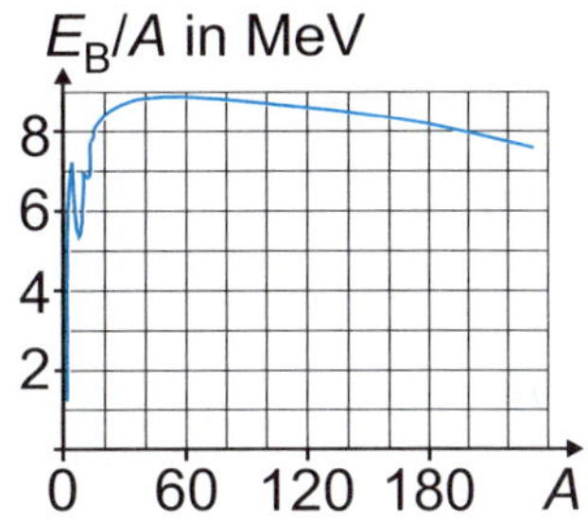


Wird ein schwerer Atomkern beschossen, so kann es zur **Kernspaltung** kommen, wodurch zwei mittelschwere Kerne entstehen. Da die mittlere Bindungsenergie der Spaltprodukte größer als die des Ausgangskerns ist, wird bei der Kernspaltung Energie freigesetzt.

Ein wichtiges Beispiel ist die Kernspaltung des natürlich vorkommenden Uran-Isotops $^{235}_{92}U$ durch Beschuss mit thermischen Neutronen. Eine dafür mögliche Reaktionsgleichung lautet:

$$^{235}_{92}U + ^{1}_{0}n \rightarrow ^{141}_{56}Ba + ^{93}_{36}Kr + 2^{1}_{0}n + ^{0}_{0}\gamma$$

Die bei der Spaltung frei werdenden Neutronen können unter geeigneten Bedingungen eine **Kettenreaktion** auslösen.

Kernenergie kann auch durch die Verschmelzung leichter Kerne (**Kernfusion**) gewonnen werden. Dazu müssen die beiden Kerne den COULOMB-Wall überwinden und sich so weit annähern, dass die starken Kernkräfte wirksam werden können. Technisch wird sich dies am ehesten durch Erhitzen von Plasma erreichen lassen.

## 12.10 Übungsaufgaben

**62.** Berechnen Sie Frequenz und Energie der $K_\alpha$-Linie von Cu ($Z = 29$)!

**63.** Stellen Sie die Entstehung der $K_\alpha$- und $K_\beta$-Linie im Schalenmodell dar.

**64.** Welche Energie (in eV) müssen Elektronen mindestens haben, um ein Wasserstoffatom durch einen Stoß aus dem Grundzustand in einen angeregten Zustand zu versetzen?

**65.** Wie kann man mithilfe einer Nebelkammer Rückschlüsse über Ladungsart und Energie von $\alpha$- und $\beta$-Teilchen gewinnen?

**66.** Im COULOMB-Feld eines Kerns kann sich ein $\gamma$-Quant mit einer Energie $E > 1{,}02\,\text{MeV}$ in ein Elektron-Positron-Paar (**Paarerzeugung**) umwandeln. Umgekehrt erfolgt eine **Paarvernichtung**, wenn ein Positron auf ein Elektron trifft; dabei entstehen mindestens zwei $\gamma$-Quanten.

**a)** Warum entsteht bei einer Paarvernichtung nicht nur ein $\gamma$-Quant?
**b)** Das Antiteilchen des Protons p ist das Antiproton $\overline{\mathrm{p}}$
($q_{\overline{\mathrm{p}}} = -e$; $m_{0,\overline{\mathrm{p}}} = m_{0,\mathrm{p}} = 1{,}673 \cdot 10^{-27}\,\mathrm{kg}$).
Welche Mindestenergie ist erforderlich, damit aus einem $\gamma$-Quant ein p-$\overline{\mathrm{p}}$-Paar entstehen kann?

**67.** Die Bindungsenergie beträgt für $^2_1\mathrm{H}$ 2,22 MeV und für $^3_2\mathrm{He}$ 7,72 MeV.
**a)** Berechnen Sie die Kernmasse von $^2_1\mathrm{H}$!
**b)** Vervollständigen Sie folgende Gleichung: $^2_1\mathrm{H} + {^2_1\mathrm{H}} \rightarrow {^3_2\mathrm{He}} + \ldots$
**c)** Wie viel Energie wird bei der Kernfusion von Teil b) frei?

## Tipps und Hinweise zum Lösen der Übungsaufgaben

**62.** MOSELEY-Gesetz anwenden

**63.** $\mathrm{K}_\beta$-Linie: Übergang von M- zur K-Schale

**64.** Es muss mindestens das Energieniveau $E_2$ erreicht werden.

**65.** Bewegte Ladungen können durch Magnetfelder abgelenkt werden.

**66. a)** Erhaltungssätze bleiben gültig;
**b)** Masse-Energie-Beziehung

**67. c)** Bindungsenergien vergleichen

## Lösungen der Übungsaufgaben

**62.** Aus $\dfrac{1}{\lambda_{\mathrm{K}_\alpha}} = \dfrac{3}{4} \cdot R_{\mathrm{H}} \cdot (Z-1)^2$ folgen mit $\mathrm{c} = \lambda \cdot f$ und $Z = 29$:

$$f_{\mathrm{K}_\alpha} = \frac{\mathrm{c}}{\lambda_{\mathrm{K}_\alpha}} = \frac{3}{4} \cdot \mathrm{c} \cdot R_{\mathrm{H}} \cdot 28^2 \approx \underline{\underline{1{,}94 \cdot 10^{18}\,\mathrm{Hz}}} \text{ und } E_{\mathrm{K}_\alpha} = h \cdot f_{\mathrm{K}_\alpha} \approx \underline{\underline{8{,}0\,\mathrm{keV}}}$$

**63.** Die K-Linien entstehen, wenn Lücken in der K-Schale durch Elektronen höherer Schalen wieder aufgefüllt werden. Die zugehörige (charakteristische) Energiedifferenz entfällt auf das dabei emittierte RÖNTGEN-Quant.

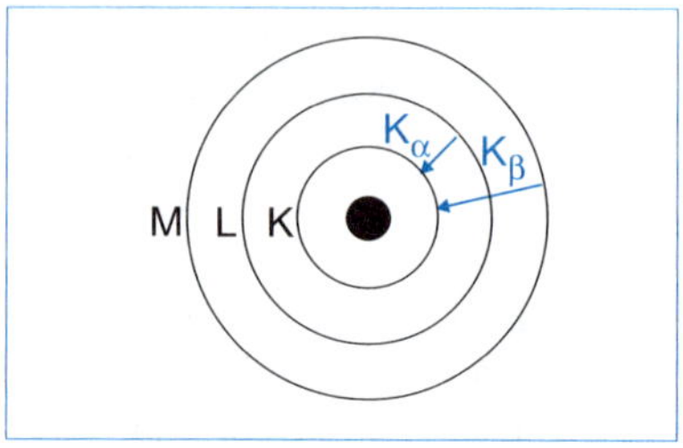

**64.** Die Energie $E$ des Elektrons muss mindestens so groß sein, dass das Atom auf das erste angeregte Niveau, also das Energieniveau $E_2$ gebracht werden kann. Dies entspricht dem Übergang $E_1 \rightarrow E_2$.

$$E = E_2 - E_1 = -R_\mathrm{H} \cdot \mathrm{c} \cdot h \cdot \left(\frac{1}{2^2} - \frac{1}{1^2}\right) = R_\mathrm{H} \cdot \mathrm{c} \cdot h \cdot \frac{3}{4} \approx 1{,}64 \cdot 10^{-18}\,\mathrm{J} \approx \underline{\underline{10{,}2\,\mathrm{eV}}}$$

**65.** Bringt man die Nebelkammer in ein Magnetfeld, so beschreiben die $\alpha$- und $\beta$-Teilchen Kreisbahnen. Aus Orientierung und Radius einer Bahn erhält man Ladungsart und Geschwindigkeit (Energie) des Teilchens.

**66. a)** Im Schwerpunktsystem von Elektron und Positron ist der Gesamtimpuls beider Teilchen vor der Paarvernichtung Null. Ein einzelnes $\gamma$-Quant besitzt jedoch bezüglich jedes Inertialsystems den Impuls $p = h/\lambda > 0$. Damit der Impulserhaltungssatz erfüllt bleibt, müssen demnach mindestens zwei $\gamma$-Quanten entstehen.

**b)** Nach der Masse-Energie-Beziehung muss das $\gamma$-Quant zur Paarerzeugung mindestens die Ruheenergie beider Teilchen aufbringen:

$$E_\mathrm{min} = 2 \cdot m_{0,\mathrm{p}} \cdot \mathrm{c}^2 \approx 3{,}01 \cdot 10^{-10}\,\mathrm{J} \approx \underline{\underline{1{,}88\,\mathrm{GeV}}}$$

**67. a)** Aus $E_\mathrm{B} = \Delta m \cdot \mathrm{c}^2$ und $\Delta m = Z \cdot m_\mathrm{p} + N \cdot m_\mathrm{n} - m_\mathrm{K}$ folgt mit $Z = N = 1$:

$$m_\mathrm{K} = Z \cdot m_\mathrm{p} + N \cdot m_\mathrm{n} - \Delta m = Z \cdot m_\mathrm{p} + N \cdot m_\mathrm{n} - E_\mathrm{B}/\mathrm{c}^2 \approx \underline{\underline{3{,}344 \cdot 10^{-27}\,\mathrm{kg}}}$$

**b)** ${}^2_1\mathrm{H} + {}^2_1\mathrm{H} \rightarrow {}^3_2\mathrm{He} + {}^1_0\mathrm{n}$

**c)** Die freigesetzte Energie ergibt sich nur aus der Differenz der Bindungsenergien: $\Delta E = E_{\mathrm{B,\,nach}} - E_{\mathrm{B,\,vor}} = E_{\mathrm{B,\,He}} - 2 \cdot E_{\mathrm{B,\,H}} = \underline{\underline{3{,}28\,\mathrm{MeV}}}$

# 13 Umfangreichere Übungsaufgaben (Testabitur)

**68.**

| Schwerpunkte | Arbeitszeit: **25 min** | a | b | c | d |
|---|---|---|---|---|---|
| geneigte Ebene, geradlinige Bewegung | erreichbare Punkte: | 5 | 4 | 3 | 2 |

Ein PKW ($m = 1300\,\text{kg}$) wird an einer abschüssigen Straße (Neigungswinkel $\alpha = 6°$) geparkt. Da der Fahrer vergaß, die Handbremse anzuziehen, rollt der Wagen abwärts. Die Rollreibungszahl beträgt 0,05.

**a)** Berechnen Sie die beschleunigende Kraft $\vec{F}$!

**b)** Welche Geschwindigkeit besitzt der PKW, wenn er nach 300 m das Ende der abschüssigen Straße erreicht?

**c)** Wie viel Energie wurde durch Reibung in Wärme umgesetzt?

**d)** Am Ende der abschüssigen Straße prallt das Auto vollkommen unelastisch gegen einen geparkten Wagen der Masse 1,5 t. Wie schnell rutschen beide Wagen danach anfangs über den Asphalt?

**69.**

| Schwerpunkte | Arbeitszeit: **30 min** | a | b | c | d | e |
|---|---|---|---|---|---|---|
| Rotation, Drehimpuls, vertikaler Wurf | erreichbare Punkte: | 3 | 2 | 3 | 3 | 5 |

Eine Eiskunstläuferin der Masse 52 kg läuft eine Kür, in deren Verlauf mehrere Sprünge und Pirouetten zu sehen sind. Zur Vereinfachung wird angenommen, dass die Schlittschuhe reibungsfrei auf dem Eis gleiten.

**a)** Begründen Sie, dass das Trägheitsmoment der Eiskunstläuferin weniger als $20\,\text{kg} \cdot \text{m}^2$ beträgt.

**b)** Wie gelingt es der Eiskunstläuferin, eine (Stand-)Pirouette mit einer enormen Winkelgeschwindigkeit zu drehen?

**c)** Im Verlauf einer Figur dreht sich die Eiskunstläuferin zunächst mit einer Winkelgeschwindigkeit von $16\,\text{s}^{-1}$. Dabei hat sie ein wirksames Trägheitsmoment von $1{,}0\,\text{kg} \cdot \text{m}^2$. Anschließend verdoppelt sie ihre Winkelgeschwindigkeit. Auf welchen Wert hat sie ihr Trägheitsmoment dazu verändert?

**d)** Berechnen Sie die Arbeit, welche die Eiskunstläuferin zu dieser Verdopplung der Winkelgeschwindigkeit aufbringen musste.

**e)** Nun führt die Eiskunstläuferin eine Sprungfigur aus. Im Moment des Absprungs wird das Eis 0,19 s lang mit einer mittleren Kraft von 1800 N belastet. Schätzen Sie die erreichbare Sprunghöhe ab.

**70.**

| ***Schwerpunkte*** Fadenpendel, Schwingungsgleichungen | | a | b | c | d |
|---|---|---|---|---|---|
| | Arbeitszeit: **25 min** | **a** | **b** | **c** | **d** |
| | erreichbare Punkte: | 3 | 4 | 5 | 2 |

Ein Fadenpendel wird um 5° aus seiner Ruhelage ausgelenkt und dann freigegeben. Es stellt sich eine (nahezu) ungedämpfte, harmonische Schwingung mit $T = 6\,\text{s}$ ein. Der Pendelkörper wiegt 0,6 kg.

**a)** Berechnen Sie die Pendellänge $l$ und die Schwingungsweite $\hat{s}$.

**b)** Ermitteln Sie die Gesamtenergie des Schwingers sowie die Geschwindigkeit des Pendelkörpers beim Nulldurchgang.

**c)** Stellen Sie die Gleichungen $s = s(t)$; $v = v(t)$ und $a = a(t)$ für das Pendel auf (Anfangsbedingung: $s(0) = \hat{s}$).

**d)** Warum ist bei einer anfänglichen Auslenkung um 15° keine harmonische Schwingung mehr zu erwarten?

**71.**

| ***Schwerpunkte*** Interferenz und Polarisation Hertzscher Wellen | | a | b | c | d |
|---|---|---|---|---|---|
| | Arbeitszeit: **25 min** | **a** | **b** | **c** | **d** |
| | erreichbare Punkte: | 2 | 4 | 4 | 3 |

Zwei gleichartige Sendedipole $S_1$ und $S_2$ der Länge $l_1 = 40\,\text{cm}$ sind parallel in einem Abstand $d = 1{,}20\,\text{m}$ vertikal angeordnet; die Dipole schwingen gleichphasig. Die Horizontalebene werde von $S_1$ und $S_2$ orthogonal in den Punkten $P_1$ und $P_2$ durchstoßen. Mit einem Dipol B der Länge $l_2 = 80\,\text{cm}$ wird in großer Entfernung von $S_1$ und $S_2$ der Empfang getestet.

**a)** Berechnen Sie die Grundfrequenz, mit der $S_1$ und $S_2$ senden.

**b)** Wie muss B für optimalen Empfang orientiert sein und welche Schwingung wird dann in B angeregt? Skizzieren Sie die Ladungsverteilung in $S_1$ und in B für einen Zeitpunkt, zu dem die elektrische Feldstärke maximal ist.

**c)** Unter welchen Winkeln $\alpha$ mit $0° \leq \alpha < 90°$, gemessen gegenüber der Mittelsenkrechten der Strecke $P_1P_2$, wird maximaler Empfang festgestellt? Bis zu welcher Ordnung werden Maxima registriert?

**d)** Nun wählt man $\alpha = 90°$, d. h. $S_1$, $S_2$ und B liegen in einer gemeinsamen Ebene $\varepsilon$. E befindet sich dabei zunächst $e_1 = 10{,}0\,\text{m}$ von $S_1$ und $e_2 = 11{,}2\,\text{m}$ von $S_2$ entfernt. $S_2$ wird jetzt kontinuierlich näher an $S_1$ gebracht. Bei welcher Entfernung $d^*$ zwischen $S_1$ und $S_2$ wird von E erstmals ein Empfangsmaximum registriert?

**72.**

| **Schwerpunkte** | | | | | |
|---|---|---|---|---|---|
| Wärmekapazitäten, Aggregatzustandsänderungen | Arbeitszeit: **30 min** | **a** | **b** | **c** | **d** |
| | erreichbare Punkte: | 4 | 2 | 4 | 4 |

In einem Gefäß befinden sich zunächst 300 g Wasser und 150 g Eis. Wasser besitzt die spezifische Wärmekapazität $c_{Wa} = 4{,}19\,\text{kJ} \cdot (\text{kg}^{-1} \cdot \text{K}^{-1})$ sowie eine spezifische Verdampfungswärme $q_{V,Wa} = 2256\,\text{kJ/kg}$. Die spezifische Schmelzwärme von Eis beträgt $q_{S,Eis} = 334\,\text{kJ/kg}$. Dem Wasser-Eis-Gemisch wird nun so viel Wärme zugeführt, bis alles Wasser vollständig verdampft ist.

**a)** Skizzieren Sie den Temperatur-Verlauf in einem $Q$-$\vartheta$-Diagramm und erläutern Sie den Verlauf der Kurve.

**b)** Berechnen Sie Wärmemenge, die dem Gemisch zugeführt werden muss, bis das gesamte Eis geschmolzen ist.

**c)** Zur Temperaturerhöhung des Wassers von 20 °C auf 60 °C müssen 149 kJ zugeführt werden. Welche Wärmekapazität $C$ besitzt das benutzte Gefäß folglich?

**d)** Welche Wärmemenge $Q_{\text{Rest}}$ muss dem auf 60 °C erwärmten Wasser noch zugeführt werden, bis es vollständig verdampft ist?

**73.**

| **Schwerpunkte** | | | | | | |
|---|---|---|---|---|---|---|
| universelle Gasgleichung, 1. Hauptsatz | Arbeitszeit: **55 min** | **a** | **b** | **c** | **d** | **e** |
| | erreichbare Punkte: | 5 | 7 | 4 | 4 | 5 |

Der im nebenstehenden $V$-$p$-Diagramm dargestellte Kreisprozess wird von $5{,}0 \cdot 10^{-3}$ kmol eines einatomigen idealen Gases im Uhrzeigersinn durchlaufen. Dabei gelten für Druck und Volumen im Zustand (1)

$p_1 = 1{,}0 \cdot 10^5\,\text{Pa}$ und $V_1 = 125\,\text{dm}^3$

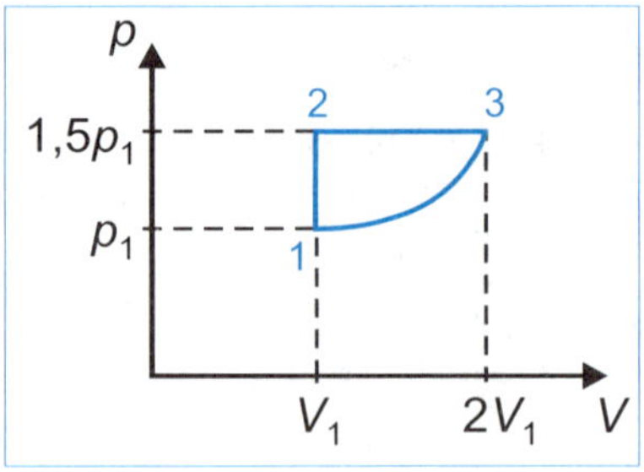


**a)** Berechnen Sie $T_1$; $T_2$ und $T_3$.

**b)** Berechnen Sie für die Übergänge (1) → (2) und (2) → (3) jeweils $W$ und $Q$ vorzeichenrichtig.

**c)** Beim Übergang (3) → (1) wird am Gas die Arbeit $W_{31} = 15\,\text{kJ}$ verrichtet. Ermitteln Sie $Q_{31}$.

**d)** Bestimmen Sie den Wirkungsgrad dieser Wärmeenergiemaschine unter der Voraussetzung, dass die vom Gas abgegebene Wärme für den Kreisprozess nicht nutzbar ist.

**e)** Mit wie vielen Umdrehungen pro minute muss die obige Wärmeenergiemaschine laufen, wenn ein ihr nachgeschalteter Generator mit einem Wirkungsgrad von 60 % eine Leistung von 150 kW abgeben soll?

**74.**

| ***Schwerpunkte*** | | | | | |
|---|---|---|---|---|---|
| Überlagerung von Feldern, Coulombsches Gesetz | Arbeitszeit: **30 min** | **a** | **b** | **c** | **d** |
| | erreichbare Punkte: | 2 | 7 | 7 | 2 |

Zwei Punktladungen $Q_1 = 2 \cdot 10^{-7}\,\text{C}$ und $Q_2 = 5 \cdot 10^{-8}\,\text{C}$ sind $r = 10\,\text{cm}$ voneinander entfernt.

**a)** Skizzieren Sie die Situation in einem Feldlinienbild!

**b)** Es gibt einen Punkt S, in dem die resultierende elektrische Feldstärke Null ist. Wo befindet sich S?

**c)** Nun wird eine weitere Ladung $Q_3 = -3 \cdot 10^{-8}\,\text{C}$ in einem Punkt P positioniert, der $r_1 = 8\,\text{cm}$ von $Q_1$ und $r_2 = 5\,\text{cm}$ von $Q_2$ entfernt ist. Wie groß sind die elektrische Feldstärke in P und die elektrische Kraft auf $Q_3$?

**d)** Wie viele überschüssige Elektronen sind zur Bildung der Ladung $Q_3$ erforderlich?

**75.**

| ***Schwerpunkte*** | | | | | |
|---|---|---|---|---|---|
| Plattenkondensator, Energie des elektrischen Feldes | Arbeitszeit: **30 min** | **a** | **b** | **c** | **d** |
| | erreichbare Punkte: | 3 | 3 | 5 | 6 |

Ein Plattenkondensator ($d = 5\,\text{mm}$, $A = 400\,\text{cm}^2$, Luft im Plattenzwischenraum) wird auf die Spannung $U = 100\,\text{V}$ aufgeladen.

**a)** Welche Kapazität $C_0$ besitzt dieser Plattenkondensator?

**b)** Wie viel Ladung $Q_0$ und wie viel Energie $E_{el}$ sind bei $U = 100\,\text{V}$ in dem Kondensator bzw. in dessen elektrischem Feld gespeichert?

**c)** Wie ändern sich die Werte von $C$, $Q$ und $E_{el}$, wenn bei gleich bleibender Spannung $U = 100\,\text{V}$ eine Glasplatte ($\varepsilon_r = 6$) zwischen die beiden Platten geschoben wird?

**d)** Nun wird der Kondensator von der Spannungsquelle getrennt und die Glasplatte anschließend aus dem Plattenzwischenraum entfernt. Welche Größen ändern sich dabei wie? Wie kann die Änderung der im elektrischen Feld gespeicherten Energie erklärt werden?

**76.**

| ***Schwerpunkte*** | | | | | |
|---|---|---|---|---|---|
| elektrisches Feld, | Arbeitszeit: **45 min** | **a** | **b** | **c** | **d** |
| Überlagerung von Bewegungen | erreichbare Punkte: | 3 | 4 | 5 | 6 |

In einer Elektronenstrahlröhre werden Elektronen durch eine Beschleunigungsspannung $U_B = 500\,\text{V}$ beschleunigt; danach durchlaufen sie das Querfeld eines Plattenkondensators ($U = 60\,\text{V}$, $d = 5\,\text{cm}$, $b = 10\,\text{cm}$) und treffen schließlich auf einen Schirm, der sich im Abstand $s = 25\,\text{cm}$ hinter den Ablenkplatten befindet.

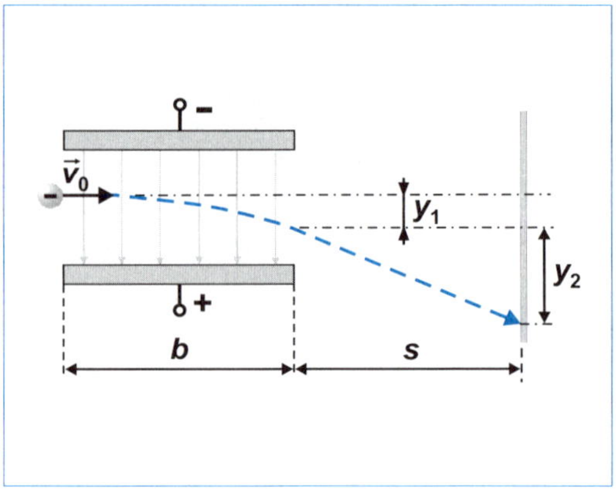


**a)** Berechnen Sie die Geschwindigkeit $v_0$, mit der die Elektronen in das Querfeld eintreten!

**b)** Nach welcher Zeit $t_{\text{Feld}}$ (gemessen ab dem Zeitpunkt des Eintretens) verlassen die Elektronen das ablenkende Querfeld wieder?

**c)** Geben Sie an, um welche Strecke $y_1$ die Elektronen durch das Querfeld abgelenkt werden!

**d)** Berechnen Sie die Gesamtablenkung $a = y_1 + y_2$, die der Elektronenstrahl erfährt!

**77.**

| ***Schwerpunkte*** | | | | |
|---|---|---|---|---|
| Feldlinienmodell, | Arbeitszeit: **20 min** | **a** | **b** | **c** |
| magnetische Kraft | erreichbare Punkte: | 2 | 3 | 4 |

**a)** Welche Informationen kann man bei Feldlininenbildern aus Dichte und Richtung von Feldlinien entnehmen?

Zwei lange, gerade Leiter verlaufen im Abstand $r$ parallel zueinander und werden von den gleichsinnigen Strömen $I_1$ bzw. $I_2$ durchflossen.

**b)** Skizzieren Sie die Situation und ergänzen Sie die Skizze durch Eintragen von Feldlinien.

**c)** Beide Leiter erfahren Kräfte im Magnetfeld des jeweils anderen Leiters. Führt dies zur gegenseitigen Abstoßung oder Anziehung?

**78.**

| **Schwerpunkte** Elektronen in Feldern, Superpositionsprinzip | Arbeitszeit: **30 min** | a | b | c |
|---|---|---|---|---|
| | erreichbare Punkte: | 4 | 5 | 8 |

Ein Elektron, das die Beschleunigungsspannung $U = 100\,\mathrm{V}$ durchlaufen hat, wird in ein homogenes Magnetfeld der Flussdichte $B = 5\,\mathrm{mT}$ eingeschossen. Es tritt unter einem Winkel von $\alpha = 70°$ (gemessen gegenüber den $\vec{B}$-Feldlinien) in das Magnetfeld ein.

**a)** Berechnen Sie den Betrag der Geschwindigkeit $\vec{v}_0$, mit der das Elektron in das Magnetfeld eintritt!

**b)** Welche Bahnkurve beschreibt das Elektron nach dem Eintreten in das Magnetfeld? Begründen Sie!

**c)** Berechnen Sie den Radius und die Ganghöhe der Elektronenbahn!

**79.**

| **Schwerpunkte** Elektronen in Feldern, Superpositionsprinzip | Arbeitszeit: **30 min** | a | b | c |
|---|---|---|---|---|
| | erreichbare Punkte: | 4 | 5 | 8 |

Ein stabförmiger Leiter L kann auf zwei zueinander im Abstand $l$ parallel angeordneten, in einer horizontalen Ebene liegenden Leiterschienen reibungsfrei gleiten. Die ganze Anordnung wird von einem vertikal gerichteten homogenen Magnetfeld mit der Flussdichte $\vec{B}$ durchsetzt. Bevor zum Zeitpunkt $t = 0$ der Schalter S geschlossen wird, ist L in Ruhe.

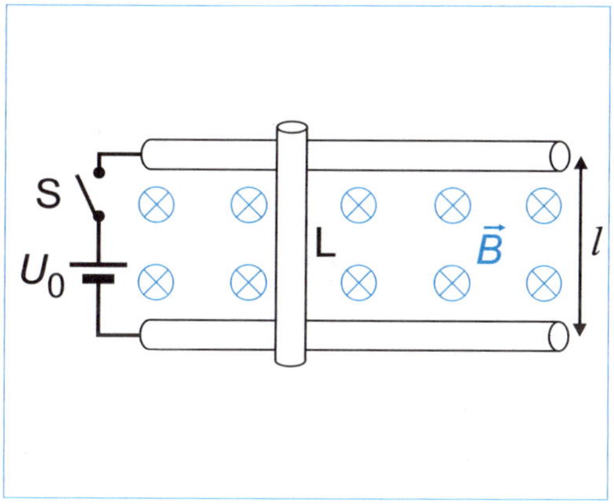


**a)** Begründen Sie, dass für $t \geq 0$ eine beschleunigende Kraft $\vec{F}$ auf den Leiter L wirkt! Geben Sie deren Richtung an.

**b)** Erklären Sie genau, weshalb mit der Zeit die Stärke des durch den Leiter fließenden Stroms abnimmt.

**c)** Begründen Sie, weshalb die Geschwindigkeit, mit der der Leiter gleitet, einen bestimmten, maximalen Wert $v_{max}$ nicht überschreiten wird, und berechnen Sie diesen allgemein.

**80.**

| ***Schwerpunkte*** | Arbeitszeit: **40 min** | **a** | **b** | **c** | **d** | **e** |
|---|---|---|---|---|---|---|
| Schwingkreis, erzwungene Schwingungen | erreichbare Punkte: | 3 | 4 | 5 | 1 | 5 |

Ein idealer Schwingkreis, der eine Spule der Induktivität $L = 40\,\text{mH}$ enthält, ist induktiv an eine zweite Spule gekoppelt und wird so mithilfe eines Sinusgenerators zu erzwungenen Schwingungen angeregt. Man misst die Scheitelspannung am Kondensator in Abhängigkeit von der Erregerfrequenz.

**a)** Skizzieren Sie den Versuchsaufbau.

**b)** Es wird die rechts dargestellte Messkurve aufgenommen. Ermitteln Sie damit die Kapazität des Schwingkreiskondensators.

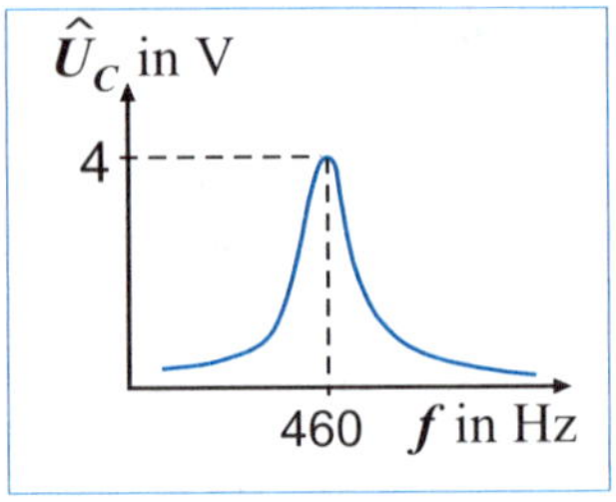


**c)** Welche Gesamtenergie ist im Resonanzfall im Schwingkreis enthalten? Berechnen Sie die zugehörige Scheitelstromstärke.

**d)** Wie groß ist die Frequenz der Schwingung im Schwingkreis, wenn die Erregerfrequenz 100 Hz beträgt?

**e)** Der ursprüngliche Schwingkreiskondensator soll nun durch einen neuen Kondensator der Kapazität $C^*$ ersetzt werden. Wie groß muss $C^*$ gewählt werden, damit die neue Resonanzfrequenz des Schwingkreises doppelt so groß ist wie die ursprüngliche?

**81.**

| ***Schwerpunkte*** | Arbeitszeit: **40 min** | **a** | **b** | **c** | **d** | **e** |
|---|---|---|---|---|---|---|
| Wechselstromwiderstände, Reihenresonanz | erreichbare Punkte: | 1 | 5 | 4 | 4 | 4 |

In Wechselstromschaltungen verwendet man Drosselspulen als Vorwiderstände. An einer solchen Spule wird bei einer Gleichspannung $U_0 = 6\,\text{V}$ eine Stromstärke $I_0 = 1{,}2\,\text{A}$ gemessen.

**a)** Berechnen Sie den OHMschen Widerstand der Spule!

**b)** Legt man eine Wechselspannung ($U_1 = 6\,\text{V}$; $f = 50\,\text{Hz}$) an, so beträgt der Spulenstrom 0,4 A. Ermitteln Sie die Impedanz $Z_1$ sowie den Wechselstromwiderstand $X_L$ und die Induktivität der Spule.

**c)** Nun wird die Spule in Reihe zu einem Kondensator der Kapazität $C = 80\,\mu\text{F}$ geschaltet. Welche Stromstärke wird jetzt bei $U_1 = 6\,\text{V}$ und $f = 50\,\text{Hz}$ gemessen?

**d)** Bei der so genannten Eigenfrequenz $f_0$ der Schaltung wird die Impedanz der Reihenschaltung von Teilaufgabe c) minimal. Leiten Sie eine Formel zur Berechnung von $f_0$ her und berechnen Sie $f_0$!

**e)** Stellen Sie die Frequenzabhängigkeit der Impedanz $Z$ der Reihenschaltung von $R$, $L$ und $C$ (qualitativ) grafisch dar und erläutern Sie die Entstehung des Kurvenverlaufs!

## 82.

| **Schwerpunkte** | | | | | |
|---|---|---|---|---|---|
| Licht als Welle, Einfach- und Doppelspalt | Arbeitszeit: **40 min** | **a** | **b** | **c** | **d** |
| | erreichbare Punkte: | 3 | 5 | 5 | 6 |

**a)** Nennen Sie mindestens zwei experimentelle Befunde, welche das Wellenmodell des Lichtes stützen!

**b)** Laserlicht ($\lambda = 670\,\text{nm}$) fällt auf einen Spalt. Auf einem $e = 1{,}60\,\text{m}$ entfernten Schirm misst man für die beiden Minima 1. Ordnung einen Abstand von $a = 4{,}5\,\text{cm}$. Berechnen Sie die Spaltbreite $b$.

**c)** Nun wird der Spalt durch einen Doppelspalt mit Spaltabstand $d = 4b$ ersetzt; die restliche Versuchsanordnung bleibt unverändert. Wie groß ist nun der Abstand der beiden Minima 1. Ordnung?

**d)** Jetzt wird der Laser durch eine Glühlampe ersetzt, die Licht im Wellenlängenbereich $400\,\text{nm} \leq \lambda \leq 750\,\text{nm}$ aussendet. Wie ändert sich das Interferenzbild? Bis zu welcher Ordnung überlappen sich die Interferenzmaxima noch nicht?

## 83.

| **Schwerpunkte** | | | | | | |
|---|---|---|---|---|---|---|
| Beugung am Gitter, Beugungsspektren | Arbeitszeit: **45 min** | **a** | **b** | **c** | **d** | **e** |
| | erreichbare Punkte: | 3 | 5 | 4 | 4 | 4 |

Mithilfe eines optischen Gitters kann weißes Licht in ein kontinuierliches Spektrum zerlegt werden.

**a)** Skizzieren Sie eine geeignete Versuchsanordnung!

**b)** Leiten Sie her, unter welchen Winkeln $\alpha_n$ man bei einem Gitter mit Gitterkonstante $g$ für Licht der Wellenlänge $\lambda$ Maxima beobachtet.

**c)** Wie sieht das Gitterspektrum von weißem Licht in der 0. und in der 1. Ordnung auf einem Beobachtungsschirm folglich aus?
Ein Gitter mit 400 Linien pro Millimeter wird mit monochromatischem Licht bestrahlt. Das Maximum 0. Ordnung fällt genau auf die Mitte eines $e = 2{,}0\,\text{m}$ entfernten Schirms der Breite $b = 2{,}5\,\text{m}$. Die beiden Maxima 1. Ordnung haben einen Abstand von $d = 0{,}95\,\text{m}$.

**d)** Berechnen Sie die Wellenlänge des Lichts!

**e)** Bis zu welcher Ordnung können Maxima auf dem Schirm der oben beschriebenen Anordnung beobachtet werden?

**84.**

| Schwerpunkte | Arbeitszeit: 35 min | a | b | c | d |
|---|---|---|---|---|---|
| Teilchenaspekt von Licht, Impuls und Kraftstoß | erreichbare Punkte: | 3 | 5 | 4 | 5 |

**a)** Nennen Sie zwei astronomische Beobachtungen, aufgrund derer man dem Licht auch Teilcheneigenschaften zuschreiben kann!

Eine Lichtmühle besteht aus einem Glaskolben, in dem sich ein leicht drehbar gelagertes vierarmiges Flügelrädchen befindet. Die Flügel sind auf einer Seite geschwärzt, während die andere Seite metallisch glänzt.

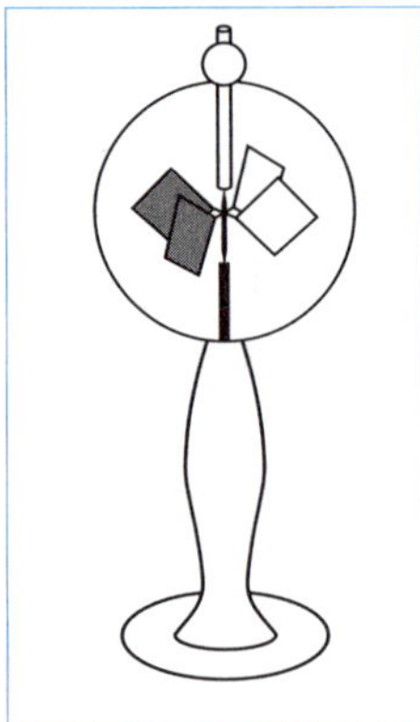

**b)** Wir betrachten eine Lichtmühle, deren Glaskolben vollständig evakuiert ist. Wie verhält sich das Flügelrädchen bei Lichteinstrahlung? Begründen Sie Ihre Antwort!

**c)** In einem Versuch wird mit einem Laser-Pointer (670 nm, 3 mW) auf die metallisch glänzende Seite eines Flügels gezielt. Wie viele Photonen treffen dadurch pro Sekunde auf dem Flügel auf?

**d)** Welche mittlere Kraft bewirkt der Laserstrahl aus Aufgabe 84. c) an dem bestrahlten Flügel?

**85.**

| Schwerpunkte | Arbeitszeit: 45 min | a | b | c | d | e |
|---|---|---|---|---|---|---|
| Strahlenschutz, Röntgenstrahlung | erreichbare Punkte: | 6 | 8 | 4 | 3 | 5 |

**a)** Röntgenstrahlung kann gesundheitsschädlich sein. Begründen Sie die Aussage und nennen Sie Grundregeln des Strahlenschutzes.

**b)** Erläutern Sie kurz die Funktionsweise einer Röntgen-Röhre und skizzieren Sie den typischen Verlauf eines Röntgen-Spektrums mit seinen beiden Anteilen. Wodurch entstehen diese Anteile?

**c)** Erklären Sie, warum die Bremsstrahlung bei einer kurzwelligen Grenze endet. Leiten Sie eine Gleichung für die Grenzwellenlänge $\lambda_G$ her (nichtrelativistische Rechnung genügt).

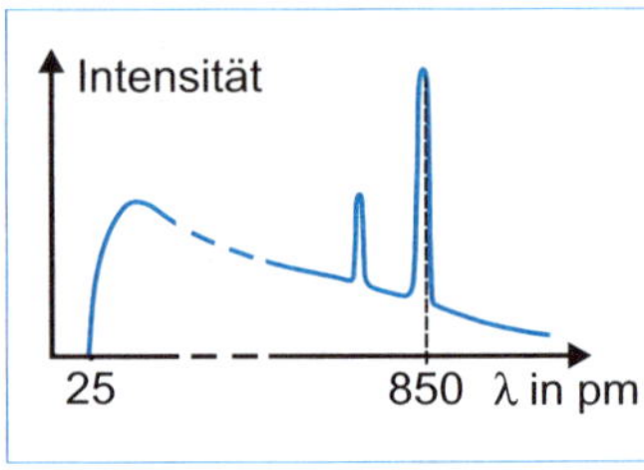


**d)** Bei einer Beschleunigungsspannung von 50 kV wurde das rechts dargestellte Röntgen-Spektrum aufgenommen.
Schätzen Sie damit das PLANCKsche Wirkungsquantum *h* ab!

**e)** Aus welchem Material besteht die Antikathode vermutlich?

**86.**

| **Schwerpunkte** | | | | | |
|---|---|---|---|---|---|
| Bragg-Reflexionen, Materiewellen | Arbeitszeit: **35 min** | **a** | **b** | **c** | **d** |
| | erreichbare Punkte: | 3 | 3 | 5 | 5 |

Zur experimentellen Untersuchung der Gitterstruktur von Grafit werden Elektronen in einer evakuierten Röhre durch ein elektrisches Feld beschleunigt. Der fein gebündelte Elektronenstrahl trifft auf eine polykristalline Grafitschicht, wird von dieser reflektiert und erzeugt schließlich auf einem Beobachtungsschirm in der Entfernung $l$ ein Bild.

**a)** Welches typische Interferenzbild ergibt sich bei günstig gewählten Bedingungen auf dem Beobachtungsschirm?

**b)** Zeigen Sie mithilfe einer Skizze, dass der Elektronenstrahl bei einem Glanzwinkel $\alpha$ insgesamt um $2\alpha$ abgelenkt wird!

**c)** Da die Interferenzen 1. Ordnung unter geringen Glanzwinkeln $\alpha$ beobachtet werden, kann man $\tan 2\alpha \approx 2 \cdot \tan \alpha \approx 2 \cdot 2 \cdot \sin \alpha$ als Näherung annehmen. Zeigen Sie, dass sich damit für den Netzebenenabstand $d$ die Beziehung $d = \frac{l}{r_1} \cdot \lambda$ ergibt!

**d)** Bei einer Beschleunigungsspannung von $U = 1{,}9\,\text{kV}$ misst man auf dem $l = 10{,}6\,\text{cm}$ entfernten Schirm für die 1. Ordnung $r_1 = 1{,}4\,\text{cm}$. Ermitteln Sie daraus die Wellenlänge der verwendeten Elektronen und den Netzebenenabstand $d$ der Grafitprobe.

**87.**

| **Schwerpunkte** | | | | | |
|---|---|---|---|---|---|
| Synchrotronstrahlung, Photoeffekt | Arbeitszeit: **30 min** | **a** | **b** | **c** | **d** |
| | erreichbare Punkte: | 3 | 5 | 4 | 3 |

Am Deutschen Elektronensynchrotron (DESY) werden Elektronen mit 99,99 % der Lichtgeschwindigkeit in einem Speicherring auf einer nahezu kreisförmigen Bahn gehalten. Diese extrem schnellen Elektronen senden aufgrund ihrer Beschleunigung tangential zur Flugbahn eine sehr intensive elektromagnetische Strahlung (Synchrotronstrahlung) mit einem kontinuierlichen Spektrum aus.

**a)** Erläutern Sie kurz ein weiteres Beispiel aus dem Bereich der Physik für die Aussendung elektromagnetischer Strahlung durch beschleunigte Ladungen.

**b)** Die Quantenenergie der in der Synchrotronstrahlung auftretenden Photonen reicht von 1 eV bis 100 keV. Berechnen Sie die größte und die kleinste vorkommende Wellenlänge und geben Sie die Bezeichnungen der entsprechenden Spektralbereiche an.

Durch geeignete Monochromatoren lassen sich aus dem Spektrum der Synchrotronstrahlung beliebige Wellenlängen filtern. Bei der Bestrahlung einer Materialprobe mit monochromatischen Photonen wird auch der Photoeffekt beobachtet (Photoelektronen-Spektroskopie).

**c)** Wie wirkt sich eine Erhöhung der Photonenrate bei gleich bleibender Frequenz oder eine Erhöhung der Frequenz bei gleich bleibender Photonenrate jeweils auf die Emission der Photoelektronen aus?

**d)** Ein Nickelkristall wird mit Synchrotronstrahlung der Frequenz $1{,}45 \cdot 10^{16}$ Hz bestrahlt. Dabei werden Elektronen mit der maximalen kinetischen Energie 54,8 eV beobachtet. Berechnen Sie die Energie, mit der diese Elektronen im Kristall gebunden waren.

**88.**

| ***Schwerpunkte*** Atommodelle, Heisenbergsche Unschärferelation | Arbeitszeit: **35 min** | **a** | **b** | **c** | **d** |
|---|---|---|---|---|---|
| | erreichbare Punkte: | 6 | 6 | 4 | 5 |

**a)** Erläutern Sie kurz die Atommodelle von DALTON und von THOMSON und geben Sie jeweils einen Grund an, warum diese Modelle sich nicht behaupten konnten.

**b)** Beschreiben Sie den Versuchsaufbau und nennen Sie die wesentlichen Befunde der von RUTHERFORD durchgeführten Streuversuche. Erläutern Sie das Atommodell, das daraus entwickelt wurde.

**c)** Erläutern Sie, welche Unzulänglichkeit des RUTHERFORDschen Atommodells durch die Untersuchung der Emissionsspektren leuchtender Gase zutage trat. Wie wurde das Modell durch BOHR weiterentwickelt?

**d)** Nennen Sie zwei Unzulänglichkeiten des BOHRschen Atommodells in Bezug auf die HEISENBERGsche Unschärferelation.

**89.**

| ***Schwerpunkte*** Bohrsches Atommodell, Spektrallinien | Arbeitszeit: **45 min** | **a** | **b** | **c** | **d** | **e** |
|---|---|---|---|---|---|---|
| | erreichbare Punkte: | 6 | 8 | 4 | 5 | 3 |

**a)** Erläutern Sie drei Möglichkeiten, wie Wasserstoffatome aus dem Grund- in einen angeregten Zustand gebracht werden können.

**b)** Berechnen Sie auf der Grundlage des BOHRschen Atommodells die ersten vier Energiestufen des H-Atoms sowie die Ionisierungsarbeit jeweils in eV. Welche größte bzw. kleinste Wellenlänge kann ein H-Atom emittieren, wenn es sich im Energiezustand $E_4$ befindet?

**c)** Erklären Sie, warum in Absorptionsspektren von Gasen mit steigender Temperatur mehr Linien auftreten.

**d)** Das BOHRsche Atommodell kann prinzipiell auf Einelektronensysteme angewandt werden. Leiten Sie für ein solches System mit Kernladungszahl $Z$ den Radius der n-ten Bahn her!

**90.**

| ***Schwerpunkte*** Eigenschaften radioaktiver Strahlung, Zählrohr | | a | b |
|---|---|---|---|
| | Arbeitszeit: **30 min** | a | b |
| | erreichbare Punkte: | 6 | 8 |

**a)** Die natürliche radioaktive Strahlung umfasst drei Komponenten: $\alpha$-, $\beta$- und $\gamma$-Strahlung. Charakterisieren Sie die drei Strahlungsarten; gehen Sie dabei auch auf die Energieverteilung und das Ionisierungsvermögen ein.

**b)** Ein Nachweisgerät für radioaktive Strahlung ist das GEIGER-MÜLLER-Zählrohr. Erläutern Sie den Aufbau und die Wirkungsweise eines solchen Zählrohrs anhand einer beschrifteten Skizze und erklären Sie die Funktionsweise im Auslösebereich.

**91.**

| ***Schwerpunkte*** $\alpha$-Zerfall, Halbwertszeit, Massendefekt | | a | b | c | d | e | f |
|---|---|---|---|---|---|---|---|
| | Arbeitszeit: **50 min** | a | b | c | d | e | f |
| | erreichbare Punkte: | 3 | 8 | 7 | 5 | 6 | 6 |

$^{241}$Am ist ein $\alpha$-Strahler mit der Halbwertszeit 433 Jahre. Es wird in einem Schulpräparat mit der Aktivität $A_0 = 3{,}7 \cdot 10^5$ Bq verwendet.

**a)** Geben Sie die Reaktionsgleichung für den $\alpha$-Zerfall des $^{241}$Am an.

**b)** Berechnen Sie die Masse $m_0$ des in dem Präparat anfangs enthaltenen $^{241}$Am.

**c)** Um wie viel Prozent ist die Aktivität des Präparats nach 19 Jahren gesunken?

Die von $^{241}$Am emittierten $\alpha$-Teilchen besitzen die kinetische Energie 5,486 MeV. Ein Gemisch aus $^{241}$Am und $^{9}$Be stellt eine ergiebige Neutronenquelle dar.

**d)** Geben Sie die Gleichung der neutronenerzeugenden Reaktion an.

**e)** Berechnen Sie den bei dieser Reaktion auftretenden Massendefekt.
[zur Kontrolle: $\Delta m = 0{,}00612\,\text{u}$]

**f)** Schätzen Sie die kinetische Energie der entstehenden Neutronen nach oben ab.

**92.**

| **Schwerpunkte** | | | | | | |
|---|---|---|---|---|---|---|
| $\beta$-Zerfall, Energie beim $\beta$-Zerfall | Arbeitszeit: **45 min** | **a** | **b** | **c** | **d** | **e** |
| | erreichbare Punkte: | 4 | 4 | 6 | 4 | 6 |

Das Isotop $^{6}_{2}\text{He}$ zerfällt unter Emission eines Elektrons direkt in den Grundzustand des Tochterkerns.

**a)** Geben Sie die Zerfallsgleichung an und erläutern Sie kurz, warum bei $^{6}_{2}\text{He}$ ein $\beta$-Zerfall zu erwarten ist!

**b)** Die maximale kinetische Energie der emittierten Elektronen beträgt 3,515 MeV Berechnen Sie die Atommasse von $^{6}_{2}\text{He}$.

**c)** Um das Geschwindigkeitsspektrum aufzunehmen, durchlaufen die emittierten Elektronen einen Geschwindigkeitsfilter. Erläutern Sie Aufbau und Wirkungsweise eines Geschwindigkeitsfilters.

**d)** Skizzieren Sie qualitativ die Geschwindigkeitsverteilung der emittierten Elektronen und begründen Sie, wie daraus auf die Existenz des Neutrinos geschlossen werden kann.

**e)** Ein emittiertes Elektron durchläuft im Magnetfeld der Flussdichte $B = 0{,}28\,\text{T}$ eine Kreisbahn mit dem Radius 1,0 cm. Zeigen Sie, dass für den Impuls des Elektrons gilt: $p = e \cdot r \cdot B$. Berechnen Sie damit die kinetische Energie des Elektrons (relativistischer Ansatz).

**93.**

| **Schwerpunkte** | | | | | | | |
|---|---|---|---|---|---|---|---|
| Abschwächung von Strahlung, Neutronen | Arbeitszeit: **50 min** | **a** | **b** | **c** | **d** | **e** | **f** |
| | erreichbare Punkte: | 5 | 3 | 4 | 5 | 4 | 8 |

Das Nuklid $^{137}_{55}\text{Cs}$ wandelt sich durch $\beta^-$-Zerfall und anschließende $\gamma$-Emission in ein stabiles Nuklid um.

**a)** Geben Sie die Zerfallsgleichung für den $\beta^-$-Zerfall von $^{137}\text{Cs}$ an. Durch welche einfache Maßnahme könnte man ein $^{137}\text{Cs}$-Präparat zu einem (fast) reinen $\gamma$-Strahler machen?

**b)** Was besagt das »Abstandsgesetz« für die $\gamma$-Zählrate bei einem punktförmigen Präparat und unter welcher Voraussetzung ist es gültig?

**c)** Auf welchen Bruchteil sinkt die Zählrate, wenn man die Entfernung des $^{137}Cs$-$\gamma$-Strahlers zum Zählrohr von 20 cm auf 160 cm erhöht?

**d)** Mittels einer Bleiabschirmung soll ohne Abstandsveränderung eine Abschwächung auf 1/64 der Zählrate erreicht werden. Welche Dicke muss die Bleiabschirmung haben, wenn eine 0,55 cm dicke Bleischicht die Zählrate halbiert? Begründen Sie Ihr Ergebnis.

**e)** Warum werden schnelle Neutronen beim Durchgang durch wasserstoffhaltige Materie effektiver abgebremst als beim Durchgang durch Blei?

**f)** Ein Deuteriumkern $^{2}_{1}H$ wird durch Absorption eines $\gamma$-Quants der Energie 2,3 MeV gespalten. Die Bewegungsenergie der Spaltprodukte ist zu gleichen Teilen auf das Proton und das Neutron verteilt. Berechnen Sie die kinetische Energie des Neutrons nach der Spaltung.

# 14 Tipps und Lösungshinweise

**68.** **a)** Hangabtriebskraft und Rollreibungskraft konkurrieren
**b)** 2. NEWTONsches Axiom anwenden
**c)** Energiebilanz aufstellen
**d)** vollkommen unelastischer Stoß mit $v_2 = 0$

**69.** **a)** Vergleich mit dünnwandigem Hohlzylinder
**b)** Wie kann die Eiskunstläuferin ihr Trägheitsmoment verringern?
**c)** Drehimpulserhaltungssatz anwenden
**d)** Änderung der Rotationsenergie erfordert Arbeit
**e)** Sprungkraft bestimmen, daraus die Absprunggeschwindigkeit und daraus die maximal mögliche Sprunghöhe

**70.** **a)** rechtwinkliges Dreieck mit $l$ als Hypotenuse betrachten
**b)** Energiesatz anwenden
**c)** $v$ und $a$ sind Zeitableitungen.

**71.** **b)** Dipollängen vergleichen
**c)** Analogie zum Doppelspalt nutzen
**d)** Gangunterschied $\Delta s$ betrachten

**72.** **a)** Während einer Änderung des Aggregatzustandes bleibt $\vartheta$ konstant.
**c)** zur Erwärmung des Wassers benötigte Wärmemenge bestimmen
**d)** erst Erwärmung auf 100 °C, dann Verdampfen des Wassers

**73.** **a)** Zustandsgleichung des idealen Gases jeweils anpassen
**b)** und **c)** 1. Hauptsatz der Thermodynamik anwenden
**d)** gewonnene Arbeit und zugeführte Wärme ins Verhältnis setzen
**e)** zunächst die vom Generator aufgenommene Arbeit bestimmen

**74.** **a)** Vorzeichen und Betrag der jeweiligen Ladung beachten
**b)** Ansatz: in S muss $\vec{E}_1(\mathrm{S}) = -\vec{E}_2(\mathrm{S})$ gelten
**c)** ungestörte Überlagerung in P, $\vec{E}_{ges}$ durch Vektoraddition berechnen

**75.** **c)** $C$ wird bei $U =$ *konstant* verändert
**d)** $C$ wird bei $Q =$ *konstant* verändert

**76.** **a)** Bilanz: $W_{el} = \Delta E_{kin}$
**b)** Geschwindigkeitskomponente in horizontaler Richtung betrachten
**c)** Vgl. Abschnitt 6.8!

**77. b)** Rechte-Hand-Regel benutzen
**c)** erst Feldlinienrichtung ermitteln, dann UVW-Regel anwenden

**78. b)** $\vec{v}_0$ in zwei zueinander senkrechte Komponenten zerlegen
**c)** Superposition; erst Radius $r$, dann Ganghöhe $h$ berechnen; die zu $\vec{B}$ senkrechte Komponente $\vec{v}_\perp$ liefert die Umlaufzeit $T$

**79. a)** L ist ein stromdurchflossener Leiter in einem äußeren Magnetfeld.
**b)** LENZsche Regel bestimmt Richtung der Induktionsspannung
**c)** Zusammenhang zwischen resultierender Gesamtspannung und Geschwindigkeit des Leiters betrachten

**80. b)** THOMSONsche Gleichung umformen
**c)** Maximalenergie des elektrischen bzw. magnetischen Feldes
**e)** zunächst die neu benötigte Frequenz $f_{neu}$ bestimmen, danach $C^*$

**81. c)** Impedanz $Z$ auf zwei verschiedenen Wegen darstellen
**d)** Verhalten des Blindwiderstandes $X_L - X_C$ betrachten
**e)** $X_L$ und $X_C$ hängen verschiedenartig von $f$ ab.

**82. b)** Kleinwinkelnäherung ist zulässig
**d)** Beugungswinkel nimmt von violett nach rot zu

**83. b)** Gangunterschied betrachten
**c)** Zusammenhang zwischen $\lambda$ und Beugungswinkel beachten
**d)** Beugungswinkel ermitteln, daraus $\lambda$
**e)** maximal beobachtbaren Beugungswinkel bestimmen

**84. a)** Einflüsse durch Gravitation und Lichtdruck
**b)** Impulsänderungen der Photonen vergleichen
**c)** Energie eines Photons mit Laserleistung in Verbindung bringen
**d)** Impulsänderung erzeugt Kraftstoß

**85. a)** Maßnahmen, welche die Strahlungsintensität verringern
**b)** Umwandlung: kinetische Energie $\rightarrow$ Strahlungsenergie
**e)** MOSELEY-Gesetz anwenden

**86. a)** Probe ist polykristallin
**c)** BRAGG-Bezeichnung mit Winkel-Beziehung verknüpfen

**87. c)** Die Frequenz bestimmt die Photonenenergie.
**d)** Energiesatz bzw. EINSTEIN-Gleichung anwenden

**88.** **b)** vgl. Abschnitt 12.1
**c)** Art der Spektren beachten
**d)** rechnerische Vorhersagen über die einzelnen Elektronen-Bahnen und Energiestufen

**89.** **a)** vgl. Abschnitt 12.2
**b)** BOHRsche Postulate beachten, $\lambda \sim 1/E_{Ph}$
**d)** BOHRsche Quantenbedingung in Kreisbahnbedingung verwenden

**90.** **a)** Vgl. Kapitel 12!
**b)** Vergleich mit Zylinderkondensator bietet sich an

**91.** **b)** Masse $m_0$ über Aktivität $A_0$ ermitteln
**c)** Aktivität nach 19 Jahren über Zerfallsgesetz ermitteln
**d)** $^{241}$Am dient nur als Lieferant für $\alpha$-Teilchen
**f)** kinetische Energie der $\alpha$-Teilchen und Energie aus Massendefekt bedenken, $u \cdot c^2 \approx 931{,}5\,\text{MeV}$

**92.** **b)** Masse-Energie-Äquivalenz benutzen: $u \cdot c^2 \approx 931{,}5\,\text{MeV}$
**d)** Erhaltungssätze müssen gültig bleiben!
**e)** Energie-Impuls-Beziehung anwenden

**93.** **a)** Unterschiede im Durchdringungsvermögen ausnutzen
**c)** Abstandsgesetz anwenden
**d)** 1/64 als Potenz von 1/2 darstellen
**e)** Energieübertragung findet durch Stöße statt
**f)** Energiebilanz aufstellen

# 15 Lösungen der umfangreicheren Übungsaufgaben

**68. a)** Für die beschleunigende Kraft gilt: $\vec{F} = \vec{F}_H - \vec{F}_{roll}$, also beträgt:
$F = F_G \cdot \sin\alpha - f_{roll} \cdot F_N = m \cdot g \cdot (\sin\alpha - f_{roll} \cdot \cos\alpha)$

$$F = 1300\,\text{kg} \cdot 9{,}81\,\frac{\text{N}}{\text{kg}^2} \cdot (\sin 6° - 0{,}05 \cdot \cos 6°) \approx \underline{\underline{700\,\text{N}}}$$

**b)** Es liegt eine geradlinig gleichmäßig beschleunigte Bewegung (mit den Anfangsbedingungen: $v_0 = 0$ und $s_0 = 0$) vor.

Aus $v = a \cdot t$ folgt $t = \frac{v}{a}$. Einsetzen in $s = \frac{1}{2} \cdot a \cdot t^2$ und Umstellen nach $v$ liefert: $v = \sqrt{2 \cdot a \cdot s}$ mit $a = F/m$.

$$v = \sqrt{2 \cdot \frac{F}{m} \cdot s} = \sqrt{2 \cdot \frac{700\,\text{N}}{1300\,\text{kg}} \cdot 300\,\text{m}} \approx \underline{\underline{18\,\frac{\text{m}}{\text{s}} \approx 65\,\frac{\text{km}}{\text{h}}}}$$

**c)** Energiebilanz: $Q = E_{pot,\,\text{oben}} - E_{kin,\,\text{unten}}$

$$Q = m \cdot g \cdot h - \frac{1}{2} \cdot m \cdot v^2 = m \cdot g \cdot s \cdot \sin\alpha - \frac{1}{2} \cdot m \cdot v^2 \approx \underline{\underline{190\,\text{kJ}}}$$

**d)** $$u = \frac{m_1 \cdot v_1 + m_2 \cdot v_2}{m_1 + m_2} = \frac{1300\,\text{kg} \cdot 65\,\text{km} \cdot \text{h}^{-1}}{2800\,\text{kg}} \approx \underline{\underline{30\,\frac{\text{km}}{\text{h}}}}$$

**69. a)** Angenommen eine Masse $m = 52\,\text{kg}$ wäre gleichmäßig im Abstand 30 cm von einer Drehachse entfernt angeordnet (dünnwandiger Hohlzylinder), so ergäbe sich dafür: $J = m \cdot r^2 \approx 4{,}7\,\text{kg} \cdot \text{m}^2$

Bei der Eiskunstläuferin hingegen befindet sich der größte Teil der Körpermasse stets weniger als 30 cm von der Drehachse entfernt, so dass hier ein noch geringeres Trägheitsmoment zu erwarten ist.

**b)** Die Eiskunstläuferin dreht sich zunächst mit ausgestreckten Armen und eventuell einem abgespreizten Bein. Durch Anwinkeln der Arme und des Beins kann sie dann ihr Trägheitsmoment verringern; dies führt zu einer Erhöhung der Winkelgeschwindigkeit.

**c)** Es gilt der Drehimpulserhaltungssatz: $\vec{L}_1 = \vec{L}_2$. Mit $L = J \cdot \omega$ folgt:

$$J_1 \cdot \omega_1 = J_2 \cdot \omega_2 \quad \Rightarrow \quad J_2 = J_1 \cdot \frac{\omega_1}{\omega_2} = 1\,\text{kg} \cdot \text{m}^2 \cdot \frac{16\,\text{s}^{-1}}{32\,\text{s}^{-1}} = \underline{\underline{0{,}5\,\text{kg} \cdot \text{m}^2}}$$

**d)** Zur Erhöhung der Rotationsenergie $E_{rot}$ muss Arbeit $W$ verrichtet werden. Es gilt: $W = \Delta E_{rot}$.

Mit $E_{rot} = \frac{1}{2} \cdot J \cdot \omega^2$ folgt:

$$W = E_{rot,2} - E_{rot,1} = \frac{1}{2} \cdot \left(J_2 \cdot \omega_2^2 - J_1 \cdot \omega_1^2\right) = \underline{\underline{128\,\text{J}}}$$

**e)** mittlere Absprungkraft: $\overline{F} = F_{\text{Eis}} - F_G = 1800\,\text{N} - m \cdot g \approx 1290\,\text{N}$

Kraftstoß bewirkt Impulsänderung: $\vec{S} = \Delta\vec{p}$

Mit $m = konstant$ folgt: $\overline{F} \cdot \Delta t = m \cdot \Delta v \quad \Rightarrow \quad \Delta v = \frac{\overline{F} \cdot \Delta t}{m} \approx 4{,}7\,\frac{\text{m}}{\text{s}}$

Der Sprung der Eiskunstläuferin lässt sich als senkrechter Wurf nach oben mit Anfangsgeschwindigkeit $v_0 = 0{,}56\,\text{m} \cdot \text{s}^{-1}$ deuten.

Für die maximale Sprunghöhe gilt dann: $h_{\max} = \frac{v_0^2}{2 \cdot g} \approx \underline{\underline{1{,}1\,\text{m}}}$

**70. a)** $T = 2\pi \cdot \sqrt{\frac{l}{g}} \quad \Rightarrow \quad l = \frac{T^2}{4\pi^2} \cdot g = \frac{3{,}7^2 \cdot \text{s}^2}{4\pi^2} \cdot 9{,}81\,\frac{\text{m}}{\text{s}^2} = \underline{\underline{3{,}4\,\text{m}}}$

$\sin\varphi_{\max} = \hat{s}/l \quad \Rightarrow \quad \hat{s} = l \cdot \sin\varphi_{\max} = 3{,}4\,\text{m} \cdot \sin 5° \approx \underline{\underline{0{,}30\,\text{m}}}$

**b)** Energiesatz: $E_{ges} = E_{pot,\,\text{oben}} = E_{kin,\,\text{unten}}$

$\Rightarrow \quad E_{ges} = m \cdot g \cdot h_{\max} = m \cdot g \cdot l \cdot (1 - \cos\varphi_0) \approx \underline{\underline{0{,}076\,\text{J}}}$

Geschwindigkeit beim Nulldurchgang maximal: $E_{ges} = \frac{1}{2} \cdot m \cdot v_{\max}^2$

$\Rightarrow \quad v_{\max} = \sqrt{2 \cdot g \cdot h_{\max}} = \sqrt{2 \cdot g \cdot l \cdot (1 - \cos\varphi_{\max})} \approx \underline{\underline{0{,}50\,\text{m} \cdot \text{s}^{-1}}}$

**c)** Mit $s(0) = \hat{s}$ ergibt sich: $s(t) = \hat{s} \cdot \cos\omega t = 0{,}30\,\text{m} \cdot \cos\left(\frac{2\pi}{3{,}7\,\text{s}} \cdot t\right)$

$$v(t) = \dot{s}(t) = -\omega \cdot \hat{s} \cdot \sin\omega t = -\hat{v} \cdot \sin\omega t = -0{,}51\,\frac{\text{m}}{\text{s}} \cdot \sin\left(\frac{2\pi}{3{,}7\,\text{s}} \cdot t\right)$$

$$a(t) = \dot{v}(t) = -\omega^2 \cdot \hat{s} \cdot \cos\omega t = -\hat{a} \cdot \cos\omega t = -0{,}87\,\frac{\text{m}}{\text{s}^2} \cdot \cos\left(\frac{2\pi}{3{,}7\,\text{s}} \cdot t\right)$$

**d)** Bei einer anfänglichen Auslenkung um 15° liegt kein lineares Kraftgesetz mehr vor, das heißt, dann gilt nicht mehr $\varphi \sim F_{rück}$. Damit wird die resultierende Schwingung nicht mehr harmonisch.

**71. a)** In der Grundschwingung gilt: $l = \lambda_0/2 \quad \Rightarrow \quad \lambda_0 = 2 \cdot l$

Mit $c = \lambda \cdot f$ folgt daraus: $f_0 = \frac{c}{\lambda_0} = \frac{c}{2 \cdot l} = \frac{3 \cdot 10^8\,\text{m} \cdot \text{s}^{-1}}{2 \cdot 0{,}40\,\text{m}} = \underline{\underline{375\,\text{MHz}}}$

**b)** Für optimalen Empfang muss B parallel zu $S_1$ und $S_2$ orientiert sein. Bei einem Empfang wird wegen $l_2 = 2 \cdot l_1$ die 1. Oberschwingung von B angeregt.

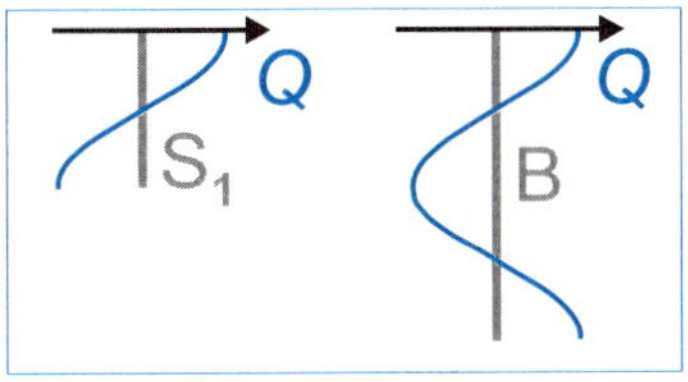


**c)** Analog zur Interferenz am Doppelspalt wird maximaler Empfang unter den Winkeln $\alpha_n$ mit

$\sin\alpha_n = n \cdot \frac{\lambda}{d}$ und $n = 0;\ 1;\ 2;\ \ldots\ < d/\lambda$ registriert.

Wegen $d/\lambda = 3$ werden nur die Maxima 0., 1. und 2. Ordnung registriert.

**d)** Zu Beginn haben $S_1$ und $S_2$ den Abstand $d = 1{,}2\,\text{m} = 1{,}5\,\lambda$; der zugehörige Gangunterschied bei B beträgt also: $\Delta s = 1{,}5\lambda = 3 \cdot \lambda/2$. Folglich registriert B zunächst ein Minimum. Ein Maximum wird von B erstmalig registriert, wenn der Gangunterschied $\Delta s = \lambda$ beträgt. Dies ist der Fall für $\underline{\underline{d^* = \lambda = 0{,}8\,\text{m}}}$.

**72. a)** Zunächst wird die zugeführte Wärme ausschließlich dafür benötigt, das vorhandene Eis zu schmelzen; die Temperatur bleibt dabei unverändert. Nachdem alles Eis geschmolzen ist, bewirkt die weitere Wärmezufuhr, dass die Temperatur des Wassers und des Gefäßes ansteigen. Hat die Temperatur den Siedepunkt des Wassers erreicht, so bleibt sie konstant, da nun die zugeführte Wärme ausschließlich dem Verdampfen des Wassers dient.

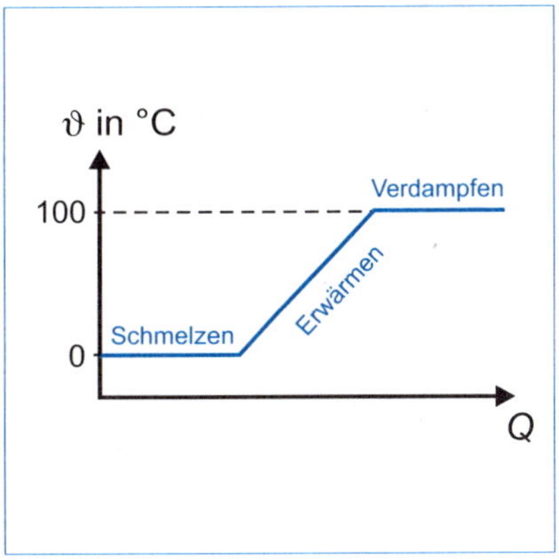


**b)** $Q_{S,\,Eis} = q_{S,\,Eis} \cdot m_{Eis} = 334\,\text{J} \cdot \text{g}^{-1} \cdot 150\,\text{g} \underline{\underline{= 50{,}1\,\text{kJ}}}$

**c)** Die Wärmemenge, welche nötig ist, um 450 g Wasser von 20 °C auf 60 °C zu erwärmen, beträgt: $Q_1 = m_{Wa} \cdot c_{Wa} \cdot \Delta\vartheta \approx 75{,}4\,\text{kJ}$
Um die Temperaturerhöhung auf 60 °C zu erreichen, mussten jedoch $Q_2 = 149\,\text{kJ}$ zugeführt werden.
Ist $C$ die Wärmekapazität des Gefäßes, so gilt: $Q_2 = Q_1 + C \cdot \Delta\vartheta$

Folglich gilt: $C = \frac{Q_2 - Q_1}{\Delta\vartheta} = \frac{149\,\text{kJ} - 75{,}4\,\text{kJ}}{40\,\text{K}} \underline{\underline{= 1{,}84\,\frac{\text{kJ}}{\text{K}}}}$

**d)** Das Wasser und das Gefäß müssen von 60 °C auf 100 °C erwärmt werden. Dies erfordert: $Q_3 = m_{Wa} \cdot c_{Wa} \cdot \Delta\vartheta + C \cdot \Delta\vartheta \approx 149\,\text{kJ}$

Anschließend muss dem Wasser die notwendige Verdampfungswärme zugeführt werden: $Q_V = m_{Wa} \cdot q_{V,Wa} \approx 1015\,\text{kJ}$
Es muss somit insgesamt noch eine Wärmemenge vom Betrag
$Q_{\text{Rest}} = Q_3 + Q_V = 1164\,\text{kJ}$ zugeführt werden.

**73.** **a)** universelle Gasgleichung: $p \cdot V = n \cdot R \cdot T$

$$\Rightarrow \quad T_1 = \frac{p_1 \cdot V_1}{n \cdot R} = \frac{1{,}0 \cdot 10^5\,\text{Pa} \cdot 0{,}125\,\text{m}^3}{5{,}0\,\text{mol} \cdot 8{,}314\,\text{J} \cdot \text{K}^{-1} \cdot \text{mol}^{-1}} \approx 300\,\text{K}$$

(1) → (2): isochore Zustandsänderung

$$\frac{p_1}{T_1} = \frac{p_2}{T_2} \quad \Rightarrow \quad T_2 = \frac{p_2}{p_1} \cdot T_1 = \frac{1{,}5 p_1}{p_1} \cdot T_1 = 1{,}5 \cdot T_1 = 450\,\text{K}$$

(2) → (3): isobare Zustandsänderung

$$\frac{V_2}{T_2} = \frac{V_3}{T_3} \quad \Rightarrow \quad T_3 = \frac{V_3}{V_2} \cdot T_2 = \frac{2V_1}{V_1} \cdot T_2 = 2 \cdot T_2 = 3 \cdot T_1 = 900\,\text{K}$$

**b)** (1) → (2): Wegen $\Delta V = 0$ gilt $W_{12} = 0$.

Die zugeführte Wärme $Q_{12}$ dient ausschließlich dazu, die innere Energie $U$ des Gases zu erhöhen.

$$U = \frac{3}{2} \cdot n \cdot R \cdot T \quad \Rightarrow \quad Q_{12} = \Delta U = \frac{3}{2} \cdot n \cdot R \cdot (T_2 - T_1) = \frac{3}{2} \cdot n \cdot R \cdot \frac{1}{2} T_1 \approx 9{,}3\,\text{kJ}$$

(2) → (3): Wegen $\Delta p = 0$ gilt $W = -p \cdot \Delta V$

$$\Rightarrow \quad W_{23} = -p_2 \cdot \Delta V = -1{,}5 p_1 \cdot (V_3 - V_2) = -1{,}5 p_1 \cdot V_1 \approx 19\,\text{kJ}$$

Nach dem 1. Hauptsatz der Thermodynamik gilt: $\Delta U_{23} = Q_{23} + W_{23}$

$$\Rightarrow \quad Q_{23} = \Delta U_{23} - W_{23} = \frac{3}{2} \cdot n \cdot R \cdot (T_3 - T_2) + 1{,}5 p_1 \cdot V_1$$

$$\Rightarrow \quad Q_{23} = \frac{9}{4} \cdot n \cdot R \cdot T_1 + 1{,}5 p_1 \cdot V_1 \approx 47\,\text{kJ}$$

**c)** (3) → (1): $\Delta U_{31} = Q_{31} + W_{31}$. Mit $W_{31} = 15\,\text{kJ}$ und $T_3 = 3T_1$ folgt:

$$Q_{31} = \Delta U_{31} - W_{31} = \frac{3}{2} \cdot n \cdot R \cdot (T_1 - T_3) - W_{31} = -3 \cdot n \cdot R \cdot T_1 - W_{31} = -52\,\text{kJ}$$

**d)** aufgenommene Wärme: $Q_{12} + Q_{23}$; gewonnene Arbeit: $|W_{23} + W_{31}|$

$$\Rightarrow \quad \frac{|W_{23} + W_{31}|}{Q_{12} + Q_{23}} \approx \frac{|-19\,\text{kJ} + 15\,\text{kJ}|}{9{,}3\,\text{kJ} + 47\,\text{kJ}} \approx 0{,}07 = 7\,\%$$

**e)** am Generator: $P_{\text{ab}} = P_{\text{auf}} \cdot 0{,}6 \quad \Rightarrow \quad P_{\text{auf}} = \frac{P_{\text{ab}}}{0{,}6} = \frac{150\,\text{kW}}{0{,}6} = 250\,\text{kW}$

Pro Umdrehung wird die Arbeit $W = |W_{23} + W_{31}| = 4\,\text{kJ}$ gewonnen.

$\Rightarrow$ Drehzahl: $n = \dfrac{250\,\text{kJ} \cdot \text{s}^{-1}}{4\,\text{kJ}} = 62{,}5\,\text{s}^{-1} \underline{\underline{= 3750\,\text{min}^{-1}}}$

**74. a)**

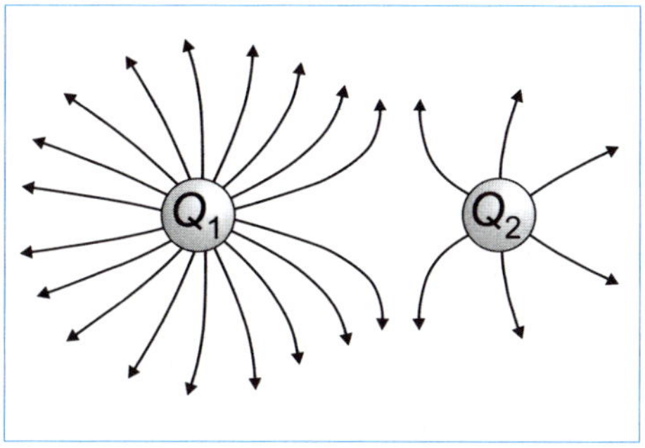


**b)** Aus $\vec{E}_1(\text{S}) = -\vec{E}_2(\text{S})$ folgt: S liegt im Abstand $x$ von $Q_1$ auf der Verbindungsgeraden zwischen $Q_1$ und $Q_2$.

Demnach gilt: $E_1 = \dfrac{1}{4\pi \cdot \varepsilon_0} \cdot \dfrac{Q_1}{x^2} = \dfrac{1}{4\pi \cdot \varepsilon_0} \cdot \dfrac{Q_2}{(r-x)^2} = E_2$.

Umformen nach $x$ liefert: $x_{1,2} = \dfrac{r}{Q_1 - Q_2} \cdot (Q_1 \pm \sqrt{Q_1 \cdot Q_2})$.

Lösung: $x_2 = \dfrac{2}{3} r \approx \underline{\underline{6{,}67\,\text{cm}}}$ $(x_1 = 2r$ entfällt$)$

**c)** Feldstärken in P: $E_1 = \dfrac{1}{4\pi \cdot \varepsilon_0} \cdot \dfrac{Q_1}{r_1^2} \approx 2{,}8 \cdot 10^5\,\dfrac{\text{N}}{\text{C}}$ und $E_2 \approx 1{,}8 \cdot 10^5\,\dfrac{\text{N}}{\text{C}}$;

Winkel $\varphi$ zwischen $\vec{E}_1$ und $\vec{E}_2$ über Kosinussatz ermitteln:

$$\varphi = arc\ \cos \frac{r_1^2 + r_2^2 - r^2}{2 \cdot r_1 \cdot r_2} = arc\ \cos(-0{,}1375) \approx 97{,}9^\circ$$

$$E_{ges} = \sqrt{E_1^2 + E_2^2 + 2 \cdot E_1 \cdot E_2 \cdot \cos\varphi} \underline{\underline{\approx 3{,}1 \cdot 10^5\,\text{N} \cdot \text{C}^{-1}}}$$

$$F_{el} = E_{ges} \cdot Q_3 \underline{\underline{\approx 9{,}3 \cdot 10^{-3}\,\text{N}}}$$

**d)** Ein einzelnes Elektron trägt die Ladung $-e \approx -1{,}602 \cdot 10^{-19}\,\text{C}$.

Damit sind etwa $\text{N} = \dfrac{Q_3}{-e} = \dfrac{-3 \cdot 10^{-8}\,\text{C}}{-1{,}602 \cdot 10^{-19}\,\text{C}} \underline{\underline{\approx 1{,}9 \cdot 10^{11}}}$

Elektronen zur Bildung der Ladung $Q_3$ erforderlich.

**75. a)** Für Luft ist $\varepsilon_r \approx 1$, so dass gilt: $C_0 = \varepsilon_r \cdot \varepsilon_0 \cdot \frac{A}{d} = \varepsilon_0 \cdot \frac{A}{d}$

$$C_0 = 8{,}854 \cdot 10^{-12}\,\frac{\mathrm{A \cdot s}}{\mathrm{V \cdot m}} \cdot \frac{4 \cdot 10^{-2}\,\mathrm{m}^2}{5 \cdot 10^{-3}\,\mathrm{m}} \approx 7{,}1 \cdot 10^{-11}\,\frac{\mathrm{A \cdot s}}{\mathrm{V}} \underline{\underline{= 71\,\mathrm{pF}}}$$

**b)** $C = \frac{Q}{U} \quad \Rightarrow \quad Q_0 = C_0 \cdot U = 7{,}1 \cdot 10^{-11}\,\frac{\mathrm{C}}{\mathrm{V}} \cdot 10^2\,\mathrm{V} \underline{\underline{= 7{,}1 \cdot 10^{-9}\,\mathrm{C}}}$

$$E_{el,0} = \frac{1}{2} \cdot C_0 \cdot U^2 = \frac{1}{2} \cdot 7{,}1 \cdot 10^{-11}\,\frac{\mathrm{A \cdot s}}{\mathrm{V}} \cdot 10^4\,\mathrm{V}^2 \underline{\underline{\approx 3{,}55 \cdot 10^{-7}\,\mathrm{J}}}$$

**c)** Da jetzt $\varepsilon_r = 6$ gilt, erhöht sich die Kapazität auf das Sechsfache des ursprünglichen Wertes: $\underline{\underline{C_1 = \varepsilon_r \cdot C_0 = 6 \cdot C_0 \approx 0{,}43\,\mathrm{nF}}}$

Wegen $Q = C \cdot U$ und $E_{el} = \frac{1}{2} \cdot C \cdot U^2$ ergeben sich entsprechend

$\underline{\underline{Q_1 = 6 \cdot Q_0 \approx 4{,}3 \cdot 10^{-8}\,\mathrm{C}}}$ und $\underline{\underline{E_{el,1} = 6 \cdot E_{el,0} \approx 2{,}13 \cdot 10^{-6}\,\mathrm{J}}}$.

**d)** Da nach der Abtrennung von der Spannungsquelle keine Ladung zu- oder abfließen kann, bleibt $Q$ unverändert, also: $Q_2 = Q_1$.
Die Kapazität erreicht wieder den ursprünglichen Wert: $C_2 = C_0$.

Demzufolge sind nun: $U_2 = \frac{Q_2}{C_2} = \frac{Q_1}{C_0} = \frac{6 \cdot Q_0}{C_0} = 6 \cdot U_0 \underline{\underline{= 600\,\mathrm{V}}}$

und $E_{el,2} = \frac{1}{2} \cdot C_2 \cdot U_2^2 = \frac{1}{2} \cdot C_0 \cdot U_0^2 \cdot 36 = 36 \cdot E_{el,0} \underline{\underline{\approx 1{,}28 \cdot 10^{-5}\,\mathrm{J}}}$

Um die Glasplatte aus dem Plattenzwischenraum zu entfernen, muss Arbeit $W$ aufgebracht werden. Der Betrag dieser Arbeit entspricht dem Zuwachs an elektrischer Energie: $W = \Delta E_{el}$

**76. a)** $v_0 = \sqrt{\frac{2 \cdot e \cdot U_B}{m_e}} = \sqrt{\frac{2 \cdot 1{,}602 \cdot 10^{-19}\,\mathrm{A \cdot s} \cdot 500\,\mathrm{V}}{9{,}109 \cdot 10^{-31}\,\mathrm{kg}}} \underline{\underline{\approx 1{,}33 \cdot 10^7\,\frac{\mathrm{m}}{\mathrm{s}}}}$

**b)** Die Horizontalkomponente $\vec{v}_h$ der Geschwindigkeit ist nach dem Eintritt in das elektrische Feld konstant (vgl. waagerechter Wurf). Es gilt:
$v_h = v_0 =$ *konstant* und demnach $s = v_0 \cdot t$

Mit $s = b$ folgt: $t_{\mathrm{Feld}} = \frac{b}{v_0} = \frac{0{,}1\,\mathrm{m}}{1{,}33 \cdot 10^7\,\mathrm{m \cdot s^{-1}}} \underline{\underline{\approx 7{,}5 \cdot 10^{-9}\,\mathrm{s} = 7{,}5\,\mathrm{ns}}}$

**c)** Beim Durchqueren des Feldes liegt in vertikaler Richtung eine gleichmäßig beschleunigte Bewegung vor, sodass für die vertikale Ablenkung

$$y = \frac{1}{2} \cdot a_y \cdot t^2$$

gilt. Für die Gesamtablenkung $y_1$ im Feld ergibt sich mit $t = t_{\mathrm{Feld}}$ und

$a_y = \frac{F}{m} = \frac{e \cdot U}{m_e \cdot d}$ der Wert:

$$y_1 = y(b) = \frac{1}{2} \cdot \frac{e \cdot U}{m_e \cdot d} \cdot \frac{b^2}{v_0^2} \approx \underline{\underline{6 \cdot 10^{-3}\,\text{m} = 6\,\text{mm}}}$$

**d)** Nachdem ein Elektron aus dem Querfeld ausgetreten ist, bewegt es sich mit konstanter Geschwindigkeit auf den Schirm zu. Dabei betragen die Geschwindigkeitskomponenten in horizontaler bzw. vertikaler Richtung:

$v_h = v_0$ und $v_v = a_y \cdot t_{\text{Feld}} = \frac{e \cdot U}{m_e \cdot d} \cdot \frac{b}{v_0}$

verbleibende Zeit $t_s$ bis zum Erreichen des Schirms: $t_s = s/v_0$

$\Rightarrow$ Ablenkung außerhalb des Querfeldes: $y_2 = v_v \cdot t_s = \frac{e \cdot U \cdot b}{m_e \cdot d \cdot v_0} \cdot \frac{s}{v_0}$

$\Rightarrow$ Gesamtablenkung: $a = y_1 + y_2 = \frac{1}{2} \cdot \frac{e \cdot U \cdot b^2}{m_e + d \cdot v_0^2} + \frac{e \cdot U \cdot b \cdot s}{m_e \cdot d \cdot v_0^2}$

$$\Rightarrow \quad a = \frac{e \cdot U \cdot b}{m_e \cdot d \cdot v_0^2} \cdot \left(\frac{b}{2} + s\right) = \frac{U \cdot b}{2 \cdot d \cdot U_B} \cdot \left(\frac{b}{2} + s\right) \underline{\underline{= 36\,\text{mm}}}$$

**77. a)** Die Richtung der Feldlinie in einem Punkt gibt die Richtung der durch das Feld verursachten Kraft in diesem Punkt an. Die Feldliniendichte in der Umgebung eines Punktes ist ein Maß für die Feldstärke in diesem Punkt und somit für den Betrag der (Feld-)Kraft in diesem Punkt.

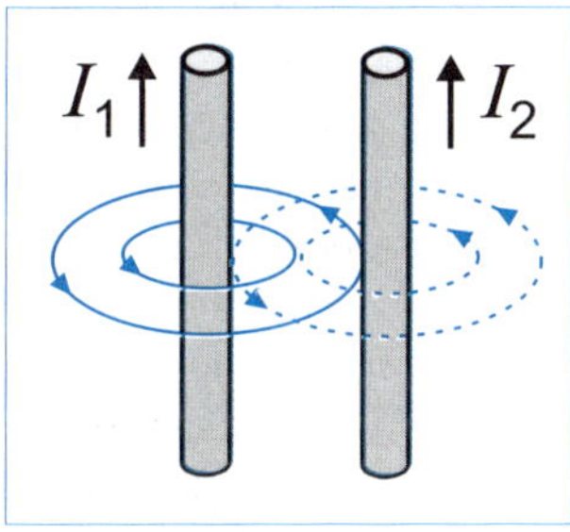


**b)** Siehe Abbildung.

**c)** Die Feldlinien um jeden der Leiter sind konzentrische Kreise, deren Umlaufsinn durch die Rechte-Hand-Regel bestimmt ist. Mithilfe der UVW-Regel findet man schließlich, dass die beiden Leiter einander anziehen.

**78. a)** $\Delta E_{kin} = \frac{1}{2} \cdot m_e \cdot v_0^2 = W_B = e \cdot U_B \quad \Rightarrow \quad v_0 = \sqrt{\frac{2 \cdot e \cdot U_B}{m_e}} \approx \underline{\underline{5{,}9 \cdot 10^6\,\frac{\text{m}}{\text{s}}}}$

**b)** $\vec{v}_0$ kann in eine zu $\vec{B}$ parallele Komponente $\vec{v}_\parallel$ und eine zu $\vec{B}$ senkrechte Komponente $\vec{v}_\perp$ zerlegt werden. $\vec{v}_\parallel$ wird durch das Magnetfeld nicht beeinflusst; $\vec{v}_\perp$ bewirkt eine LORENTZ-Kraft $\vec{F}_L$, die das Elektron auf eine Kreisbahn ablenkt. Durch ungestörte Überlagerung resultiert daraus eine Schraubenlinie als Bahnkurve.

**c)** Die Schraubenlinie wird durch ihren Radius $r$ und ihre Ganghöhe $h$ charakterisiert. Der Betrag $v_\perp$ wird durch $\vec{F}_L$ nicht verändert.

Kreisbahnbedingung: $\vec{F}_L = \vec{F}_r \quad \Rightarrow \quad e \cdot v_\perp \cdot B = \frac{m_e \cdot v_\perp^2}{r}$

$$v_\perp = v_0 \cdot \cos\alpha \quad \Rightarrow \quad r = \frac{m_e \cdot v_\perp}{e \cdot B} = \frac{m_e \cdot v_0 \cdot \cos\alpha}{e \cdot B} \approx \underline{\underline{2{,}3\,\text{mm}}}$$

Es sind: $T = \frac{2\pi \cdot r}{v_\perp} = \frac{2\pi \cdot m_e}{e \cdot B}$ und $v_\parallel = v_0 \cdot \sin\alpha$

$$\Rightarrow \quad h = v_\parallel \cdot T = v_0 \cdot \sin\alpha \cdot \frac{2\pi \cdot m_e}{e \cdot B} \approx \underline{\underline{4{,}0\,\text{cm}}}$$

**79. a)** Nach Schließen des Schalters fließt ein Strom durch den Leiter L. Da sich L in einem Magnetfeld befindet, bewirkt der Strom eine LORENTZ-Kraft auf den Leiter. Mithilfe der UVW-Regel stellt man fest: Der Leiter wird durch diese Kraft nach rechts beschleunigt.

**b)** Durch die Lorentz-Kraft bewegt sich L zunächst mit wachsender Geschwindigkeit $\vec{v}$ senkrecht zu den magnetischen Feldlinien nach rechts. Dadurch wird über den beiden Enden von L eine Spannung $U_{ind} = -B \cdot l \cdot v$ induziert. Die Induktionsspannung wirkt gemäß der LENZschen Regel der ursächlichen Spannung $U_0$ entgegen, sodass die resultierende Spannung $U = U_0 - B \cdot l \cdot v$ beträgt.
Da die Induktionsspannung proportional zur Geschwindigkeit $v$ ist, nehmen mit wachsendem $v$ die resultierende Spannung $U$ und somit auch die Stromstärke $I$ ab.

**c)** Weil die Lorentz-Kraft wiederum proportional zu $I$ ist, wird die Lorentz-Kraft mit wachsender Geschwindigkeit $v$ immer geringer. L hat seine Maximalgeschwindigkeit $v_{max}$ erreicht, sobald die resultierende Spannung verschwindet. Dann gilt $0 = U_0 - B \cdot l \cdot v_{max}$ und es wirkt keine LORENTZ-Kraft mehr auf L, weil auch kein Strom mehr fließt.

Es ergibt sich: $v_{max} = \frac{U_0}{B \cdot l}$

**80. a)**

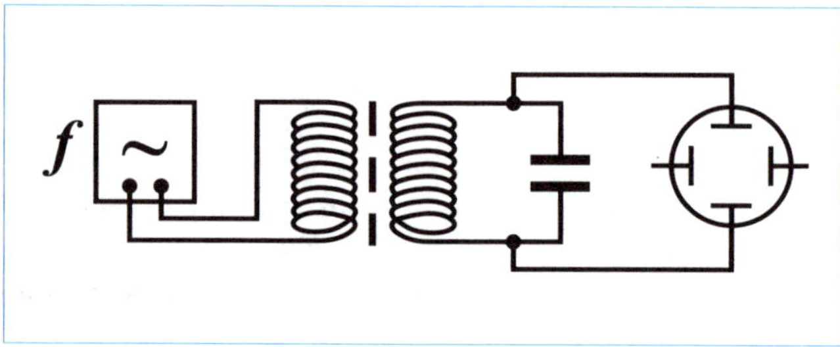

**b)** Resonanzfrequenz (aus der Abbildung entnommen): $f_0 = 460\,\text{Hz}$

$$f_0 = \frac{1}{2\pi} \cdot \frac{1}{\sqrt{L \cdot C}} \quad \Rightarrow \quad C = \frac{1}{4\pi^2} \cdot \frac{1}{f_0^2 \cdot L} \approx \underline{\underline{3 \cdot 10^{-6}\,\text{F} = 3\,\mu\text{F}}}$$

**c)** aus der Abbildung: $\hat{U}_C = 4\,\text{V}$ bei $f_0 = 460\,\text{Hz}$
Die Gesamtenergie $E$ im Schwingkreis ist gleich der Maximalenergie am Kondensator.

$$E = E_{el,\,\max} = \frac{1}{2} \cdot C \cdot \hat{U}_C^2 \underline{\underline{= 2{,}4 \cdot 10^{-5}\,\text{J}}}$$

Die Maximalenergie in der Spule besitzt denselben Wert.

$$E = E_{mag,\,\max} = \frac{1}{2} \cdot L \cdot \hat{I}_L^2 \quad \Rightarrow \quad \hat{I}_L = \sqrt{\frac{2 \cdot E}{L}} = \hat{U}_C \cdot \sqrt{\frac{C}{L}} \underline{\underline{\approx 35\,\text{mA}}}$$

**d)** Der Schwingkreis schwingt stets mit der Erregerfrequenz, also in diesem Fall mit 100 Hz.

**e)** Aus $f = \frac{1}{2\pi} \cdot \frac{1}{\sqrt{L \cdot C}}$ erhält man: $C = \frac{1}{4\pi^2} \cdot \frac{1}{f^2 \cdot L}$

Mit $f_{\text{neu}} = 2 \cdot f_0$ folgt: $C^* = \frac{1}{4\pi^2} \cdot \frac{1}{4f_0^2 \cdot L} = \frac{1}{4} \cdot \frac{1}{4\pi^2} \cdot \frac{1}{f_0^2 \cdot L} = \frac{1}{4} \cdot C$

Der neue Schwingkreiskondensator muss eine Kapazität von

$C^* = \frac{1}{4}C = 0{,}75\,\mu\text{F} = 750\,\text{nF}$ besitzen.

**81. a)** $R = U_0/I_0 \underline{\underline{= 5\,\Omega}}$

**b)** $Z_1 = U_1/I_1 \underline{\underline{= 15\,\Omega}}$; $Z_1 = \sqrt{R^2 + X_L^2} \quad \Rightarrow \quad X_L = \sqrt{Z_1^2 - R^2} \underline{\underline{\approx 14{,}1\,\Omega}}$

$X_L = 2\pi \cdot f \cdot L \quad \Rightarrow \quad L = X_L/(2\pi \cdot f) \underline{\underline{\approx 0{,}045\,\text{H} = 45\,\text{mH}}}$

**c)** $Z = \frac{U}{I}$ und $Z = \sqrt{R^2 + (X_L - X_C)^2}$

$$\Rightarrow \quad \frac{U_2}{\sqrt{R^2 + (X_L - X_C)^2}} = \frac{U_1}{\sqrt{R^2 + (X_L - 1/(2\pi \cdot f \cdot C))^2}} \underline{\underline{\approx 0{,}23\,\text{A}}}$$

**d)** Bei der Eigenfrequenz $f_0$ verschwindet der Blindwiderstand, dann gilt also:

$$X_L - X_C = \omega \cdot L - \frac{1}{\omega \cdot C} = 0 \quad \Rightarrow \quad 4\pi^2 \cdot f_0^2 = \omega^2 = \frac{1}{L \cdot C} \quad \Rightarrow$$

$$f_0 = \frac{1}{2\pi} \cdot \frac{1}{\sqrt{L \cdot C}} \quad \Rightarrow \quad \underline{\underline{f_0 \approx 84\,\text{Hz}}}$$

**e)** Die Eigenfrequenz $f_0$ wird bevorzugt durchgelassen, da hierfür nur der OHMsche Widerstand wirksam wird; niedrigere Frequenzen blockiert der Kondensator aufgrund seiner endlichen Kapazität; höhere Frequenzen drosselt die Spule durch den wachsenden Einfluss der Induktion.

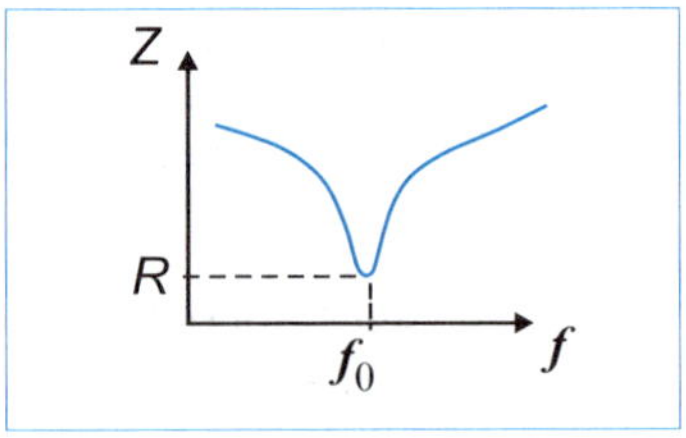


**82. a)** Weißes Licht erzeugt an dünnen Schichten (z. B. Ölfilm auf Wasser) schillernde Interferenzfiguren, die man beobachten kann.
Wird (kohärentes) Licht am Gitter (Doppelspalt, Spalt) gebeugt, so können ebenfalls Interferenzerscheinungen beobachtet werden.
Beugung und Interferenz sind typische Welleneigenschaften.
Licht lässt sich durch Polarisationsfilter (durch doppelbrechende Kristalle etc.) linear polarisieren; die lineare Polarisierbarkeit ist eine typische Eigenschaft von Transversalwellen.

**b)** Für die Neben-Minima gilt: $\sin\alpha_n = \frac{n}{b}\cdot\lambda$ mit $n = 1;\ 2;\ 3;\ \ldots < \frac{b}{\lambda}$.

Wegen $a \ll e$ ist $\alpha_1$ sehr klein, so dass gilt: $\sin\alpha_1 \approx \tan\alpha_1$ (1)

Mit $\sin\alpha_1 = \frac{\lambda}{b}$ und $\tan\alpha_1 = \frac{a/2}{e}$ folgt aus (1): $\frac{\lambda}{b} = \frac{a}{2e}$

$$\Rightarrow \quad b = \frac{2e}{a}\cdot\lambda = \frac{2\cdot 1{,}60\,\text{m}}{0{,}045\,\text{m}}\cdot 6{,}7\cdot 10^{-7}\,\text{m} \approx \underline{\underline{5{,}0\cdot 10^{-5}\,\text{m} = 50\,\mu\text{m}}}$$

**c)** Für die Minima gilt nun: $\sin\alpha_{n+1} = \frac{2n+1}{d}\cdot\frac{\lambda}{2}$ mit $n = 0;\ 1;\ 2;\ \ldots < \frac{d}{\lambda}$

in 1. Ordnung: $\sin\alpha_1 = \frac{\lambda}{2d} = \frac{\lambda}{2\cdot 4b} = \frac{6{,}7\cdot 10^{-7}\,\text{m}}{8\cdot 5\cdot 10^{-5}\,\text{m}} \quad \Rightarrow \quad \alpha_1 \approx 0{,}096°$

$$\tan\alpha_1 = \frac{a'/2}{e} \quad \Rightarrow \quad a' = 2\cdot e\cdot\tan\alpha_1 = 2\cdot 1{,}60\,\text{m}\cdot\tan 0{,}096° \approx \underline{\underline{5{,}3\,\text{mm}}}$$

**d)** Statt der scharf begrenzten roten Maxima entstehen nun eine Reihe farbiger Spektren, die sich jeweils von Violett bis Rot erstrecken.
Eine Überlappung dieser Spektren tritt noch nicht ein, so lange der violette Rand des k + 1-ten Spektrums stärker gebeugt wurde als der rote Rand des k-ten Spektrums. Das ist der Fall, wenn gilt:

$$\sin\alpha_{k+1,\,\text{violett}} = \frac{k+1}{d}\cdot\lambda_{\text{violett}} > \frac{k}{d}\cdot\lambda_{\text{rot}} = \sin\alpha_{k,\,\text{rot}}$$

$$\Rightarrow \quad k\cdot(\lambda_{\text{rot}} - \lambda_{\text{violett}}) < \lambda_{\text{violett}} \quad \Rightarrow \quad k < \frac{\lambda_{\text{violett}}}{\lambda_{\text{rot}} - \lambda_{\text{violett}}} = \frac{400\,\text{nm}}{350\,\text{nm}} \approx \underline{\underline{1{,}1}}$$

Bis zur 1. Ordnung überlappen sich die Interferenzmaxima nicht.

**83.** **a)** Legende:
L = Lichtquelle
K = Kondensorlinse
Sp = Spalt
A = Abbildungslinse
G = Gitter
S = Schirm

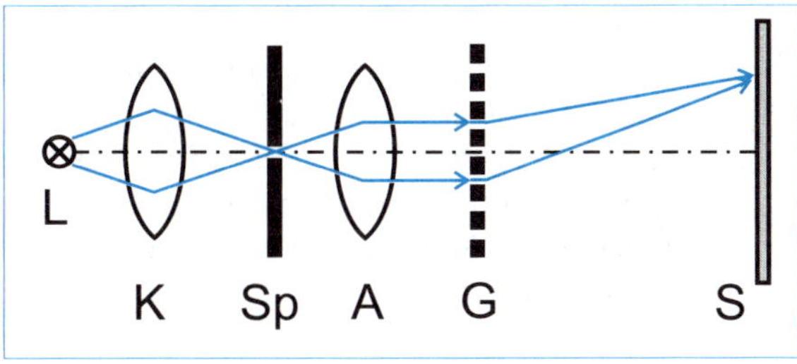


**b)** Zwei Lichtstrahlen, die durch benachbarte Spalte des Gitters laufen, verstärken sich an einer Stelle des Schirms, falls ihr Gangunterschied dort $n \cdot \lambda$ mit $n = 0;\ 1;\ 2; \ldots$ beträgt. Aus der Abbildung erkennt man, dass für benachbarte Strahlen, die um den Winkel $\alpha$ gebeugt werden, der Gangunterschied $\Delta s = g \cdot \sin\alpha$ ist.
Folglich gilt für die Winkel $\alpha_n$, unter denen man die Beugungsmaxima findet:

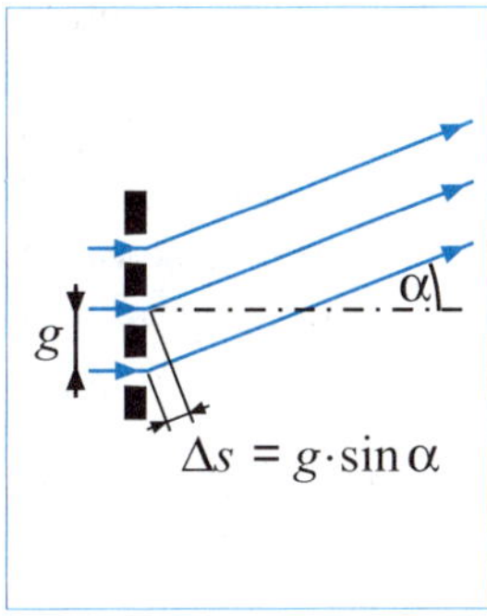


$$\sin\alpha_n = n \cdot \frac{\lambda}{g} \text{ mit } n = 0;\ 1;\ 2;\ \ldots\ < g/\lambda.$$

**c)** Das 0. Maximum erscheint als weißer Streifen. Beim 1. Maximum wird das weiße Licht in seine Spektralfarben aufgefächert, da nun der zugehörige Beugungswinkel $\alpha_1$ mit der Wellenlänge wächst. Auf diese Art entsteht ein kontinuierliches Spektrum; wobei das langwelligere rote Licht außen erscheint, da es stärker gebeugt wird als das blaue.

**d)** Es gilt: $\tan\alpha_1 = \dfrac{d/2}{e} \quad \Rightarrow \quad \alpha_1 \approx 13{,}36°$

$$\sin\alpha_n = n \cdot \frac{\lambda}{g} \quad \Rightarrow \quad \sin\alpha_1 = \frac{\lambda}{g}$$

$$\Rightarrow \quad \lambda = g \cdot \sin\alpha_1 = \frac{10^{-3}\,\text{m}}{400} \cdot \sin 13{,}36°$$

$$\underline{\underline{\approx\ 5{,}78 \cdot 10^{-7} \approx 578\,\text{nm}}} \text{ (gelb)}$$

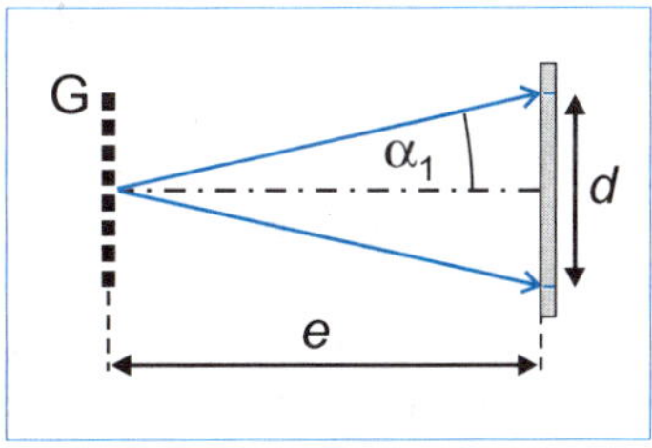


**e)** Damit das n-te Maximum noch auf dem Schirm zu sehen ist, muss gelten:

$$\tan\alpha_n \leq \frac{b/2}{n} \quad \Rightarrow \quad \alpha_n \leq 32° \quad \Rightarrow \quad \sin\alpha_n \leq 0{,}53$$

$$\sin\alpha_n = n \cdot \frac{\lambda}{g} \quad \Rightarrow \quad n = \frac{g}{\lambda} \cdot \sin\alpha_n \quad \Rightarrow \quad n \leq \frac{g}{\lambda} \cdot 0{,}53 \approx 2{,}3$$

$\Rightarrow$ Maxima bis zur 2. Ordnung können beobachtet werden.

**84.** **a)** Lichtstrahlen werden in der Nähe massereicher Objekte im All gekrümmt. Dies kann man als Ablenkung der (mit einer Masse behafteten) Lichtteil-

chen durch Gravitation deuten. Besonders deutlich wird dies, wenn eine sehr kompakte Masse auf der Sichtlinie zu einem Stern liegen und so als Gravitationslinse wirkt.
Läuft ein Komet durch unser Sonnensystem, so weist dessen Schweif stets von der Sonne weg. Das Sonnenlicht übt scheinbar einen Lichtdruck auf die Teilchen des Kometenschweifes aus. Auch dies spricht für das Teilchenmodell des Lichts.

**b)** Auf die schwarzen wie auf die glänzenden Seiten treffen im Mittel gleich viele Photonen und üben über ihre Impulse einen Lichtdruck auf die Flächen aus. Während eine schwarze Seite die Photonen absorbiert, werden sie von einer glänzenden Seite reflektiert. Demnach ist die Impulsänderung für ein Photon, das auf eine glänzende Seite trifft, doppelt so groß wie für eines, das auf eine geschwärzte Seite trifft. Entsprechend erfährt die glänzende Seite einen doppelt so großen Kraftstoß. Das Flügelrädchen dreht sich folglich so, dass die glänzenden Seiten vor dem Licht »zurückweichen«.

**c)** Treffen in der Zeit $\Delta t$ N Photonen auf die Seite auf, so wird dabei die Energie $E = \mathrm{N} \cdot E_{\mathrm{Ph}} = P \cdot \Delta t$ transportiert.

Mit $E_{\mathrm{Ph}} = h \cdot f = h \cdot \frac{c}{\lambda}$ folgt daraus: $\mathrm{N} = \frac{P \cdot \lambda}{h \cdot c} \cdot \Delta t \approx \underline{\underline{10^{16}}}$

**d)** Da die Photonen reflektiert werden, beträgt die pro Photon bewirkte Impulsänderung an der glänzenden Seite: $\Delta p = 2 \cdot p_{\mathrm{Ph}} = 2 \cdot h/\lambda$

Mit $\Delta p = \overline{F} \cdot \Delta t$ folgt: $F = \frac{\Delta p_{ges}}{\Delta t} = N \cdot \frac{2 \cdot p_{\mathrm{Ph}}}{\Delta t} = P \cdot \frac{2}{c} = \underline{\underline{2 \cdot 10^{-11}\,\mathrm{N}}}$

**85. a)** Die gesundheitsschädliche Wirkung von Strahlung beruht auf ihrem Ionisationsvermögen. Dies kann zur Schädigung von Körperzellen (somatische Schäden) sowie zur Schädigung des Erbgutes (genetische Schäden) führen. Wichtige Regeln des Strahlenschutzes sind:

1. *Abstand so groß wie möglich!* – Die Strahlungsintensität nimmt mit dem Quadrat des Abstandes ab.

2. *Abschirmung!* – Strahlungsintensität wird durch Abschirmplatten (exponentiell) geschwächt, Streustrahlung wird abgefangen.

3. *Bestrahlungszeit so kurz wie möglich!* – Die Strahlendosis ist zur Bestrahlungszeit proportional.

4. *Keine verstrahlten Lebensmittel zu sich nehmen und die Atemluft rein halten!* – Innere Strahlenbelastung ist gefährlicher, da dabei z. B. auch $\alpha$-Strahlung zu inneren Organen vordringen kann.

**b)** Vgl. Abschnitte 10.5 und 12.4!

**c)** Die Bremsstrahlung entsteht durch teilweise oder vollständige Umwandlung der kinetischen Energie der Elektronen in Strahlungsenergie. Die Grenzwellenlänge wird erreicht, wenn die kinetische Energie vollständig in Strahlungsenergie umgewandelt wird.

Dann gilt: $E_\gamma = h \cdot f_G = h \cdot \frac{c}{\lambda_G} = E_{kin,e} = e \cdot U_B \quad \Rightarrow \quad \underline{\underline{\lambda_G = \frac{h \cdot c}{e \cdot U_B}}}$

**d)** aus dem Diagramm: $\lambda_G = 25\,\text{pm} = 2{,}5 \cdot 10^{-11}\,\text{m}$; $\lambda_G = \frac{h \cdot c}{e \cdot U_B} \quad \Rightarrow$

$$h = \lambda_G \cdot \frac{e \cdot U_B}{c} = 2{,}5 \cdot 10^{-11}\,\text{m} \cdot \frac{1{,}602 \cdot 10^{-19}\,\text{As} \cdot 5 \cdot 10^4\,\text{V}}{3 \cdot 10^8\,\text{m} \cdot \text{s}^{-1}} \underline{\underline{\approx 6{,}7 \cdot 10^{-34}\,\text{J} \cdot \text{s}}}$$

**e)** aus dem Diagramm: $\lambda_{K_\alpha} = 8{,}5 \cdot 10^{-10}\,\text{m}$

MOSELEY-Gesetz: $\frac{1}{\lambda_{K_\alpha}} = \frac{3}{4} \cdot R_H \cdot (Z-1)^2 \quad \Rightarrow \quad Z = \sqrt{\frac{4}{3 \cdot \lambda_{K_\alpha} \cdot R_H}} + 1$

$\underline{\underline{Z \approx 13}}$ $\Rightarrow$ Die Antikathode besteht aus Aluminium.

**86. a)** Unter günstigen Bedingungen beobachtet man auf dem Schirm einen hellen Fleck, der von konzentrischen Ringen umgeben ist. In der polykristallinen Probe liegen Kristalle jeder Orientierung vor. Somit bildet sich zu jedem Glanzwinkel, welcher der BRAGGschen Beziehung genügt, ein Kegelmantel aus gebeugten Elektronen aus, der schließlich als Ring auf dem Schirm sichtbar wird.

**b)** Wie man der Abbildung rechts entnehmen kann, wird ein unter dem Glanzwinkel $\alpha$ reflektierter Elektronenstrahl insgesamt um den Winkel $2\alpha$ abgelenkt.

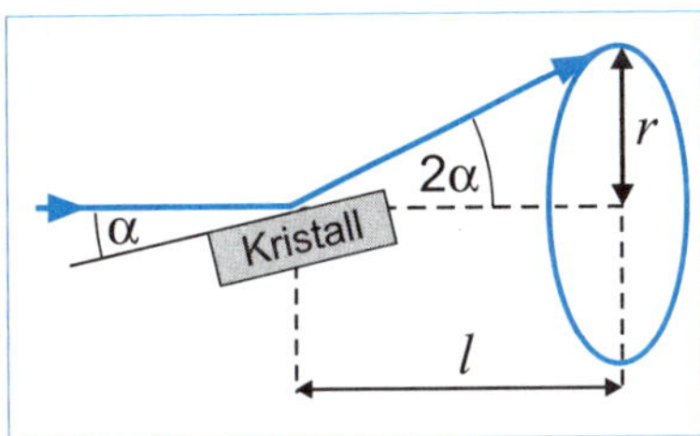


**c)** BRAGG-Beziehung liefert für die 1. Ordnung: $2 \cdot d \cdot \sin\alpha_1 = \lambda$ (1)
Aus der obigen Abbildung entnimmt man: $\tan 2\alpha = r/l$ (2)
Da man für die 1. Ordnung von kleinen Winkeln $\alpha$ ausgehen kann,
ist die folgende Näherung zulässig: $\tan 2\alpha \approx 2 \cdot \tan\alpha \approx 2 \cdot \sin\alpha$ (3)
(3) ergibt eingesetzt in (2) den Zusammenhang: $2 \cdot \sin\alpha_1 = r_1/l$ (4)

(4) liefert in (1) eingesetzt schließlich: $d \cdot \frac{r_1}{l} = \lambda \quad \Rightarrow \quad \underline{\underline{d = \frac{l}{r_1} \cdot \lambda}}$ (5)

**d)** DE-BROGLIE-Wellenlänge der Elektronen: $\lambda = \frac{h}{p} = \frac{h}{m_e \cdot v}$

Mit $v = \sqrt{\frac{2 \cdot e \cdot U}{m_e}}$ folgt $\lambda = \frac{h}{\sqrt{2 \cdot e \cdot U \cdot m_e}} \approx 2{,}81 \cdot 10^{-11}\,\text{m} \approx \underline{\underline{28{,}1\,\text{pm}}}$

Einsetzen in (5) liefert: $d = \frac{l}{r_1} \cdot \lambda = \frac{10{,}6\,\text{cm}}{1{,}4\,\text{cm}} \cdot 28{,}1\,\text{pm} \approx \underline{\underline{213\,\text{pm}}}$

**87. a)** In einem HERTZschen Dipol schwingen Elektronen hin und her. Durch diese beschleunigte Bewegung der Elektronen kommt es zur Aussendung einer elektromagnetischen (Dipol-)Strahlung.

**b)** Aus $E = h \cdot f = h \cdot \frac{c}{\lambda}$ folgt: $\lambda = \frac{h \cdot c}{E}$

$$\lambda_{max} = \frac{h \cdot c}{E_{min}} = \frac{6{,}626 \cdot 10^{-34}\,\text{J} \cdot \text{s} \cdot 3 \cdot 10^{8}\,\text{m} \cdot \text{s}^{-1}}{1 \cdot 1{,}602 \cdot 10^{-19}\,\text{J}} \approx 1{,}2 \cdot 10^{-6}\,\text{m} = \underline{\underline{1{,}2 \cdot 10^{3}\,\text{nm}}}$$

Der zu $\lambda_{max}$ gehörige Spektralbereich heißt Infrarotstrahlung.

$$\lambda_{min} = \frac{h \cdot c}{E_{max}} \approx 1{,}2 \cdot 10^{-11}\,\text{m} = \underline{\underline{0{,}012 \cdot 10^{-9}\,\text{nm}}} \text{ (RÖNTGEN-Strahlung)}$$

**c)** Eine Erhöhung der Photonenrate bei gleicher Frequenz führt dazu, dass mehr Photoelektronen gleicher Energie ausgelöst werden.
Eine Erhöhung der Frequenz bei gleicher Photonenrate führt dazu, dass die ausgelösten Photoelektronen eine höhere Energie besitzen.

**d)** Es gilt die EINSTEIN-Gleichung: $E_{kin,\,max} = h \cdot f - W_A$. Die Bindungsenergie $E$ entspricht der aufzubringenden Austrittsarbeit $W_A$.

$$E = h \cdot f - E_{kin,\,max} = \frac{6{,}626 \cdot 10^{-34} \cdot 1{,}45 \cdot 10^{16}}{1{,}602 \cdot 10^{-19}}\,\text{eV} - 54{,}8\,\text{eV} \approx \underline{\underline{5{,}2\,\text{eV}}}$$

**88. a)** Nach **DALTONs Atommodell** sind die Atome eines Elements kleinste, nicht weiter teilbare Kügelchen mit homogener Massenverteilung. Die Atome verschiedener Elemente unterscheiden sich entsprechend nur in Masse und Größe. Zusammenstöße der Atome erfolgen ideal elastisch. Viele Vorgänge der Thermodynamik konnten durch dieses Modell erklärt werden; jedoch blieben alle Fragen bezüglich elektrischer Phänomene dabei unbeantwortet.
Im **Atommodell von THOMSON** (»Rosinenkuchenmodell«) werden Atome als positiv geladene Kugeln gedeutet, in denen negativ geladenen Elektronen gleichmäßig angeordnet sind. Die periodische Anordnung der Elemente bezüglich bestimmter chemischer Eigenschaften konnte mithilfe dieses Modells durch die Wiederholung möglicher Elektronenanordnungen erklärt werden. Jedoch waren solche Erscheinungen wie das Auftreten von Spektrallinien oder Radioaktivität damit nicht erklärbar.

**b)** Vgl. Abschnitt 12.1!

**c)** Die Emissionsspektren leuchtender Gase sind Linienspektren mit diskreten Linien. Die Hüllenelektronen besitzen folglich nicht beliebige, sondern diskrete Energien. Im RUTHERFORDschen Atommodell hingegen, können die Hüllenelektronen beliebigen Energiewerte aufweisen.
BOHR erweiterte das Modell für das Wasserstoffatom durch einige Grundannahmen: die beiden Postulate sowie die Quantenbedingung. Durch diese Erweiterungen konnten die beobachtbaren Spektrallinien von Wasserstoff recht genau berechnet werden.

**d)** Im BOHRschen Atommodell sind zu jeder Bahn der Radius und die Geschwindigkeit des kreisenden Elektrons genau bestimmt. Dies steht im Widerspruch zur HEISENBERGschen Unschärferelation, nach der Impuls (Geschwindigkeit) und Ort (Radius) eines Mikroobjekts nicht gleichzeitig beliebig genau angegeben werden können.
Aufgrund der Serienformeln lassen sich formal die Energiestufen und damit auch die Linien im Emissionsspektrum von Wasserstoff exakt berechnen. Genaue Auswertungen der Linienspektren zeigen jedoch, dass die beobachtbaren Linien eine natürliche Breite aufweisen und nicht scharf sind.
Ursache ist wiederum die HEISENBERGsche Unschärferelation, die auch der Energie eines Vorgangs eine gewisse Unschärfe zugesteht.

**89. a)** 1. Möglichkeit: durch Bestrahlung mit Licht geeigneter Frequenz. Die Photonenenergie $E_{Ph} = h \cdot f$ muss *genau* einem Quantensprung $E_1 \rightarrow E_m$ mit $m = 2;\ 3;\ 4;\ \ldots$ entsprechen.

2. Möglichkeit: durch Elektronenstoß. Die kinetische Energie $E_{kin,\,e}$ der stoßenden Elektronen muss mindestens für den Quantensprung $E_1 \rightarrow E_2$ ausreichen, also: $E_{kin,\,e} \geq E_2 - E_1 = 10{,}2\,\text{eV}$

3. Möglichkeit: durch thermische Anregung. Durch Erwärmen des Wasserstoffgases erhöht sich die kinetische Energie der H-Atome. Bei Stößen untereinander können einzelne Atome angeregt werden.

**b)** Es gilt: $E_n = -R_H \cdot h \cdot c \cdot \dfrac{1}{n^2} = E_1 \cdot \dfrac{1}{n^2}$ mit $n = 1;\ 2;\ 3;\ \ldots$

Man erhält: $E_1 = -R_H \cdot h \cdot c \approx \underline{\underline{-13{,}6\,\text{eV}}}$

und damit $\underline{\underline{E_2 \approx -3{,}4\,\text{eV}}}$; $\underline{\underline{E_3 \approx -1{,}5\,\text{eV}}}$; $\underline{\underline{E_4 \approx -0{,}85\,\text{eV}}}$

sowie $W_{Ion} = |E_\infty - E_1| \approx \underline{\underline{13{,}6\,\text{eV}}}$.

Die kürzeste Wellenlänge entspricht der größten Photonenenergie und damit dem Übergang $E_4 \rightarrow E_1$. Mit $\Delta E = h \cdot f = h \cdot c/\lambda$ folgt:

$$\lambda_{\min} = \frac{h \cdot c}{\Delta E_{\max}} = \frac{h \cdot c}{(E_4 - E_1)} = \frac{6{,}626 \cdot 10^{-34}\,\mathrm{J \cdot s} \cdot 3 \cdot 10^{8}\,\mathrm{m \cdot s^{-1}}}{12{,}75 \cdot 1{,}602 \cdot 10^{-19}\,\mathrm{J}} \approx \underline{\underline{97{,}3\,\mathrm{nm}}}$$

Die größte Wellenlänge entspricht der kleinsten Photonenenergie, also dem Übergang $E_4 \rightarrow E_3$: $\lambda_{\max} = \dfrac{h \cdot c}{E_4 - E_3} \approx \underline{\underline{1{,}91\,\mu\mathrm{m} = 1910\,\mu\mathrm{m}}}$

**c)** Mit wachsender Temperatur enthält ein Gas aufgrund von Stößen untereinander immer mehr Atome in verschiedenen angeregten Zuständen. Dies führt dazu, dass mehr Photonen (geringer Energie) absorbiert werden können, deren Energie dem Übergang von einem angeregten in einen noch höheren Zustand entspricht. Dadurch treten mehr schwarze Linien im Absorptionsspektrum zu Tage.

**d)** Kreisbahnbedingung für die Elektronen: $\vec{F}_{\text{Coulomb}} = \vec{F}_r$

$$\Rightarrow \quad \frac{Z \cdot e \cdot e}{4\pi \cdot \varepsilon_0 \cdot r_n^2} = m_e \cdot \frac{v_n^2}{r_n} \quad \Rightarrow \quad \frac{Z \cdot e^2}{4\pi \cdot \varepsilon_0 \cdot r_n} = m_e \cdot v_n^2 \qquad (1)$$

BOHRsche Quantenbedingung: $2\pi \cdot r_n \cdot m_e \cdot v_n = n \cdot h$ mit $n = 1;\ 2;\ \ldots$

$$\Rightarrow \quad v_n^2 = \frac{n^2 \cdot h^2}{4\pi^2 \cdot r_n^2 \cdot m_e^2} \quad \Rightarrow \quad \text{in (1) eingesetzt: } \frac{Z \cdot e^2}{4\pi \cdot \varepsilon_0 \cdot r_n} = \frac{n^2 \cdot h^2}{4\pi^2 \cdot r_n^2 \cdot m_e}$$

$$\Rightarrow \quad \text{Radius der n-ten Bahn: } \underline{\underline{r_n = \frac{h^2 \cdot \varepsilon_0}{\pi \cdot m_e \cdot Z \cdot e^2} \cdot n^2}}$$

**90. a)** Vgl. Abschnitt 12.6!

**b)** Das GEIGER-MÜLLER-Zählrohr dient zum Nachweis ionisierender Strahlung. Es ist wie ein Zylinderkondensator aufgebaut, der mit einem Edelgas unter geringem Druck gefüllt ist. Durch ein dünnwandiges Glimmerfenster (F) kann die Strahlung in das Innere gelangen und dort Gasatome ionisieren. Die Spannung $U$ zwischen der Innenelektrode (E) und dem Zählrohrmantel (M) beschleunigt die derart entstandenen Ladungsträger, sodass diese durch Stöße mit den Gasatomen weitere Ionen erzeugen. Bei Betrieb im Auslösebereich ist $U$ so groß, dass bereits eine einzelne

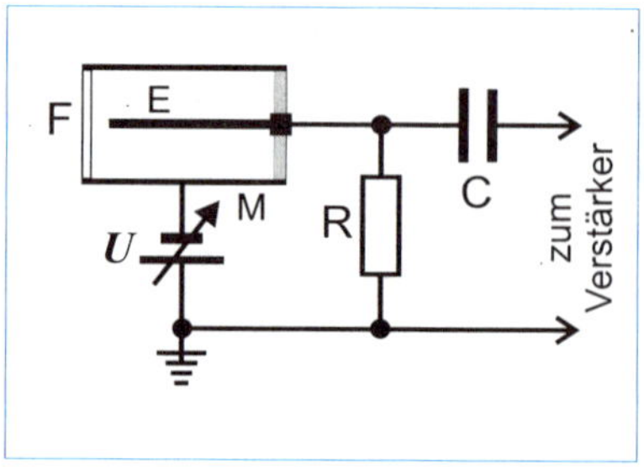


Primär-Ionisation zu einer lawinenartigen Gasentladung führt. Der dabei fließende Strom bewirkt einen Spannungsabfall am hohen Arbeitswiderstand (R), der über einen Kondensator (C) als Impuls auf den Verstärker gegeben wird. Auf diese Weise kann die Strahlungsintensität (Anzahl der Teilchen), jedoch nicht die Energie der Strahlung (der Teilchen) ermittelt werden. Während der Gasentladung sinkt der Spannungsabfall am Zählrohr, sodass die Entladung von selbst wieder erlischt. Durch Zusatz organischer Dämpfe kann die Totzeit noch weiter verringert werden.

**91. a)** ${}^{241}_{95}\mathrm{Am} \rightarrow {}^{237}_{93}\mathrm{Np} + {}^{4}_{2}\alpha$

**b)** Für die Aktivität $A_0$ gilt: $A_0 = \lambda \cdot N_0$, wobei $\lambda$ die Zerfallskonstante ist und $N_0$ die Anzahl der anfänglich unzerfallenen Kerne darstellt.
Die anfängliche Masse $m_0$ an ${}^{241}\mathrm{Am}$ beträgt somit: $m_0 = m_{\mathrm{Am}} \cdot N_0$

Damit gilt: $m_0 = m_{\mathrm{Am}} \cdot \dfrac{A_0}{\lambda}$ (1)

Für die Halbwertszeit $t_{\mathrm{H}}$ gilt: $t_{\mathrm{H}} = \dfrac{\ln 2}{\lambda} \quad \Rightarrow \quad \dfrac{1}{\lambda} = \dfrac{t_{\mathrm{H}}}{\ln 2}$ (2)

Aus (1) und (2) folgt: $m_0 = m_{\mathrm{Am}} \cdot \dfrac{A_0}{\lambda} = m_{\mathrm{Am}} \cdot A_0 \cdot \dfrac{t_{\mathrm{H}}}{\ln 2}$

Mit $m_{\mathrm{Am}} \approx 241\,\mathrm{u} \approx 4 \cdot 10^{-25}\,\mathrm{kg}$ folgt: $\underline{\underline{m_0 \approx 2{,}9 \cdot 10^{-9}\,\mathrm{kg} = 2{,}9\,\mu\mathrm{g}}}$

**c)** Die Aktivität beträgt nach der Zeit $t$ noch: $A(t) = A_0 \cdot \mathrm{e}^{-\lambda \cdot t}$
Die prozentuale Verminderung der Aktivität nach der Zeit $t$ beträgt:

$$\frac{A_0 - A_0 \cdot \mathrm{e}^{-\lambda \cdot t}}{A_0} \cdot 100\,\% = \frac{A_0 - A_0 \cdot \mathrm{e}^{\frac{-t \cdot \ln 2}{t_{\mathrm{H}}}}}{A_0} \cdot 100\,\% = \left(1 - \mathrm{e}^{\frac{-t \cdot \ln 2}{t_{\mathrm{H}}}}\right) \cdot 100\,\%$$

Mit $t = 19\,\mathrm{a}$ und $t_{\mathrm{H}} = 433\,\mathrm{a}$ ergibt sich eine Verminderung um $3\,\%$.

**d)** ${}^{9}_{4}\mathrm{Be} + {}^{4}_{2}\alpha \rightarrow {}^{12}_{6}\mathrm{C} + {}^{1}_{0}\mathrm{n}$

**e)** Für den Massendefekt ergibt sich: $\Delta m = (m_{\mathrm{Be}} + m_{\alpha}) - (m_{\mathrm{C}} - m_{\mathrm{n}})$
$\Delta m = (9{,}009988\,\mathrm{u} + 4{,}001506\,\mathrm{u}) - (11{,}996708\,\mathrm{u} + 1{,}008665\,\mathrm{u})$
$\underline{\underline{\Delta m = 0{,}00612\,\mathrm{u}}}$

**f)** Die kinetische Energie der entstehenden Neutronen kann maximal so groß wie die Summe aus der kinetischen Energie der $\alpha$-Teilchen und der durch den Massendefekt frei werdenden Energie werden.
$E_{kin} \leq E_{kin,\alpha} + \Delta m \cdot c^2 = 5{,}486\,\mathrm{MeV} + 0{,}00612 \cdot 931{,}5\,\mathrm{MeV}$
$\underline{\underline{E_{kin} \leq 11{,}19\,\mathrm{MeV}}}$

**92. a)** ${}^{6}_{2}\mathrm{He} \rightarrow {}^{6}_{3}\mathrm{Li} + {}^{0}_{-1}\mathrm{e} + {}^{0}_{0}\overline{\nu}$

Die Instabilität des ${}^{6}_{2}\mathrm{H}$ rührt von einem Neutronenüberschuss her, welcher nur durch einen $\beta$-Zerfall abgebaut werden kann.

**b)** Die maximale kinetische Energie der Elektronen entspricht der Differenz der Energien von Mutter- und Tochterkern.

$$\Rightarrow \quad E_{kin,\max} = m({}^6_2\text{He}) \cdot c^2 - m({}^6_3\text{Li}) \cdot c^2$$

$$m({}^6_2\text{He}) = \frac{E_{kin,\max} \cdot u}{c^2 \cdot u} + m({}^6_3\text{Li}) = \frac{3{,}515\,\text{MeV}}{931{,}5\,\text{MeV}}\,u + 6{,}01512\,u = \underline{\underline{6{,}0189\,u}}$$

**c)** vgl. Abschnitt 7.5

**d)** Das Energiespektrum der $\beta$-Strahlung ist nicht diskret, sondern kontinuierlich. Die Energie $E$ der emittierten Elektronen kann Werte zwischen Null und $E_{kin,\max}$ annehmen, wobei mittlere Werte am häufigsten auftreten. Dies lässt den Schluss zu, dass bei einem $\beta$-Zerfall ein weiteres Teilchen, »Neutrino« genannt, auftritt, welches beim Zerfallsprozess die Restenergie $E_{kin,\max} - E$ übernimmt.

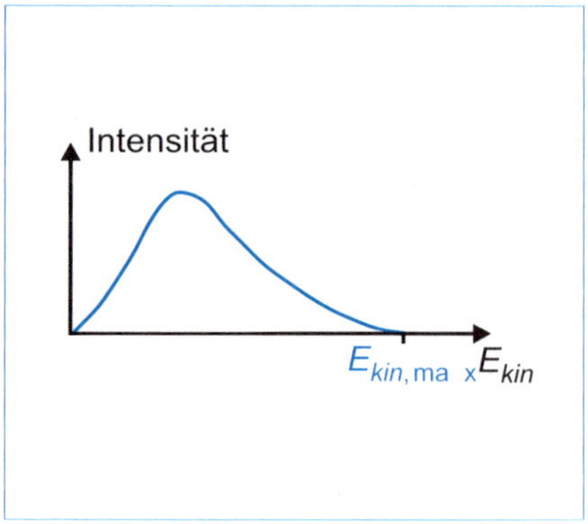


**e)** Kreisbahn $\Rightarrow \quad \vec{F}_r = \vec{F}_L \quad \Rightarrow \quad m \cdot \frac{v^2}{r} = e \cdot v \cdot B \quad \Rightarrow \quad p = m \cdot v = e \cdot r \cdot B$

Energie-Impuls-Beziehung: $E^2 = E_0^2 + p^2 \cdot c^2$

$$E_{kin} = E - E_0 = \sqrt{E^2} - E_0 = \sqrt{E_0^2 + p^2 \cdot c^2} - E_0$$

Mit $E_0 = m_{0,e} \cdot c^2 \approx 511\,\text{keV}$ folgt: $\underline{\underline{E_{kin} \approx 0{,}47\,\text{MeV}}}$

**93. a)** ${}^{137}_{55}\text{Cs} \rightarrow {}^{137}_{56}\text{Ba} + {}^{0}_{-1}\text{e} + {}^{0}_{0}\overline{\upsilon}$

Da $\beta$-Strahlung bereits durch dünnes Aluminium-Blech abgeschirmt werden kann, $\gamma$-Strahlung dieses jedoch (in geschwächter Form) noch zu durchdringen vermag, könnte man das Präparat einfach mit einer Aluminium-Ummantelung versehen.

**b)** Das Abstandsgesetz besagt, dass die Zählrate $Z$ mit dem Quadrat des Abstandes $r$ zwischen Messgerät und Präparat abnimmt.

Es gilt also: $Z \sim \frac{1}{r^2}$.

Das Gesetz gilt jedoch nur, falls keine Absorptions- bzw. Abschirmungseffekte auftreten.

**c)** Wird der Abstand von ursprünglich 20 cm auf dann 160 cm vergrößert, so entspricht dies einer Verachtfachung des Abstandes.
Gemäß dem quadratischen Abstandsgesetz sinkt die Zählrate demnach auf den $\frac{1}{8^2}$ten Teil, also auf $\frac{1}{64}$ des ursprünglichen Wertes.

**d)** Es gilt: $\frac{1}{64} = \left(\frac{1}{2}\right)^6$,

d. h. die Zählrate soll durch die Abschirmung 6-mal halbiert werden.
Somit muss man als Dicke der verwendeten Bleischicht die sechsfache Halbwertsdicke wählen: $d = 6 \cdot 0{,}55\,\text{cm} \underline{\underline{= 3{,}3\,\text{cm}}}$

**e)** Die Abbremsung der Neutronen erfolgt durch elastische Stöße mit den Atomen des Materials, durch welches die Neutronen laufen. Die Energieübertragung auf den Stoßpartner ist am effektivsten, wenn dieser Stoßpartner etwa dieselbe Masse wie das Neutron besitzt. Dies ist insbesondere bei Protonen so, weshalb wasserstoffhaltige Substanzen die Neutronen besonders gut abbremsen.

**f)** Bei der Spaltung des Deuteriumkerns entstehen ein Proton und ein Neutron, auf welche jeweils dieselbe kinetische Energie $E_{kin}$ entfällt.
Die Energiebilanz lautet: $m_\mathrm{D} \cdot c^2 + E_\gamma = m_\mathrm{p} \cdot c^2 + m_\mathrm{n} \cdot c^2 + 2 \cdot E_{kin}$.

Damit erhält das Neutron die kinetische Energie:

$$E_{kin} = \frac{(m_\mathrm{D} - m_\mathrm{p} - m_\mathrm{n}) \cdot c^2 - E_\gamma}{2}$$

$$E_{kin} = \frac{(2{,}0135532 - 1{,}0072765 - 1{,}0086650) \cdot 931{,}5\,\text{MeV} + 2{,}3\,\text{MeV}}{2}$$

$$\underline{\underline{E_{kin} \approx 37{,}6\,\text{eV}}}$$